自由在高处

You the Freedom

熊培云 著

岳麓書社·长沙　博集天卷

You the Freedom

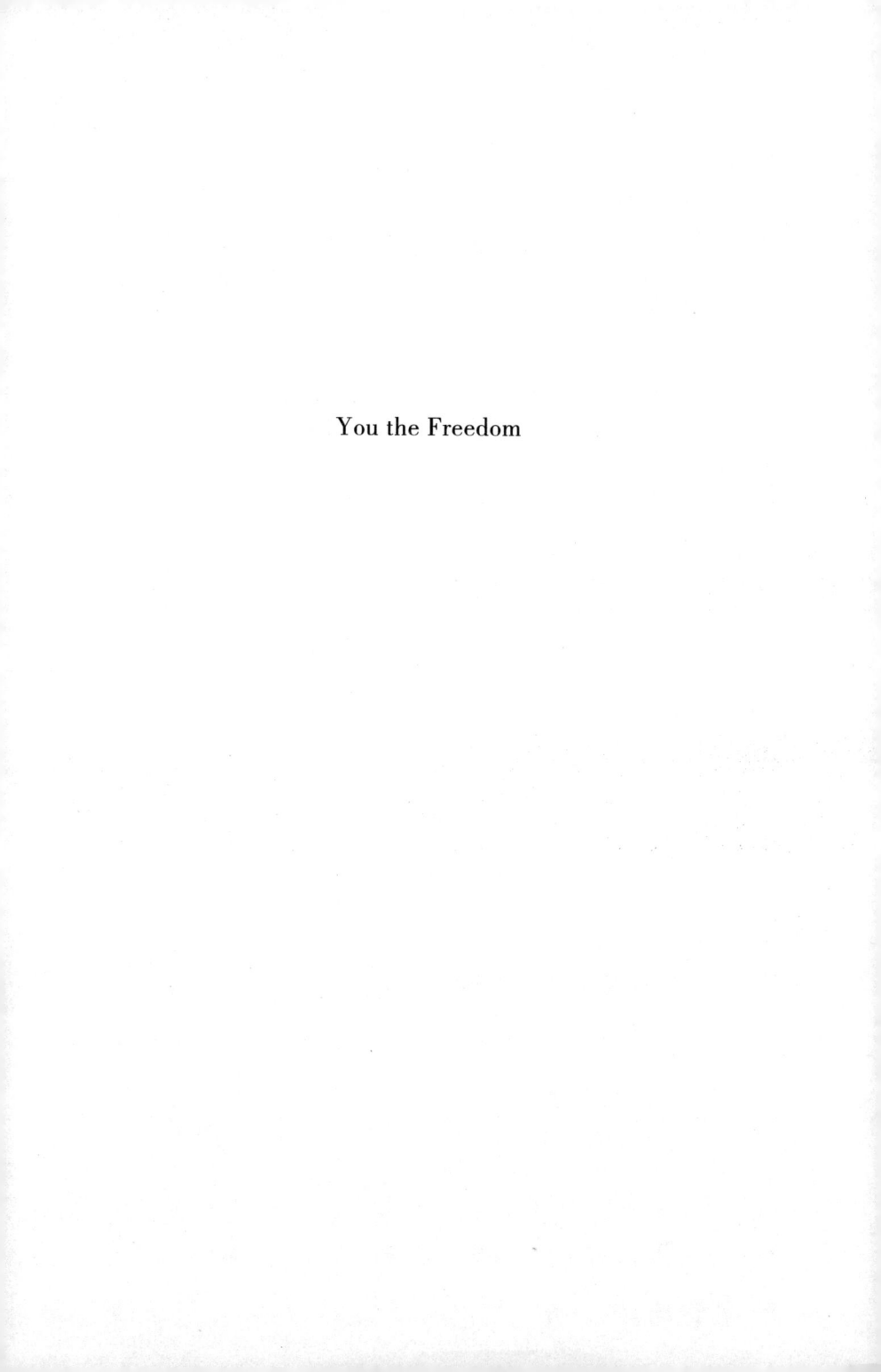

你即你自由

继续走下去吧,我的心。
请安安静静地捱过
每一个艰难的时辰。

像一只孤独的云雀
不断飞升,在蓝宝石的天庭
无数故我新我夹道欢迎。

　　　　　——《致云雀》

目 录

序 言

十周年版序　不要催促神灵 _001
增订版序　我愿此生辽阔高远 _011
第一版序　因为无力，所以执着 _026

面包与玫瑰

国家与玫瑰 _049
老教授与小王子 _053
梭罗的树林 _057
卢梭的门徒 _062
好色关乎心灵 _067
为情侣求饶 _071
铺路石下是海滩 _075
诙谐社会，政治如何玩赏？_078

洛克如何理解"超女"？_082

看电影，还是哭电影？_085

谁是将军？谁是马匹？_089

绑架为什么流行？_098

不要活在新闻里_102

地图知识分子_105

背着国家去旅行_109

国破山河在_112

自救与自由

集中营是用来干什么的？_117

人质为什么爱上绑匪？_127

奖励你，控制你_133

不自由的秩序如何杀人？_144

谁来同情"体制内弱者"？_150

守住良心的"一厘米主权"_154

柏林墙上有多少根稻草？_159

第六种自由_162

为什么自由先于平等？_166

救故乡，救公共精神_170

从魏珍怎样到郝思嘉？_174

每个村庄都是一座圆明园_178

杀鸡儆猴，猴为什么鼓掌？_182

"网瘾"是如何被发明出来的？_185

二等于多少？_189

"0魔"_197

幻灭是人生的开始_201

什么是财务自由的本质？_206

人是什么单位？_211

条件即逆境_215

人心如何照耀？_218

预言的囚徒_221

人类为什么迷醉于暴力？_225

虽自由无以言说_230

床上爱国主义_237

国界与自由_241

历史与心灵

艺术会死吗？_247

伊卡洛斯之梦_256

人为什么做梦？_265

人以幻象为食_270

以河为界的正义_274

假如我改《西游记》_277

曼德拉的光辉岁月_283

没有宽恕就没有未来_290

英雄为何救美 _297

天堂五分钟 _305

光荣背叛 _312

为自由而担责 _324

两条空船相撞 _339

中国人的自由传统 _343

每个人都在地球上客死他乡 _357

演讲与独白

自由在高处 _371

最低处的自由 _392

识时务者为俊杰 _396

日报七年，我的文字心灵 _415

把一生当作自己的远大前程 _425

后　记

第一版后记　相信我们的国家，比我们想象的自由 _431

增订版后记　小心，你想要的时代一定会到来 _441

十周年版后记　人是深情的芦苇 _445

序　言

十周年版序　不要催促神灵

一

《自由在高处》出版至今已逾十年。十年间身后的世界与我的人生都可谓沧海桑田，个人对生命中的热情与痛苦也有了更深感悟。又因为疫情不期而至的干扰，人和人之间变得越来越疏离。所幸一路上尚有一些温良有趣的灵魂，能够偶尔在线上线下交流。正如这天中午，当我在小树林里看到一棵红叶，于是和远在江南且深谙中国古典文学的晓丹聊起了晚唐诗人许浑的《谢亭送别》。

> 劳歌一曲解行舟，红叶青山水急流。
> 日暮酒醒人已远，满天风雨下西楼。

除了赞叹体现在这首诗中的意象与深情，我们几乎同时谈到了绝句与律诗在美学上的区别。对意境的迷恋甚至让我试图就许浑的著名七律《咸阳城东楼》去芜存精。

一上高城万里愁，蒹葭杨柳似汀洲。
溪云初起日沉阁，山雨欲来风满楼。
鸟下绿芜秦苑夕，蝉鸣黄叶汉宫秋。
行人莫问当年事，故国东来渭水流。

我的意思是，如果这首诗提前终结于颔联"山雨欲来风满楼"，其意境或更为幽远。而流传至今的全诗五十六字从整体上看更像是一篇平庸的历史评论，以至于颔联浑然天成的意象有如明珠落入沙砾、大雾锁在牢笼。那些诗意与深邃或多或少被贸然闯入的历史情怀破坏了。

晓丹回复说，律诗与绝句在美学上确有不同。七律讲究章法勾连，气势回环，加之受封闭结构和声韵影响，不太以余韵悠长为美；而七绝追求兴象玲珑，意境浑成。

远离尘嚣。我很享受这样行云流水、谈诗说艺的日常。无论现实有着怎样的千疮百孔，愿诗意与友爱继续常驻心田。近几年不便远行，甚至断绝了国外的交通，但我还是就近找到一条可以经常光顾的大河、一小片随时能够徜徉其中的树林。在这个平淡无奇的夏天，经常陪伴我的是几棵黄栌（红叶）、法国梧桐、美人梅、野槐、杨树、松树、乌桕以及几只时刻起落喞啾作声的灰喜鹊。

读者也许已经注意到，在这里陪伴我的都是一些可以不劳而获的东西。它们原本属于所有人，和我的半生拼搏几乎毫无关系。当然，之所以能从中感受到某种欢乐，同样仰仗于我有充分的闲暇。这些年来，我对生活与事业做了足够多的减法。相较于财务自由，显然我更倚重时间自由和心灵自由。而且，就像美学家宗白华谈到的魏晋之美,这世间能让我更愿意付出时间者,向外是自然,向内是深情。

记得某日偶然在网上看到一句不可考的"名言",大意是人有三样东西无法隐瞒,包括咳嗽、贫穷和爱。在此,我更想借这三个关键词来概括人的欲望和境遇:我们的身体永远是脆弱的,物质永远是匮乏的,但是生而为人我们的精神永远丰盈。既然如此,何不索性扬长避短——在身体与物质层面随遇而安,在精神层面层出不穷。

二

我常待的小树林其貌不扬,却足够接待朋友。不过在那里我只备了两把椅子。按亨利·梭罗的说法,这样做的一大好处是杜绝了社交功能,可以和知心朋友尽情聊天。所以前几天好友凌云来找我时,两人从中午一直聊到子夜。除了谈论各自的创作与心得,印象最深的是我们还特别讨论了生活中的流逝感。

正如此刻坐于林间,当我将注意力从笔记本上挪开,重新意识到附近的风声树影,远处往来不绝的车辆与行人。抬起头,天上是波涛翻涌的云河。如果恰巧坐在阳光里,我还会想象自己变成一个日晷,借身体之投影在大地上标刻古老的时间。重要的是,这些不经意的变幻可以让我触摸到宇宙和时间的流逝。这也是我为什么喜欢坐在马路旁读完一本本书,在咖啡馆里一边写日记一边迎来送往的原因。

曾经见证过一段刻骨铭心的爱情,男人偶尔会情不自禁地问女人——"为什么我抱着你的时候,还是会无比思念你?"之所以如此，想必也是因为此时一切都太美了，以至于他在拥抱她时不自觉地有一种幸福转瞬即逝的流逝感。如西蒙·沙玛在《艺术的力量》中说的，最好的艺术作品既充满着难以避免的流逝感，包括我们自己，还会尽力捕捉那些短暂易逝的景象。

世界如其所往。爱人者与被爱者以及坚固的爱情本身都在流逝。何所谓美？在我看来就是那些能给我带来流逝感的东西。而且，只有那些能让我感知得到的美好才会给我以流逝感。这一切，同样与时间或等待相关。因为等待的参与，时间从一滴水汇聚成一条河流，从一个音符绵延至一个乐章。天地之间的万物，无一不是通过流逝不断汇入永恒。

大仲马借《基督山伯爵》说出人类智慧包括在以下两个词里面，那就是"希望"与"等待"。遗憾的是现代社会常常将等待与希望对立起来。回想两百年来，伴随着人类技术理性的急剧膨胀，不仅有短见的乌托邦分子试图在有生之年实现所有社会理想，庸俗的奋斗者们同样渴望拨快时钟，在三十岁享六十岁的清福。然而众所周知的是，人心不能停跳，但也不能跳得太快；人类可以部分实现人工降雨，却无能力加快宇宙机器上的齿轮。

早在二十世纪八十年代，尼尔·波兹曼曾经感叹电视的兴起将带来"童年的消逝"。时至今日，我同样看到越来越多的成年人正在变回婴孩。虽然他们时常会用手机完成延时摄影，但对于生活中那些需要延时满足的东西已日益失去耐心。所谓"痛苦的人活在过去，焦虑的人活在将来"（卡尔·亚伯拉罕），不妙的是我们这代人得了时间的病，却总在找空间的药。

在此语境下，"活在当下"渐渐蜕变为某种玩世不恭，而不再和于人于己的责任心有关。最重要的是即刻感受与眼前利益。简而言之，幸福必须立等可取。而以秒为时间单位的互联网正在成就一种"Moments Industries"（此刻工业）。如读者所见，表面上"Moments"到处旗帜飘扬，背后却是各种支离破碎的欲望必须及时得到满足，各种社交软件将"Moments"当作拜物教和摇钱树。从此"每一刻"不再只是时间，更是可以被兜售的消费品。就这样，时间的长河彻底消失了，每个人都在孤零零地掘自己的当下之井。在无尽却不可积累的飞扬碎片中，我看见失去了时间长度与质感的人生直接从摇篮摇晃到了坟墓，一生仿佛缩略成一秒。

三

同样吊诡的是互联网本身，一个标榜去中心化的网络结构早已蜕变为整个世界的中心。

近年来，我经常在课堂上批评互联网背叛了创建者的初衷。遥想从前的互联网，那是一大片种类繁多的原始森林，里面有花草树木、珍禽异兽，甚至不乏《山海经》里的奇闻逸事。而现在古老的森林被巨大的正义广场所取代，随处可见的是火堆、高音喇叭、血脉偾张的人群以及伺机而动的恶意。

面对各种族群撕裂，我曾经在文章中感叹"一个有真理而无深情的时代令人畏惧"。如今有一种"互联网思维"是——愤怒即正义。所以我们看到，正义的戏剧随时上演，"互联网真理"每天都在塑造新人。当来自群体的即时情绪对个体构成越来越重的"同质化压迫"，其结果是，在所有公共事件的讨论中，任何独立表达都可能被压倒性多数审查——要么加入他们随波逐流，要么被消灭或被遗忘。

与此同时，在这一览无余的广场不仅落成了米歇尔·福柯所批评的全景监狱（Panopticon），还有各国政治、技术和资本史无前例的合谋。而将所有人钉在"此刻"十字架上的手机，既是全人类每天需要擦拭的"机器新娘"，更是有着巨大万有引力的"机器星球"。没有什么不被吸附其上，没有什么不会被立即传遍四面八方。那些忙碌的人们，总是习惯跟着事件的热度走，而不是跟着生活的激情走。

说到手机，微信或许是我见过的最糟糕的发明。准确地说，糟糕的不是发明，而是具体应用。当各色人等、社会管理及工作安排都捆绑进"朋友圈"，这无异于将豆腐和蜂蜜同时倒在钢琴上。人类真的是光荣而不幸的一群，为享受技术便利不得不像木材一样削枝去丫，整整齐齐捆扎在一起。如此去个性化、互相搅扰和驯服的过程，竟被赋予技术进步之美名。

如上所述，当时间渐渐缩减为一个点，深情在这个时代已经变得越来越不合时宜。靠着社交软件的绿水青山，有多少情谊死于我们想遇见更多好友的贪婪。回想从前手写一封长信，仿佛面对遥远的神明，不仅暗含着某种虔诚的仪式感，还有寂静的等待与盼望。时至今日，那种带着时差的心心相印渐渐变成各种打乒乓球式的即时交流，稍有耽搁都像是对方去捡球了从此消失不见。当"给爱情一点时间"渐渐让位于各种立等可取的情感麦当劳，功利主义者更是热衷于大张旗鼓地宣扬及时行乐与他们的效率崇拜。

没有流逝，只有瞬间的出现或者消失。以互联网的快速反应为支点，对速度的苛求正在腐蚀人心。其实不唯情感本身，全社会零时差的交流方式如同在建方舱医院，正在将每个人带入只顾眼前的紧急状态。从此生活中没有过去和将来，只有不断扩张的现在进行时。而很多时候我之所以宁愿独自亲近森林与河流，声称要"把手机扔进地中海"，在一定程度上也是为了躲避"互联网闹钟"对我生命时钟的扰乱与破坏。

四

曾经做过一个泥塑，里面是一只四处张望的眼睛，外面是一个永无止境的回环，我将之命名为"莫比乌斯之眼"。每天，太阳照常升起又毫无悬念地落下，我们在等待什么？

在著名戏剧《等待戈多》（*En Attendant Godot*）里，连接永不出场的戈多与两个流浪汉的是无穷的等待。有分析认为"Godot"由"God"（上帝）演变而来，是故戈多暗指上帝、审判或者死亡。对此作者贝克特只能一问三不知，因为它不需要具体答案。不过有一点是不言自明的，在荒诞派戏剧那里，人生就是一场无意义的等待。

这样的等待的确既无聊又痛苦。然而依我之见，人生意义就蕴含在此无意义之中，正如我们生活的目的在于生活本身。用一句绕口令式的话来说——如果不是人生无意义，我的人生就真无意义了。由于人有赋予意义的能力，所以歌德说："我爱你，与你何干？"相同的逻辑是——上帝死了，与等待上帝何干？我心怀希望，与希望何干？

回顾往昔，我已见证太多事物的凋亡，包括人心如何变成沟壑，神性在此躯壳里生灭以及所有用心良苦最终化作梦幻泡影。然而我并没有因此对人感到绝望。如果说神之神性来自于神的无限性，那么人之神性则来自于人的有限性。就前者而言，神在时间之外，其神性仰仗于万能的力量，做什么与不做什么只决定于意志而无所谓任何后果。就后者而言，人在时间之中，已经发生的事情无法推倒重来。人不仅要承担一切选择的后果，还要为自己的各种无能为力感到懊恼甚至悔恨。神不必超越自身，但人必须面对抉择。这是能力与心灵之间的区别。正因为此，在我眼中，人这无能者的悲怆与光辉远比万能的神之荣耀更具审美价值。同理，一个人的死亡不过是命运对其有限的人性价值之封印，而非对具体生命的否定。

尼采说上帝死了，萨特说我们自由了，加缪说我们的责任更重了。而我最想说的是感谢命运，时间的幻觉还在。虽然在很多场合我坚持认为时间子虚乌有——只是来自运动的幻觉——却又不得不承认这种时间幻觉（Temporal illusion）的真实。而能帮助我感受时间的，不是视觉、听觉或触觉，而是我的意识，那些时而被我们称之为灵魂或精神的神秘事物。

就像喜欢世间一切美好的文学和艺术，我沉醉于时间带给我的幻觉。每天走在自己的时间里，远离各种捷径的诱惑，或许这就是世间最有希望的事。我曾经在日记里断定这一生至少会走两条弯路——"一条弯路带我终于遇见你，一条弯路带我最后走到墓地。"

炎热的夏天，雨还没有落下。转天下午，我想离开小树林去河边走走了。相较于无意义的等待，或许人生更是一次次无意义的告别。而且，每一次告别都意味着一个自我的消亡。无论怎样努力，世界末日会在不同的时间和地点降临于不同的生命。既然没有谁可以同时踏进所有河流，就算人生原本有无穷的可能性，到最后你我都不可能成为自己，而只能进退失据地成为自己可怜的一部分，如从自我之沧海里取一瓢饮。

五

当我遭遇挫折时，免不了会问自己一些古老的问题，比如苦难对于我究竟有何意义？人为什么甘愿受那么多无谓的苦？

想起几年前法国高考有一道题："我们是否应该为获得幸福而穷尽一切手段？"对此我给出的答案是否定的。且不论"穷尽一切手段"有不择手段的嫌疑，同时还要看到幸福并非人生唯一责任。想起《美丽新世界》里让人保持快乐的幸福制剂"唆麻"（soma），从某种意义上说，适度的痛苦甚至也是人所必需。否则，小说中那个觉醒的人为什么要求"痛苦的权利"？

大凡熟悉人性并且有着丰富阅历者都知道，幸福通常不会一蹴而就，而是取决于个体的主观感受，不是简单流转的资源。与此同时，痛苦也不是全无是处，就像前面提到的流逝感，除了增进个体对时间的感知，它还会拓展生命的深度与广度，甚至给人带来某种存在感。而这一切正是等待的意义。有些痛苦摧毁人，有些痛苦拯救人。回想在过往忧郁堆积的日子里，我正是通过自制的具有忧郁气质的诗歌短片将自己治愈的。

白雾茫茫，人世莽莽，在这片古老的土地上，我该庆幸自己的内心仍有神明。这神明是天空，是大地，是时间，是知己，是那个既爱自由又爱责任的忧郁赤诚的自我。慢慢地走啊，安静地看。这些年的徒劳为我换来的最大感悟是，一切热情与痛苦都将在自然而然中流逝，凡事当竭尽所能，但不要穷尽美好，不要催促神灵。冬去春来，人聚人散，众生与诸神都有自己的时间，我们的悲欢离合也是。

没有谁生而自由，却又无往不在忍受着生而自由之苦。由于任何一种选择都意味着其他事物的沉落，我们注定会因为这颗自由的心饱尝世事顾此失彼的艰辛。我自知无法驯服生命中的苦难，只求能给苦难以人的目的。回到上面的问题——苦难的意义是什么？我所看到的真理是，苦难本身没有自身的目的，直到它遇见了我们。换句话说，即使是在一个荒谬的世界，我们依旧可以在精神甚至行为上享有赋予意义的自由。

须知每个人都不是孤零零地来到这颗星球的，与你我同行的还有与生俱来的感官世界和我们的心灵。我们以自己的感官探察出宇宙的轮廓，以各自的心灵创造了宇宙的心灵。这也是为什么我说宇宙同样没有任何目的，直到我看见自己的命运，在风中在云端在每日流逝的树荫的温柔里。

2022 年 6 月 9 日终稿于红叶树下

增订版序　我愿此生辽阔高远

《自由在高处》出版后，几年间加印了三十余次。读者之中，有的青春年少，有的白发苍苍；有的久居故土，有的远渡重洋。对作者而言，一本小书能够受此礼遇，不去妄想有何功德，至少是苦有所值，让我感恩了。

考虑到书中存在的一些不足，本次修订特别增加了"历史与心灵"一辑，同时对自由与责任、中国人的自由传统等内容做了补充。除此之外，借撰写增订版序言之机，我想就最近的一些思考向读者做一个简要的说明。

一

近几年，除了在南开教书，我依旧忙于下乡和出国。国外的访问，主要集中于美国和日本。

两次访问美国给了我不少收获。先是于2012年底受卡特中心邀请观摩美国大选，它让我具体入微地了解到美国选举中的一些细节，比如在选举总统的时候，各地还同时要选出验尸官，这是我以前一无所知的。但验尸官的确很重要，因为他是让法律成为公正的最后一道防线的最关键因素。回国两个月后，我又自费重返新大陆，这次是着重寻找美国社会变革中的精神资源，包括独立战争与制宪会议期间美国国父们的言行以及近百年来美国非暴力社会运动中的思想资源。我还特意选择在亚拉巴马州的蒙哥马利市孤身一人度过了自己四十岁的生日，算是对非暴力不合作运动的一点纪念吧。相比占领华尔街等占街运动，我更欣赏的是发生于亚拉巴马州的这场黑人联合罢乘公交车运动。大规模的占街运动一旦旷日持久，就必须面对两个问题：一是如何让民主诉求不伤害自由；二是何时结束，在什么条件下结束。而在1955年的蒙哥马利，每一个黑人都用脚投票，对自己的良心负责，没有谁强迫谁，也不必和谁讨价还价，而历史真的被这种"脚踏实地"改写了。

回想两次美国之行，让我触动最深的还是对富兰克林的了解。美国制宪会议被后世写成了英雄史诗，然而整个过程不可不谓风雨飘摇。1787年，在经过几个月的讨论和争辩后，各州代表因为各执己见几乎要分道扬镳，正是富兰克林的一番话在最后时刻打破僵局，凝聚人心——当时富兰克林白发飘飘，已是八十高龄，是唯一一位坐着轿子到费城来开会的，而华盛顿将军当时也不过五十多岁。

  主席先生，首先我必须承认，对于这部宪法的部分内容，目前为止我并不尽然同意。可是我也不敢说，我永远都不会赞成，我的岁数这么大了，不乏原以为自己眼光正确，可是后来经过深入了解、周详考虑，却不得不改变看法的经验,甚至有许多我一度以为正确的重大事件,事后却发现大谬不然。因此,我的年纪越大,反而越不信任自己的判断,愈发看重别人的判断。就像许多宗教上的宗派一样,许多人总以为自己的一派拥有全部的真理,只要别人的意见和自己不一样,就一定都是错的……很多平民也老以为自己绝对无误,就像他们总觉得自己的宗派一定是对的一样……

先生们,就是带着这些感悟,我愿意接受这部宪法,包括所有谬误在内——如果其中确有错误的话……先生们,我之所以同意这部宪法,是因为我觉得恐怕再也找不到比它更好的了。我愿意为了公众福祉,牺牲我认为宪法中存有错误的看法……希望大会中每一位仍然持有反对意见的人士,在此都能和我一起,对自己的绝对无误不要那么有把握——并为表明我们的意见一致,在这份文件上签上大名。[①]

费城制宪会议有两个灵魂人物,一是华盛顿,整个会议他几乎一言不发——有人甚至想要拥立他做国王,但是他的存在稳住了那些对制宪会议将信将疑的人,让他们觉得自己正在参与一件即将改天换地的大事。其次就是富兰克林,正是这位被后世誉为"从天空抓住闪电,从专制统治者手中夺取权力"的时代巨子,让与会代表们学会互相妥协并通过宪法草案,而不是"在会场上割破彼此的喉咙"。富兰克林能有此觉悟和能力,

---

① [美]凯瑟琳·德林克·鲍恩:《民主的奇迹:美国宪法制定的127天》,新星出版社,2013年,第258—259页。

和他追求真理的态度分不开。早年他在费城办了一个叫皮围裙俱乐部（JUNTO）的读书会。其中有一条章程是，如果你用肯定的语气说自己"绝对对"，或者别人"绝对错"，那么你就是在宣示自己真理在握。这样的时候，你就该缴纳罚款了。

我在最近两年的演讲中经常谈到富兰克林的这段经历，称其为"追求真理，但不强加于人"，或者说"我的真理以你不接受为边界"。而这种包容与自信，恰恰是中国人一直或缺的。回望这个时代的"真理病"，于官于民，于国家于社会，可谓等量齐观。人们只愿接受自己想看到和想听到的事情，要么赞成，要么反对。即使一个"韩寒事件"，也能将中国社会撕成两半，原因只是你和我对韩寒的态度不一样。具体到中国未来的走向，极左和极右都令我畏惧。两种激进主义在逻辑上最终必定走到一起，而中间意见阶层则成为两派共同的敌人。

最近几年，我常常遇到两种人，一种骂我不爱国，另一种骂我不爱自由。我想说的是，这两种东西，我都爱。如果你非要我爱你爱的国，我希望你也尊重我爱的国。如果你非要我爱你想要的自由，我希望你也尊重我想要的自由。国家和个人有边界，你和我也有边界。在公域，我们因互相妥协而保全社会；在私域，我们因互不干涉而保全自己。

二

上苍赐予我们眼睛，是为了让我们能够彼此看见。但正如圣埃克絮佩里在《小王子》里所写的，有些东西只用眼睛是看不见的，所以还要用心灵看。接下来，我想借着两种常常被人视而不见的动物——大象和大猩猩，来解释我们的眼睛出了什么问题。

在英文里，"房间里的大象"（the elephant in the room）指的是那些触目惊心地存在却明目张胆地被忽略甚至否定的事实或感受。类似的场面对于当代中国人来说，实在太过熟悉。有的出于恐惧，有的出于羞愧。比如说今年年初，我曾在大学校园中看到两个醉醺醺的男人在餐馆里殴打一对情侣，餐馆半边的餐具都被砸烂，可是坐在另一边的几桌人还在安心地吃着饭。真的是大象进了瓷器店他们也看不到。原因很简单，那不是他们家的瓷器店，也不是他们家的大象。所谓事不关己，高高挂起，"正义只在五米之内"[1]。

除了房间里的大象，还有一种视而不见是"看不见的大猩猩"（the invisible gorilla）。它来自二十世纪七十年代心理学家乌尔里克·奈瑟尔进行的一个实验，这个实验在哈佛大学的心理课上亦有精彩呈现。哈佛的试验者首先完成了一个一分钟的小短片。短片中有两队球员，分别穿着黑色和白色队服，所有球员都在不断移动并互相抛接篮球。短片拍好后，试验者开始在哈佛大学内招募志愿者。志愿者需要观看影片并计算白衣球员的传球次数（无论是空中传球还是击地传球都被算作传球），同时可以完全忽略黑衣球员的传球次数。一分钟后，志愿者被提问是否算清了传球次数。最后的答案大同小异，不过这不是试验者的目的。试验者接下来要问的是，刚才在舞台上走过一只大猩猩，大家是否注意到了。很不幸，有一半看过短片的人

---

[1] 熊培云：《一个村庄里的中国》，新星出版社，2011年，第330页。

都忽略了这个细节。因此,我们不仅要看到房间里的大象,还要看见舞台上的大猩猩。

人们总是相信眼见为实,却忘了提取意义时存在的视觉盲区。心理学将上述实验所呈现的问题称为无意视盲。当人们把自己全部的注意力集中到某个区域或物体时,他们会忽略那些他们不需要看到的东西。这个心理试验让我们看到了"专心致志"所具有的某种危险倾向。当我们带着某种观点和目的专注于讨论某个问题时,有几个人会注意到有一只大猩猩曾经走过,并且停下来和你挥手扮鬼脸呢?这样的情形下,如果我们带着百分之百的把握和别人说"刚才绝对没有大猩猩",甚至还要动用蛮力,"再说有大猩猩我把你和你的思想抓起来",这该是怎样的双重滑稽呢?

三

我在日本的旅行,两次相隔时间有三年之久。第一次只在早稻田大学做了个关于中国社会建设的演讲,然后就像普通中国游客一样走马观花。第二次则主要在东京大学做访问和研究,除了偶尔授课、听课并与学生交流外,大多数时间我都用于采访或接受采访,前者有百余人次。为了获取更多的观点样本和现场感,我也跑了从北海道到冲绳的不少地方,并参与了不少社会活动。我将在专著中论述我在日本的所观所感,在此先只想与读者诸君说说天上的云。

2014年10月的一天,我在成田机场坐上飞机,但见窗外白云飘飘,每一朵云的边界非常清晰。然而当飞机接近中国领空的时候，机身之外的云层却是模糊一片，真应了那句"愁云惨淡万里凝"。中国迷失在雾霾里，你看不见人影，却能听到笑声，诸如"乡亲们，好消息，再坚持一下，据说风已经到张家口了"。网上甚至还有"雾霾天摄影技巧"在流行，可叹这真是一个长于苦中作乐的民族。在这里，幽默是反抗的开始，也是反抗的结束。幽默完了，好像所有艰难苦楚就都过去了。中国人的自由，很多时候就是在不合理的环境下尽可能活得舒服点，是庖丁解牛式的技巧上的自如，而不是价值观上的自由。我本无意指责这种权宜之计——我也曾多次提到中国现在的问题不是民意无法表达，而是民意没有执行力。在此背景下，我似乎更应该相信自我安慰和解嘲已经无异于一种基本人权。

好像跑题了，以上不是重点。在此我想言明的是，借着对飞机一起一落的观察，我看到的是中日两国在国家、社会与个人等方面的不同。在日本，虽说人们重视集团生活，但整体上看，个人与国家、个人与社会以及家庭成员之间的权界是非常清晰的。人们提倡各尽其职，做好分内之事，从不多占他人之财。在日本听得最多的一句话是"不给别人添麻烦"（他人に迷惑をかけない）。我遇到的每个丢了钱包的人都和我说钱包没几天就找回来了。但在中国却盛行一种"个人帝国主义"。这不是健康的个人主义，而是只顾自己的"一个人主义"。许多人做事不守规矩，只图自己方便，不顾他人感受，说到底仍是权利的边界非常不清晰。

说点更具体的吧。

我去学校食堂吃饭，和往常一样，差不多每张餐桌上都会有一堆骨头。这样的时候，我总想对那些正要扬长而去的学生说:"喂,同学,请把你的骨头带走。"你在这里吃完饭,就应该负责把你生产的垃圾带到指定的地方去。

我在宜家买东西,商场里有不少顾客躺在床上休息,有的甚至还盖上了被子。他们竟然能够旁若无人地将商场变成自己家的卧室。私域的边界在哪里?

走在大街上,汽车乱变道,行人乱穿马路。我还记得,前几年街上有游行的,有人抄起家伙把人给砸死了,仿佛死者的脑袋里藏着一个钓鱼岛。爱国的边界在哪里?

在家中,小区派来的电工师傅给我检查电路,修完后说,开票一百,不开票五十。利益的边界在哪里?

打开电视,电视台的媒介审判正在进行。今日之电视台何止是僭越法院,它还要做教堂。在辩护律师缺席的情况下,那些失去自由的"罪犯"或符号,不仅要承认有罪,还要在电视法庭上表示忏悔。公权力的边界在哪里?

夜晚,我遵守秩序在街上不开远光灯,以至于没有看到马路中间突然出现的一个大土堆,结果车子飞了起来,我险些丧命。白天在这里干活的人,为什么连个标志也不设置?责任的边界在哪里?

…… ……

凡此种种,让我有时候难免感叹——每个人都在愤世嫉俗,每个人又都在同流合污。而中国完成转型,无论是公权还是私权领域,都需要廓清自由的边界。没有众人遵守的秩序,就不可能有真正的自由。

回想发生在中国的若干革命,我敢说许多从一开始就错了。真正伟大的革命,不在于解开奴隶身上的枷锁,让他们"翻身做主人"；而在于打破枷锁，让这个国家从此不再生产奴隶；在于每个人保有私民的基本权利，并做为自由担起责任的公民。

四

我们该如何面对生活，借着这个机会，我想跟读者介绍《自由在高处》出版后我遇到的两个年轻人，谈谈自由与天命。

去年某日，我收到一封来自河北唐山的电子邮件。邮件的主人是一个名叫陈曦的年轻女孩。在信中，陈曦和我谈到自己的人生志向，让我看了很感动。我敢说，那是我收到的一封最知书达礼的信件。后来我才知道，陈曦实际上是个非常不幸的人。由于出生时遭遇严重窒息，她的语言和行动机能受损，不能正常说话和走路，双手也只有两个指头能够自由活动。然而，即使是在这样一种恶劣的条件下，她也没有自暴自弃。学校的正规教育拒绝了她，但她靠着家教和自学，掌握了非常好的书面表达能力。在回信中我说她就像《潜水钟与蝴蝶》里的主人公[①]。不同的是，陈曦的肉体不是"半途而废"的，而是从来就没有自由过。然而她又是极其幸运的，在精神上属于早早的知天命者。在信中，她对我说：

[①]《潜水钟与蝴蝶》是法国 ELLE 杂志总编辑让-多米尼克·鲍比在患了急性中风病后创作的一部作品。1995年的某日，鲍比突然中风，昏迷了二十多天，苏醒后因为闭锁综合征（Locked-in syndrome）而全身不能动弹，唯有左眼眼皮能够跳动。眨眼一次代表"是"，眨眼两次代表"否"，他用这只眼睛来选择字母牌上的字母，形成单词、句子，甚至一整页的文字——就像发送摩斯密码一样，在亲友的帮助下写成了这部关于自己的回忆录。

在很小的时候，我就有一种隐约的感觉，那就是"**我与这个国家紧密相连，我会融入到时代的洪流中**"①，可惜那时太小，我无以行动……迈入少年时代后，我找到了文字这根手杖，可惜那时我依然幼稚，所写的只是与个人有关的东西，这种状态一直持续到了十八岁。十八岁对我来说是一个分水岭，我由少年变成了青年，青年这个角色让我意识到了自己所负有的责任，也明白履行责任的首选方式就是写作，所以开始涉及杂文，也发过一些文字……我祈望85后和90后是真正觉醒的一代，祈望看到更多的青年人换一个思路生活，变得自信而不是猥琐，勤学而不是懒惰，博爱而不是狭隘，自持而不是放纵。我祈望在大家平凡的生活中安静地潜伏，默默地看，点滴地记，朝着一个圣峰一般的地点前行……

今年5月，在出国访问之前，我曾开车载着几个学生专程去唐山看望了这个年少即知天命的女孩。由于身体痉挛，即使在有人搀扶的情况下，她每走一步都是艰难的。陈曦说自己相信"自由在高处"，相信"虽然身陷囹圄，但是囹圄之上有蓝天"。此一蓝天，我想即是天命吧。仰望窗外精神的苍穹，陈曦在那里看到了上天赋予自己的使命。

我要介绍的另一个年轻人叫小毕，家在山东济南，一个月前和父母一起到南开来找我。小毕只有十六岁，在济南的一所高中读高一。我们曾经通过几次信，见面后我发现他稚嫩的长相和少年胡适有几分神似，也因此更多了些亲近感。小毕说自

---

① 字体为本书作者着重标示。

己虽然是保送上的高中,但对于严苛的高中生活极不适应,尤其对老师没收课外书的行为非常不满,又因为读了《自由在高处》和我的其他一些书,他决定辍学,愿意拜到我的门下求学。至于学位这样的东西,都不再考虑,只希望自己能够不浪费光阴,成为一个货真价实的人才。

我能感觉到小毕年轻生命的张力和非同凡响。他在信中这样写道:

> ……只要我稍加努力,三年之后必定会有个好的结果。可是我不喜欢胜利,因为每一个光鲜的胜利者背后都有无数失败的人失魂落魄。强食弱肉的不是强者,而是杀戮者。只有帮助弱者的才是真的强者……选科不过是选择监狱的上下铺,只是治标不治本的问题,关键在于我如何越狱。……整个校园充满全民皆兵的火药味,对于知识,所有人大多只看到了竞争,无限的竞争,而不是知识本身。……没有一个指导的老师,没有精神的支柱,我也没有那么大的勇气去不顾一切做自己想做的事情。您是我心中可以传道授业解惑的人,我多希望您能接受我的请求,可以教导我,指引我,解决我常有的疑惑,让我有条不紊地前进。我不在乎学位,那不过是个空头衔。我也不在乎生活,能满足心灵的生活对我来说就是最好的生活。我不怕吃苦,为了自己所爱而吃苦,那种感觉正是我渴望和跃跃欲试的……自由在高处。我相信,至高处一定是心灵。以前我抬头仰望啊,可是天空阴沉沉的什么都看不到。如今我已经看到并感受到了它指引给我的方向。我需要避开

拥挤的人群，独辟自己的幽径。即使高处不胜寒，我也会用自己的光和热让它变得温暖。

那天小毕和父母一起在南开听了我三节课，然后我们又在学校的咖啡厅里坐了很久。我了解了他家里的一些情况，并没有完全答应他。小毕让我想起自己十六岁第一次出远门的情景以及后来对家庭责任的担负。我对他说，我从十六岁知道自己的天命，到后来辞职去法国读书，开始完全按自己的想法生活，其实走了十几年的时间。如果家里需要你担负责任，不妨先担负起来。这不是为了忍受，而是因为担负责任也是一种自由。当然，学校为升学率不择手段，不让学生看课外书是卑劣的。如果可行，转学到一个相对宽松的学校也未尝不可。

最后，我和他分享了《约翰·克利斯朵夫》里的一段话。高脱弗烈特舅舅说："你得对着这新来的日子抱着虔敬的心……对每一天都得抱着虔诚的态度。得爱它，尊敬它，尤其不能污辱它，妨害它的发荣滋长。便是像今天这样灰暗愁闷的日子，你也得爱。……现在是冬天，一切都睡着。将来大地会醒过来的。你只要跟大地一样，像它那样的有耐性就是了。"

那天，在夜色中看着一家三口离去的背影，我心里也近乎哀伤。几年来，我分明看到许多想到我名下读书的学生被应试教育卡在门外。假使我像古人一样有自己的私学之所，我是可以轻轻松松接纳他的，问题是我也只有我自己，而且常常漂泊四方。我该如何面对这样一位远道而来的学生？这对我的确是个难题。眼下我能做到的，是保持我们的师生之谊，并在我每出一本书的时候，都第一时间寄给他。当然，如果小毕执意要把我当作他年少时代的瓦尔登湖[①]，寻找一种梭罗意义上的可以试验的生活，我也愿意配合这种试验，并乐见其成。

五

《自由在高处》出版后，也有一些批评和误解。有的认真读过书中的内容，有的只是看了封面上的只言片语。譬如我在书中提到"改变不了大环境，就去改变小环境"，有读者据此断言我是维护现有不合理秩序的"帮凶"。我想说这只是简单的逻辑问题。其一，所谓"远水救不了近火"，在发生彻底改变之前，改变小环境的目的在于安顿具体的人。正如在发生彻底改变之后，仍然需要能改变小环境的具体的人。其二，做自己能够控制的事情是有价值的，也是最有效的。其三，大环境是小环境组成的，在此意义上，改变小环境也意味着局部改变大环境。我从未放弃对大环境的改变，只是在改变的方式上，多了些细节上的处理而已。在社会改造方面，这不是做减法，而是做加法。

相较于他人的误解，我更在意的是自己近几年身体麻烦不断，以至于不得不停下来，少做了不少事情。印第安人有句

[①] 1845年7月4日，亨利·梭罗开始了一项为期两年的试验，在离家乡康科德城不远的瓦尔登湖畔尝试过一种简单的隐居生活。在瓦尔登湖生活期间，因为反对奴隶制，拒交"人头税"，梭罗曾被捕入狱。虽然转天被保释，但这一夜却激发他思考了许多问题，于是有了著名的政论《抵制国民政府》(*Resistance to Civil Government*，后改名为 *On the Duty of Civil Disobedience*，《论政治不服从的义务》)。梭罗所宣传的这种依靠个人力量的"非暴力抵抗"对甘地和马丁·路德·金影响深远。

古老的谚语，大意是"身体走太快，要坐下来等一等自己的灵魂"；而我偏偏是灵魂走得太快，身体却跟不上了。这两年我开始重新审视生活本身。有生以来，我处处与人为善，唯独对自己像个暴君。时至今日，周身可谓烽烟四起，示威不断。我一直说要带领好自己，但在照顾自己的身体方面，完全是言而无信。看在死去了的上帝的分上，在身体没有彻底变得糟糕之前，我想还是尽快把公正还给自己，从今往后，我必须像照顾好我的灵魂一样照顾好我的身体。

说到身体和灵魂，其实这也是一个边界的问题。我的劳累在于我的灵魂超出了身体所能支撑的边界，使其不堪重负。一个想带领好自己的人，必须在自己能控制的情况下同时带领好自己的灵魂和身体。不同的是，前者完全成事在己，后者一半成事在天。当然，我不会因为身体出了点状况就想着养尊处优，终日无所作为，我只期望自己能够带领好自己。伟大的加缪说过："重要的不是治好病，而是带着病痛活着。"

济南的小毕来南开看我时曾说，他买了十本《自由在高处》送给同学。我问他看中了书里的什么内容，他说最打动他的是书中的自由和赤诚。也是因为这本书，他开始爱看书了。如果我不想让这个年轻人失望，我想我最应该保留的还是书中的自由和赤诚吧。

冬日已近，我愿所有寻得自己天命的人，能够呵护好内心的自由与赤诚。我的前半生，非常幸运地受了天命的指引，天命让我活得辛苦异常，但它于我终究是个好东西。借着近期《我是即将来到的日子》一书的出版，我将其中一首《天命昭昭》引在这里，权当这篇新序的结尾。

余生摇摇，天命昭昭。
万念俱灰，一念永抱。

余生摇摇，天命昭昭。
无可限量，无可求告。

余生摇摇，天命昭昭。
子兮予兮，不负同牢。

  灵魂是天空，身体是大地。灵魂和身体，同是我们拓展自由的基石，同是上天赐予我们的圣物。我愿我能和读者一样，在余下的生命里同时守卫好自己的灵魂与身体，守卫好一生的责任与自由。我愿岁月无负天地，我愿此生辽阔高远。

  就此搁笔吧，亲爱的读者。今日早起，我在黑暗中点亮灯盏，伴着《潜水钟与蝴蝶》中的钢琴曲，度过了两个小时的写作时间。虽然这几年我在我所生活的时代已经很少听到什么好消息，但我依旧保有内心的这一段甜蜜的旅程。拉开窗帘，不知不觉外面的天已经亮了。自然之母终究是仁慈的，即使在最寒冷的冬天，光明总还是在那里。正如我，未尽天命之前，依然会在这里。

完稿于 2014 年 11 月 18 日清晨

第一版序　因为无力，所以执着
——我为什么要写作？

转眼之间，离开巴黎已经几年。我时常怀念自己在那里求学、采访与简单生活的日子。我从不讳言，虽然孤身一人，但我在巴黎度过了一生中最难忘、最美好与最纯洁的时光。而我所学到的，与其说是在巴黎大学的课堂，不如说是在巴黎这座城市。我写的为数不多的几篇散文，也多是因巴黎有感而发，这是一种连接过去与未来的乡愁。因了这种乡愁，归国后虽然终日忙碌，但有机会我总还是想着在巴黎转转，哪怕只为匆匆几天的停留，为沉闷的人生透一口气，为心灵做个深呼吸。

2010年初春，我去日内瓦参加第四届世界反对死刑大会，顺道又一次去看米拉博桥。"日子走了，我还在；河水走了，桥还在。"今年昔我，久别重逢，看着静静流淌的塞纳河水与浅绿色的米拉博桥以及河边一棵棵刚刚长出新叶的老梧桐树，真有一种莫名的想写点什么的冲动。不幸的是，当时我忘了带笔，手机又早早用光了电，什么也记不下来了。我在河边找来了小石子与断树枝，却无法捉着它们在纸上画字。因为在香榭丽舍大街另有约会，在桥边焦虑与流连了近半个小时后我只能匆匆离开。坐上 RER，这是我上学时天天搭乘的快速铁路，沿着左岸，不到半小时便可以到达先贤祠边的巴黎大学。而此刻，我只能透过侧顶倾斜的车窗，无奈又无助地望着米拉博桥上的天空朝身后奔跑。我多么想记下自己的所想所爱，却找不着一支笔，并因此彻底失去了内心的安宁……那是一种怎样的惆怅与绝望，我至今未忘。

我曾经在微博上写过这样一段话："当农民守不住自己的土地，法官保不住自己的良心，警察看不住自己的房屋，千万富翁会被灭门，而你握不住手里的笔……这样的时代，没有谁比谁更幸运，只有谁比谁更不幸。"想必是因为切中了时代的某些症结，这条微博很快被转了近千次。不过，谢天谢地，我还不是那个握不住笔的不幸的人。虽然还不能尽情表达我的所思所想，也不像《潜水钟与蝴蝶》里的主人公那样只能靠着眨眼睛来写作，但我总还是想方设法将自己的表达空间撑到了最大，如《重新发现社会》一书的出版。

我不曾失去手中的笔，不知道无以表达者的痛苦。直到那天，当我在塞纳河边体会到了一种从未有过的无助感，一种失去了写作能力的悲哀，我才真正意识到思考与表达对于我来说有着怎样无可替代的意义与欢乐。我知道，如果失去了手中的笔，我将惶惶不可终日；如果失去了自由思想的权利，我的生命将不复存在。

一

感谢我的父亲，一位憨厚而怯弱的农民，在我五岁那年，从生产队给我买来了一支没有花纹的铅笔，这是我生命中的第一支笔，更是父亲给我的最大恩情。还记得那个夏日的傍晚，我光着膀子，将铅笔别在小短裤的松紧带上，在村子里四处炫耀。虽然那时还不知道这支笔对我意味着什么，但我的确非常喜欢它，知道它很重要，并且感受到了它可能给我带来的求知的乐趣。这也许就是人的天性吧。我天生好学，在我还未入学的时候，因为能做五年级学生给我出的数学题，而且喜欢眨眼，我已经是闻名于方圆几里的小天才了。

我的乐趣并不在数学，而在语文。十五岁时，我上高二，在学校办起了文学社，开始给各年级送一份由我亲自刻写油印的文学刊物。所以我一直说，在考上大学，提着笔杆子进城之前，我最初的想法是要写诗歌或者小说的。那个年代，诗歌未死，乌托邦还在，小说依旧寄寓青春梦想。只是时光流转，阴差阳错，多年来我诗只写了几首，小说未著半字，评论倒是写了一千篇。

更有意思的是，就在近几年，不少写诗歌或写小说的人也开始改行，做起了评论员来。这一切转变，恐怕是中国这光怪陆离的现实，让那些以想象为业的人对自己的想象力绝望了吧。人们时常感慨大自然鬼斧神工、造化无穷，给了这个世界无以数计的神奇景观。事实上，转型期的中国社会也是如此传奇，它的创造力已经远远超过我们的想象力。试想，在平常寂静的午后，当你翻开书页，怎会在某篇小说中读到"躲猫猫""被自杀""牵尸谈价""临时性强奸""恨爹不成刚"等诡异的章节、狰狞的诗意？

和现实相比，诗人与小说家不但输掉了想象力，而且输掉了修辞的能力。难怪有人说，转型期的中国不需要小说了，诗歌也一样——现在需要的是评论。而我，正是在这一时代浪潮的推动下，并由着自己思考问题的乐趣，卷入到评论写作中来的。

还记得十几年前，我刚到报社工作没多久，有机会开专栏写评论。而我遇到的第一个难题便是领导之领导下达的小要求："评论可以写啊，但不能有观点。"好在事在人为，这个"第二十二条军规"并没有完全阻碍我的成长。2002年，在大学毕业六七年后，我辞去了第一份工作。回想那次辞职的过程，其间不乏惆怅与纠结。在此之前，因为希望报社能给我一个外派的机会，再加上日报是以日为工作单位，醒来就得继续工作，不能对未来做一个很好的打算，为此蹉跎了不少岁月。直到一个清凉的夜晚，我上完夜班准备回家，就在我独自走下报社大楼去开自行车锁的那一刹那，像是突然被电击了一样。我听到了一个发自内心的声音："嘿，你为什么要在这里等机会呢？你年轻，还有梦想，你能为自己决策。那个有决策权的你为什么不给有梦想的你一个机会呢？你为什么不让他去试试呢？如果连你都不肯给自己机会，谁还会给你机会？"

是啊，我是自己人生的领导者，我不能因为不给自己机会而荒废青春。那一刻，我找到了此前从未有过的清明与力量，做自己命运的主人，让自己给自己机会。就这样，几个月内我很快办完了赴法自费留学的手续。你得承认，对于一个农家子弟而言，这仍不是一件容易的事。多少留学生都是父母大把大把给钱，而我在留学时还必须每年给乡下父母寄一些钱，包括这期间母亲做手术的费用。不是说了吗，我是家里的"临时政府"。当然，即使如此，日子过得还算宽裕。毕竟此前工作的几年，我做过一些兼职，还有一些积蓄。虽然不是很多，但在这点上，我对原单位及曾经效力过的网络公司还是感恩的。我因此获得了一定程度上的财务自由，并且体会到了财务自由给我的人生带来的便利。所以，当有的年轻人向我感慨不知道将来做点什么时，我会给他们两个建议：如果不想浪费光阴的话，要么静下心来读点书，要么去赚点钱。这两点对你将来都有用。

临行话别，报社有位兄长和我讲了一段很有意思的话，大意是：在一个广场上，人挤人，你不知道方向在哪里，但如果你站得高一点，看得远一点，就知道周遭的种种拥挤对你来说其实毫无意义。尽管我正是这样做的，这段话似乎也只是为了表达对我辞职留学的赞同，但我不得不说，它对我很有启发，仿佛为我的离职出走赋予了一种特别的内涵。这算是我现在谈论"自由在高处"最初的一点机缘吧。

乔布斯说："你须寻得所爱。"这个问题在我少年时便已经解决了。我知道一生所爱，除了思考与写作，我的生命别无激情。我需要寻找的只是一个更开阔的平台，打开自己的世界。而这一切，在我跨出国门后，都顺理成章地解决了。从今往后，我可以为任何华文媒体写作，接受他们的约稿。在身份上，我不再属于任何一家单位，我感受到了什么是"面朝社会，春暖花开"。更重要的是，我在空间上远离了国家，在时间上找回了自己。

二

感谢互联网。虽然十几年来，我把一生中最宝贵的年华都花在了网络上，这点让我时常深感不安。我是原报社最早自费上网的人。1996年，也就是在报社大楼统一接入互联网的前一年，我花了近两个月的薪水，约四千元，买了一只猫（调制解调器），并预付了一年的网费。现在"信息成灾"，新一代年轻人或许已经无法想象生活在二十世纪九十年代中期的我们对网络信息何其渴望。而我始终相信，一个努力拓展言论自由的人，一定不会忘了拓展接受信息的自由，因为二者密不可分。只有奠基在接受信息自由基础之上，自由言论才更牢靠，更真实，更全面。

而我面对公众的更自由的写作也是从那时候开始的。其后几年间，伴随着互联网言论的兴起，各大纸媒都开始意识到了过去单一的新闻纸已经失去了核心竞争力，它还需要观点，需要评论版，需要观点新闻。拜互联网所赐，直至今日，"忽如一夜春风来，千树万树梨花开"，许多报纸都开辟了一到两个甚至更多的评论专版，而且一些电台、电视台也开始紧锣密鼓地在中国各地寻找评论员。

人人有话要说，一个崭新的时代正在悄悄来临。然而它又是那么似曾相识，续接了二十世纪五十年代以前的言论氛围，一切势必要昔日重来。

打开历史，游目骋怀，倾听两个时代的心跳。谁也无法否认，在那个已然逝去的时代，才子佳人们是何等意气风发！借着一次次无意有缘的相遇，我陆续了解到了杜亚泉、胡适、王芸生、董时进、张佛泉等睿智而坚定的评论家与思想者。从《东方杂志》《独立评论》到《大公报》和《观察》，从散见于各处的农村问题讨论到宪政问题研究，一切都让我相见恨晚、无比震惊。相见恨晚是因为我不曾在教科书上得到我最想得到也本该得到的知识，而无比震惊则在于当代中国人扭扭捏捏讨论的许多真问题，杜亚泉、胡适那代人在上个世纪初已经充分讨论了，甚至包括"孩子是否需要读经"这样的小问题。而且，由于种种原因，那代人所得出的一些结论，比现在还要深刻。关于这一点，2008年夏天，在我终于通读岳麓书社十卷本《独立评论》后更是叹息不止。

大概十年前，我借《错过胡适一百年》一文梳理胡适的思想，算是阅尽历史的玩笑与鬼打墙；同样，当我用一本书（《重新发现社会》）的篇幅来谈国家与社会的边界时，发现杜亚泉——这位比我恰好早生了整整一百年的思想巨子，只用一篇四千余字的政论便将我要说的道理全讲完了。这样的时候，真不知是欣慰多一些，还是绝望多一些。

然而，我们总还是有些事情可做。那代人没做完的事，由你现在来做，既是责任，也是机缘。欧美国家的一些学者与社会工作者，愿意"吃饱了撑的"花更多时间批评亚洲和中国，何尝不是在这里找他们想要完成的"未竟的事业"呢？

在《重新发现社会》的后记里，我谈到维克多·雨果在很小的时候十分崇拜夏多布里昂。雨果曾经用他的一生发誓："要么成为夏多布里昂，要么一无所成。"若干年后，雨果的成就只在夏多布里昂之上。我也有许多引以为荣的榜样，从雨果、罗兰到胡适，从茨威格、波普尔到弗里德曼，然而这些年来，尤其是在我三十岁以后，我最想对自己说的一句话是："要么成为熊培云，要么一无所成。"

没有谁的人生可以复制，你也没有必要去复制，你只能做最好的自己。时代也一样，没有谁可以回到已然逝去的时代，就好像虽然同样处于穿越历史三峡的转型时期，但中国之今日也不会等同于法兰西的十九世纪。我们唯一可做的，就是一点一点地努力，让我们所处的时代——这时间上的家园，成为最好的时代。

在大学课堂上，我常和学生提及茨威格写在《人类群星闪耀时》里的一句话，"一个人生命中最大的幸运，莫过于在他的人生中途，即在他年富力强的时候发现了自己的使命"，并由此展开：大学的意义不只在于锻炼人格，培养思维能力，还在于找到或者确定裨益终身的兴趣。如果你找到了真正属于你的兴趣，愿意终身为此努力，即使没有读完大学，你的人生也一定是丰满而有希望的。一个人，在他的有生之年，最大的不幸恐怕还不在于曾经遭受了多少困苦挫折，而在于他虽然终日忙碌，却不知道自己最适合做什么，最喜欢做什么，最需要做什么，只在送往迎来之间匆匆度过一生。

有时候我免不了去想，人生真的很无趣，因为要做那么多我们不想做的事情。记得上中学时，为了高考，学校墙壁上到处是"坚持""毅力"等激励人心的词语，当时不觉得有什么不妥。然而，今天回过头去看，难免会有这样的经验（毋宁说是教训）与心得——那些靠"坚持""毅力"去学的课本上的知识，去做的事情，也许是我们一生中最不需要的。

我无法不感恩生活，感恩生命，感恩冥冥之中有着某种神秘的力量。我得到了命运之神的眷顾，在我年少之时，就知道自己会将一生献给文字，献给自己无限接近真理的欲望，并且年年乐此不疲。无论是写什么，一切得益于我的两个天性：一是怀疑的精神，二是思想的乐趣。而这一切，都符合我的自由的本性。有怀疑精神，就很少会盲从，人生因此少走许多弯路；能体味思想的乐趣，做事便无所谓毅力与坚持，做什么都乐在其中。我每天都不舍得睡，想了解世界多一点，想写作时间多一点。唯一需要有毅力来做却又未做成的事情是劝自己早点睡觉。就像一个男人爱上了堪称"soulmate"（灵魂之伴侣）的美人，愿意与她共度一生，这显然是不需要什么毅力的。

三

我承认自己的大乐趣就在于思想，正如我相信我的全部尊严就在于思想。那么，我对自己的写作又抱有一种怎样的态度呢？

李慎之说："二十世纪是鲁迅的世纪，二十一世纪是胡适的世纪。"对此我是非常认同的。以我的理解，二十世纪是一个革命的世纪，流血的世纪；而二十一世纪是一个改良的世纪，流汗的世纪。这一判断同样影响到我的写作态度。我从来不想将自己的文字变成一种革命性的文字，也不奢望哪篇文章对改良社会有立竿见影、马到功成的效果。

我写评论，这首先是一种思考与表达方式，久而久之甚至也是一种生活方式、一种精神状态。一个真正热爱写作的人，未必会去信仰什么宗教，但他会将自己每天的写作当作一种关乎良心的祷告。既然不希望也不可能在一天之内过尽你的有生之年，又何必奢求一言兴邦、改天换地？

有人说，鲁迅是杂文，胡适是评论；鲁迅是酒，胡适是水。酒让人看到真性情，也看到癫狂，唯有水，才是日常所需，是真生活。在平常的写作中，不管实际上做得如何，在心底里我是偏向胡适的。所以，如果有人说："培云，你的文章让我想起了鲁迅。"这样的时候，也许他是在开玩笑，也许是在赞扬我，但是我会因此非常不安，如芒刺在背。我会想到鲁迅的"一个也不宽恕"，想到胡适的"容忍比自由更重要"，想到图图大主教的"没有宽恕就没有未来"，由此反思自己活得是不是不够宽厚，写作是不是过于凌厉。

我承认，我更喜欢胡适的那份安宁豁朗、乐观宽容以及"我从山中来，带来兰花草"的烂漫与纯朴。无论在什么样的困境之中，人生都是要保持一些风度的。在苦难与阳光之间，我更愿意看到阳光的一面、积极的一面，看到万物生长，而不是百花凋零，独自叹息。我希望自己目光明亮、明辨是非，但也知道每个人，由着一个渐次开放的环境，都在向着好的方向走。我不憎恨，我的心中没有敌人。

以独立之志，做合群之事，以思想与良心去担当。遥想胡适先生当年，不仅挨了鲁迅的骂，挨学生（毛泽东）的批，1928年，由于写《人权与约法》，还坐过国民党的几天牢。据说，若不是《纽约时报》参与营救，还险些被判了死刑。胡适的一生会因为同情而让步，却从未屈服过。他是思想之军，而非暴力之军。

大概是2003年前后，我在法国的电视台上无意间看到一则歌舞剧的片花。雄浑的音乐、宏大的场面让我激动不已。歌舞剧的名字是《斯巴达克斯》，我印象最深，最让我回味无穷的是其中一句歌词"Je reviendrai et je serai des millions"。为此，我还特别将它译成了很上口的八个字——"我将归来，万马千军"。这样的雄心壮志，是很适合一个远赴他国求学的游子的。即使是一个奴隶，也会觉得自己未来可期。遗憾的是，由于当时学业较忙，未能亲临演出现场。而在我离开巴黎时，想买张碟已是难上加难。其后几年间，每次返回巴黎时，都不忘在音像店里翻箱倒柜，但都一无所获。谢天谢地，2010年的秋天，我突发奇想，竟然在国内的网站上买到了。

我从来没想过要到国外定居，我注定要回到中国，我犁铧一般的笔尖注定是要落在这片土地上。区别在于，虽然我希望自己带领万马千军归来，但是我的理解和舞台剧里的斯巴达克斯不同。其一，我所期望的万马千军，是思想之军，而非暴力之军。其二，我所期望带领的，不是纵横沙场的万马千军，而是我孤身一人。我不会做急于"代表中国，代表亚洲，代表世界"的"三表人才"，我只想做"一表人才"，只代表我自己，靠着自己的经验与理性发言，不强迫任何人。

而且，我分明看到，无论是历史还是现实，那些能够带领万马千军的人，未必能带领好自己。关于这一点，看看当年袁世凯的凄凉晚景就知道了。另一句广为人知的话是，"打下了江山，却丢掉了自己"。一个以思考为业的人，当以独立思考为安身立命的根本，没有比带领好自己更重要的了。

有趣的是，常常有读者误以为我是一个白须飘飘的老者。待知道我还这么年轻，生命长远，有人甚至会在网上向我大喊:"嘿,年轻人,把多年来我对一位老人的尊重还给我。"我不能详尽人们误以为我是老人的原因,我想恐怕这至少和我说理的态度和叙事的风格有关吧。我内心安宁,每天活在思维的世界里,写作于我更像是一种修行。即使是与人辩论的时候,我也不会以征服他人为真实的乐趣,而是希望通过交流在对方身上学得更多东西,以增长我的见识,丰富我的生命。如果你只是为了说服别人而去写作,不仅真理会离你越来越远,连自己也会离你越来越远。是我思故我在,而不是我征服故我在。我不必通过说服别人或者让别人臣服于我的观点证明我自己存在。

十多年来,我写了无数评论以及寥寥几篇散文。偶尔,也会听到一些朋友(比如我尊敬的姜弘先生)问,为什么写这些零星的文字,而不去写更大的东西?对于朋友们的善意提醒,我通常会报之一笑。我知道有些勤奋的朋友,一天会写出很多评论来。但是,即使是这样,你也不必苛责他是在"粗制滥造",你只当他是在做一些思维训练,在做思想的加法。

因为一些编辑朋友的长期约稿,我渐渐养成了每天写评论的习惯。再后来,我发现写专栏是我的一种散步方式。只要时间允许,写一点又有何不可?为什么不接受做一些细碎的事情?从这方面说,我是很能理解梁文道兄所说的"写专栏比写一本大书重要"的意思的。胡适当年,不还在自己的刊物上撰写如何刷牙的文章吗?散步是日常的,远足却需要机缘和更精心的准备。

当然,人贵有自知与自省。当我意识到这份差事占用了我的大部分时间,让我的生活在自我重复中慢慢失去了趣味时,我立即学会了克制。凡让我成瘾的东西，都不是我需要的乐趣。我有自己的方向感，不会去做隔行的评论，更不会发评论癫。但得机缘，我自然也会停下来，做朋友们所谓的"更伟大的事情"。过去的两三年间，我在《南方都市报》上写了三十万字的《乡村纪事》专栏，也是因了一种机缘。而且，直到今天，人近中年，我仍相信自己的写作还没有真正开始。

其实，无论是杂文还是评论，诗歌还是小说，抑或其他，每个写作者都在寻找自己的表达方式，评论只是其中一种。而且，对于我个人而言，寻找适合自己的表达方式甚至是件比扩大自己的言论自由更严肃的事情。

我对母校南开有一种深厚的情感，除了因为它曾有私学的传统，在很大程度上还因为它与西南联大的渊源。鹿桥在《未央歌》里将他在西南联大赤脚上学的时代描绘成"诗歌加论文"的时代。事实上，这些年来，我一直在寻找适合我自己的"诗歌加论文"式的表达，相信只有这样才能写出既有感性又有理性的文章，只有这样才能让我身心愉悦，才符合我审美的情趣。

写作首先是为了生活，为了不辜负这一生的光阴，而非为了传世。但是，只要你细心，就会发现人类历史上那些真正流传下来的人文与理论经典——从柏拉图的《理想国》到帕斯卡的《思想录》，从康德的《实践理性批判》到托克维尔的《论美国的民主》《旧制度与大革命》，从老子的《道德经》到费孝通的《乡土中国》，没有哪篇不是既有理性又有感性的文字。我甚至敢断定，将来的经典绝非刊印在现今中国各大中文核心期刊上的那些可以归类于"密码学"范畴的所谓学术论文。

让我继续赞美托克维尔的文字吧！谈到历史与传统的珍贵

时，他说："当过去不再照亮未来，人心将在黑暗中徘徊。"谈到法国农民如何珍爱他们刚刚获得的土地时，他说："他终于有了一块土地；他把他的心和种子一起埋进地里。"……沟通理性与感性的两极，世界上还有比这更好的文字吗？

四

我为什么要写作，想必还因为我有一点点责任心吧。

今日世界，国家林立，看不尽纷纷扰扰。为了防范敌人，每个国家都在积攒用于相互屠杀的武器，稍有争执，便有国家在大海里扔炸弹、搞军演、炫耀肌肉。而国内，各式各样的暴力与强制仍然充斥于我们的生活。这样的时候，你真觉得今天的世界与中国，仍不过是处在一个蛮荒的时代、一个不自由的时代。至少，它不是一个你我期许的美好的时代。

80后的大学生们，时常向我感慨他们的不幸："当我们读小学的时候，读大学不要钱；当我们读大学的时候，读小学不要钱。我们还没工作的时候，工作是分配的；我们可以工作的时候，却找不到工作。当我们不能挣钱的时候，房子是分的；当我们能挣钱的时候，却买不起房子……"这不是抱怨，而是现实。

相较而言，像我这样生于二十世纪七十年代的一代人，从整体来说是非常幸运的。这代人稍稍懂事时正好赶上了中国的改革开放，大凡努力，多有报偿。虽然中间不乏时代的波折，但中国走向开放与多元的大脉络、大趋势已经无人可以改变。

但是，在这个社会，生活于这样一个时代，作为一个命运共同体中的一员,我们又无法说谁更幸运、谁更不幸。因为我们最需要面对的,也恰恰是我们最需要共同解决的问题。从孙志刚案到"躲猫猫",从"短信狱"到"跨省追捕",从"临时性强奸"到"我爸是李刚",从农民看不起病到"乱世用盛典"、大项目烧钱,没有谁可以对此视而不见。

在此意义上,写作必定成为对时代尽责的一种方式。只是,真正让一个时评家感到疲惫的,不是频繁的约稿,而是不断的自我重复。我知道很多写时评的朋友都有这样懊恼的体会。所以,当大家聚在一起时,免不了会异口同声地谈到"无力感"这个词——对于你曾经评论或者批评过的事情,一月、两月……一年、两年过去之后,还在发生,依然故我,你会不会觉得沮丧?书生论政,你的批评还有什么意义?类似这样的话我听到很多。

然而,我却并不这样认为。一方面,如前所述,你大可不必将自己视为药到病除的神医,改造社会与政治是一个复杂的系统工程,它需要超乎寻常的耐心。倘使这个世界会因为一两篇文章便改天换地,它岂不早就成了人间天堂?与此同时,也要相信"功不唐捐"的道理。恶是摧枯拉朽的,善却是以蜗牛的速度前进。

事实上,这些年来,从网上海量的细碎留言到遍地开花的专栏文章,时事评论对社会进步的推动还是居功至伟的。"草色遥看近却无",当我们隔着五年、十年回头望,就不难发现,因为近年来评论的中兴,中国的公共空间已经获得了可喜的成长。

有几位读者,自称看了我写在微博上的一些批评性的文字而陷入"绝望"。还有一位江西的高中政治老师给我留言:"读了你的《思想国》和《重新发现社会》，钦佩你的智慧，但与此同时，对现实又是多么悲观。"我时常检点自己的写作，这不是为了取悦谁，而是以我愿意的方式去担当。这些年来，我毫不掩饰对小说《废都》的反感。这是一部不仅作者要爬格子，还要读者爬格子的小说，里面充满了虚假的绝望。也许，我这样要求一个作家过于苛刻，但这与其说是要求他人，不如说是苛责我自己。在我内心深处，有这样一个坚定的想法：如果自己未得解脱，就不要面对公众写字，不要去说悲观的话，因为这个世界最不缺的就是绝望，更不缺虚假的矫揉造作的绝望。所以我才会那么热爱《肖申克的救赎》《美丽人生》《放牛班的春天》等电影。

另一方面，我也学会了适当的宽解。有些作品，只是让你恢复了痛感，这和绝望完全是两回事。如萨米拉·马克马巴夫的《背马鞍的男孩》（又名《两条腿的马》）。"一天一美元，也真的把自己当成一匹马"，故事讲述的是在一个不平等的社会，人如何奴役人以及人如何自愿被奴役。这是一部残酷的电影，如果说《物种起源》论证了动物如何进化为人，那么《背马鞍的男孩》的意义则在于揭示社会达尔文主义如何让人退化为动物。萨米拉是个80后，十几岁开始便在伊朗电影界获得很好的声誉。在她看来，导致我们不自由的，不是坏人，而是坏的关系。或者说，不是人坏，而是关系坏。这里的关系，既包括人与社会、与国家之间的群己权界，也包括个体之间的关系。中国现在的很多苦难，就在于未能在制度上确立清晰可靠的权界，建立一种好的关系，结果便是每个人都觉得自己不自由，都是弱势群体，都有挫败感。所以说，我们这代人在推动社会转型方面的努力，最关键还在于如何确立一种良好的基于个人权利的关系。我想说的是，有些好的作品只是让观众恢复一种疼痛感。而且，有疼痛感，无论对社会还是个人，都是一件有希望的事情。

因为看了我几篇文章或者微博而有痛感的人，我同样希望他们可以如此积极理解。不要把疼痛当绝望，凡事还是看积极的一面，至少我和周围很多朋友都在积极地做事；同时也给自己的视界多一点时间感：一百年前中国还有凌迟，五十年前中国还在喊万岁，四十年前中国还在破"四旧"，三十年前中国还不许跳舞，二十年前中国还在争论姓社姓资，十五年前中国还没有普及互联网，十年前中国还有收容遣送条例，五年前中国还没有物权法，两年前中国还没有微博，一年前中国还没有城乡居民选举同票同权……社会终究是在进步。退一步说，无论环境多么恶劣，你总还可以做最好的自己，因为你即你选择。这些年，我一直坚持的一个信念是，改变不了大环境，就去改变小环境，做自己力所能及的事情。你不能决定太阳几点升起，但可以决定自己几点起床。

以《重新发现社会》的出版为例，谁能想到这本书会因为一位老校对停留在二十世纪八十年代的政治意见而不得不换出版社，并在一年半后收获各种美名？只要大家肯努力、愿思考、不放弃，社会终究会朝着一个好的方向走。

虽然这一切皆非一日可以完成，但在推动社会变革的过程中，你的每一句话，都可能是最后一根稻草。你不要因为你此前堆积的那根稻草不是最后一根稻草就说它分量过轻，或者没有重量。当然，在推动社会进步的过程中，每个人的力量都是有限的，这种"无力感"也是无比真实的。但是，也正是因为这种"无力感"，才更需要执着。许多人，之所以平静而坚定，活得从容，就是因为他们看到：上个世纪做不完的事情，可以这个世纪来做；那些一天做不完的事，可以用一生来做。

而这也正是我看电影《让子弹飞》的感受，那是一部关于我们时代的寓言。因了人们对美好生活的热望以及活得舒展自由的本性，从新中国到新新中国的几十年间，那个曾经不可一世的铜墙铁壁如今已被穿得千疮百孔，现在只需要一点点耐心，"让子弹再飞一会儿"。

五

2010年暮春，我在家乡参与筹建了一个图书馆，向社会募捐了不少图书。我为什么要写作？我愿意在一位捐赠者的留言中看到自己的志向："其实文字秀美者众，难得的是见识；见识明辨者众，难得的是态度；态度端厚者众，难得的是心地；心地温暖，更需脚踏实地身体力行，方是做学问、求真理、提问解惑、治世济人的书生。"

清晨，阳光照进世界的每一座庙宇。有个问题，多年来我一直没有弄清楚：一个人如果有信仰，为什么还会去信某种宗教呢？如果是因为没有信仰而去信教，宗教岂不成了信仰的替补品？但我知道我自己是有信仰的，我也愿意吸收任何宗教信条中有价值的东西。我不相信上帝，我会想念他；我不信佛陀，我仍会想念他。而我的信仰，在心底，在笔端，从每日清晨写下第一字的时候开始。我用文字祷告，我用文字诵经。我愿意将我的生命托付给这一切。

一个寂静的冬日，我在北京的一号线地铁里捧书而读，读到封底上于右任对虚云老和尚的评价，险些掉下眼泪。归纳起来，这个评价无外乎八个字："入狱身先，悲智双全。"这不正是我理想中的人生吗？我跑到哪里去了？

回家后，我给自己换了状态——"入狱身先，悲智双圆。虽未能至，心向往之。"我无法像地藏菩萨一样，修得"我不入地狱，谁入地狱"的大决心，但在心底里，我是诚心诚意地希望自己能过上一种慈悲而有智慧的生活，这是我人生的兴趣所在。让文字收藏我的生命和我想要的世界，也许才是我写作的最大目的吧。

当然，"我不入地狱，谁入地狱"只是内求的信念，是反求诸己，而非外求他人，更不是为了拉人入伙，便烧了他家的房屋，从此断了他回家的念想。

同为科学家，是做舍生取义的布鲁诺，还是隐忍苟安的伽利略，首先是个人自由。这方面，东德剧作家布莱希特已经通过他的戏剧《伽利略传》写下注脚。在伽利略因为"害怕皮肉之苦"而选择妥协后，他的学生安德雷亚怒气冲冲地质问他："没有英雄的国家真不幸！酒囊饭袋！保住一条狗命了吧？"而伽利略的回答是："不。需要英雄的国家真不幸。"

不是吗？今日中国，那些热衷于将韩寒当作英雄来崇拜的人，那些无所事事的人，是否同时在逃避一个时代的责任？他们是否理解了托马斯·潘恩在《常识》中所说的，"那些想收获自由所带来的美好的人，必须像真正的人那样，要承受支撑自由价值的艰辛"？

以自由的名义，每个人都可以选择自主的生活；以生活的名义，谁也不要去鼓励他人牺牲。勇敢也罢，懦弱也罢，背后都是个人有选择如何生活的自由。事实上，虽然伽利略选择了妥协，但他并不像有些人一样，保全了生命，却放弃了人生。他的行为后来得到了学生的谅解，在被软禁的几年间，伽利略完成了关于力学与自由落体定律的《关于托勒密和哥白尼两大世界体系的对话》。他之所以坚持活下来，而不是做广场上人人可见的牺牲，是因为他相信"即使手上有污点（即向教会忏悔），也总比两手空空的好"；相信真理是时间的孩子，而不是权威的孩子；相信他今天种下一棵苹果树，有朝一日会有苹果掉到另一个人的头上。

绿树红砖，书声琅琅。至今还记得年少时背诵"两点之间，直线最短"时的情景。然而，当我检视人类历史的进阶，由低级向高级之演进，却是"两点之间，曲线最短"，这也是伽利略的观点吧。我中学有位老师说"河流弯曲是为了哺育更多的生灵"，想来社会改造也是如此吧。是的，它发展得十分缓慢，简直让人无以忍受，可这种表面上的弯曲何尝不是为照顾更多人的利益呢？暴力革命如瀑布气势磅礴，从天而降，"飞流直下三千尺"，但它不为任何人停留，只有噪声而无营养。

自由在高处，也在你我平凡的生活里。那天下午，去参加一个聚会，见了一些熟悉却未曾谋面的朋友，晚间又和一位心仪已久的同龄在另一场合不期而遇。这让我想起回国后的一次次相聚，我很后悔几年间没有好好记录下每一次聚会谈论的内容。它们见证了这个时代的心跳与疑难，也见证了民情的纠葛与转变。

再后来，我因《重新发现社会》来有"人间天堂"之称的杭州参加《新周刊》的颁奖会，并且有了以下获奖感言："相信中国因有社会而有未来；相信我们每天的付出都有报偿；相信我们的国家比我们想象的自由；相信大家一起努力，万物各成其美；相信阳光如此美好，坏人也会回头。"我同样相信，生活在我们这个时代，在困顿中前行的人们，将来总有一天会站在自由而幸福的彼岸会师。我不要天堂，我只要底线。因为没有底线，就没有自由。

2010 年 12 月 19 日改定于西子湖畔

面包与玫瑰

想念蕨菜伸出的小拳头,
田野里挤满了月光,什么时候一起去寒山,
那里的旗帜向着尘世的方向飘扬。

——《在污浊了的可能性之上》

国家与玫瑰

2002年的一个冬日,雨水绵绵,我去布雷斯特的FNAC买回一张《小王子》的法语磁带,一路上边走边听,听到我熟悉的那段文字时,不禁停了下来,泪水夺眶而出。

Si quelqu'un aime une fleur qui n'existe qu'à un exemplaire dans les millions et les millions d'étoiles, ça suffit pour qu'il soit heureux quand il les regarde. Il se dit: "Ma fleur est là quelque part..." Mais si le mouton mange la fleur, c'est pour lui comme si, brusquement, toutes les étoiles s'éteignaient !

如果一个人爱上了亿万颗星星中的一朵花,他望望星空就觉得幸福。他对自己说:"我的花在那儿……"但是,如果羊把它吃了,对他来说,所有的星星都像忽地熄灭了……

你须寻得你所爱,并且为之守望。这是我初读《小王子》时的感动,至今未息。

而且，这种爱并不止于男女之情，也包括我对文字与思想之热爱。我曾经和删除我文章中的好句子的总编辑说，如果你删除文章里我最想表达的那句话，我之所爱，这就像羊把小王子的玫瑰吃掉了一样，对于我来说，这篇文章里所有的字在你的报纸上都忽地熄灭了。

回望人类历史，千百年来，我们守望的不只是爱，还有生活。当政治横行无忌，夺走我之所爱，夺走我之生活，那些被人高歌的伟大事业同样失去了存在的意义与价值，也忽地熄灭了。

尽管历史充满残酷，但它又是那么丰饶多情。关于爱与生活，本文不作长篇大论，只讲两个与之相关的小故事，一个发生在古代，一个发生在现代，却有着共同的主题。

第一个故事发生在古罗马时期。据说当年的罗马军队带着葡萄的种子到达位于高卢的博讷时，发现这里充沛的阳光与丰厚肥沃的砾石土地特别适合葡萄的种植，于是他们便和当地农民一样边种植葡萄边酿酒。谁知三年后，当军队要开拔时，有近半士兵都留了下来，因为这里的葡萄美酒俘获了他们的"芳心"，他们宁可留下来当酒农也不愿意再去南征北战，拓展帝国的疆土了。为此，查理曼大帝后来还不得不颁布法令，禁止军队经过博讷。甚至，在临终前，他还说过这样的话："罗马帝国靠葡萄酒而昌盛，又因葡萄酒而毁于一旦。"难怪莎士比亚会借李尔王之口说出："罗马帝国征服世界，博讷征服罗马帝国。"生活，让战争走开，让帝国坍塌。

第二个故事是关于"巴黎玫瑰"的。1942年5月，德军三个机械化师越过孚日山脉，沿罗讷河两岸直驱巴黎。这天夜里，巴黎凯旋门广场周围的几乎所有人家，都收到一大把鲜艳的玫瑰，里面附了一张纸条，上面写着："明天上街请都怀抱鲜花，让纳粹看看我们并没有被他们吓着。我们依旧热爱生活和大自然。"字条的落款是"洛希亚"，一个卖花姑娘。据说，当德军进驻巴黎时，洛希亚看到平时生意兴隆的花店竟然没有一个人来买花，她心里十分难受，不是担心凋敝的生意，而是担心沦落的生活。于是，她将店里所有的玫瑰花和她从别人店里买来的玫瑰花一起打包，送给左邻右舍。洛希亚的行为感动了大家，第二天早晨，驻扎在香榭丽舍大街的德军发现，几乎所有的巴黎女人，都手捧鲜花，面带笑容，眼里没有一丝绝望的神情。

当时法新社记者以《玫瑰花的早晨》报道此事，这个细节给了远在伦敦的戴高乐将军和他的自由法国的战士们极大鼓舞。十年后，戴高乐还专门找到了洛希亚，并且将她称为"巴黎的玫瑰"。当年执勤的德军士兵著书回忆此事时，同样不忘感慨：我们可以征服这个国家，却无法征服生活在这里的人们。

这是两个意味深长的故事。前者，征服罗马帝国的，不是博讷，而是生活。准确说是平民的生活愿望征服了帝王的政治野心。在那样的年代，不跟随国王打仗算是"政治不正确"了。然而，这才是历史最真实的面貌——所有帝国终究灰飞烟灭，只有生活永远细水长流。而后一个故事则表明，即使大军压境，即使枪炮压倒了玫瑰，生活仍是可以选择的，人们一样可以尽享伊迪丝·琵雅芙《玫瑰人生》(*La Vie En Rose*)中的情爱，选择站在玫瑰一边。你可以剥夺我的自由，却不能剥夺我对自由的不死梦想。你可以摧毁我的美好生活，却不能摧毁我对美好生活的无限向往。

二十一世纪，我们该怎样哺育和记录文明，如何从政治的世纪、流血的世纪，回到生活的世纪、流汗的世纪，在此我们不妨温习一下威尔·杜兰特写在《世界文明史》开篇中的一段话：

> 文明就像是一条筑有河岸的河流。河流中流淌的鲜血是人们相互残杀、偷窃、争斗的结果，这些通常都是史学家所记录的内容。而他们没有注意的是，在河岸上，人们建立家园，相亲相爱，养育子女，歌唱，谱写诗歌，甚至创作雕塑。

偶尔走失，从未离开。没有比生活更古老的过去，也没有比生活更高远的未来。无论经历多少波折、困苦与残酷，人们对美好生活的追寻，亘古如新。

老教授与小王子

法国大革命期间，雄心勃勃的雅各宾派四处捕杀贵族与政敌，罗兰夫人因此被推上了断头台。对于大革命的残酷，罗兰夫人临刑前的一句名言今已广为流传："Liberté, que de crimes on commet en ton nom."。（自由，多少罪恶假汝之名以行）

罗兰夫人的另一句名言知道的人并不多——"Plus je vois les hommes, plus j'admire les chiens"，意思是"认识的人越多，我就越喜欢狗"。自称"白话文第一"的李敖经常拿这句话来标榜自己的愤世嫉俗，其实这句话并不是他说的。当然，我们也不能就此论定这句话是李敖从罗兰夫人的闺房里偷来的。古往今来，才子佳人们在精神上珠联璧合、"暗通款曲"也不是罕见之事。

不过，透过这一男一女、一中一洋，可以肯定的是，人类与狗的关系的确非同一般。

关于这一点，近年来又有见证。

2007年7月，成都一位年近八旬的老教授为捡来的小狗办丧事，两天花了十万元。舆论一时哗然。

"人狗情未了"。据称这位老人有高血压，经常生病住院，老伴五年前去世了，孩子们都有工作，长年不在身边。三个多月前当他从大连来成都定居，在街道上散步时遇到了这只流浪狗。小狗一直跟着他，这让他觉得"爷俩"很有缘分，于是就将它带回了家。老人说："在这三个月时间里，狗狗就一直守在我身边，好像亲人一样在关心我。"

如此惊世骇俗的葬礼注定会招来一些人的反对。有人批评老人斥巨资治狗丧是糟蹋钱，所谓"黛玉葬花同命相怜，教授葬狗铜臭相连"；也有人责怪老人为什么不把这些钱捐给山区的孩子。

这些话看似正气凛然，却经不起推敲。一方面，给狗花钱并不能推导出老人没给或必须给其他孩子花钱；另一方面，每个人都有自己的情感世界，都有人生的当务之急，都有选择自己生活的权利。

临死时还有万贯家财是可耻的。这句话通常被人当作慈善劝诫的招牌。不难发现，这句话也间接印证在有生之年花光自己的钱财是一种权利——只要这些钱是老人的合法所得，怎么花是老人自己的事，旁人着实无权干涉。

为什么不能尊重老人的选择呢？毕竟，老人的行为没有对社会造成任何伤害。有关"奢侈"的指责同样有悖于事实。如孟德斯鸠所言，"富人不奢侈，穷人将饿死"。从经济与社会的角度来说，奢侈本来就是完成社会的财富流动与资源再分配的重要途径。

夕阳无限好，只是太凄凉。晚年的落寞与孤独在老人身上显而易见。如其所述，儿女不在身边，他不得不将情感寄托在一只偶然拾得的流浪小狗身上。不幸的是现在小狗也没有了。

为狗举办一个隆重的葬礼，常人虽然难以理解，但对他来说却在情理之中。至于十万元背后藏着怎样的暴利，显然，人们更应该追问的是有关殡葬部门，而不是这位风烛残年的老人，他不过是要还平生一个"隆重的心愿"。从这方面说，老人的"奢侈"也不过是"心愿"面对高价时的"逆来顺受"。

我想，那些苛责老人的人真有必要去翻翻《小王子》了。至少，在这部伟大的童话里可以找到有关情感与交往的些许密码。

小王子的星球上有一朵玫瑰花，他一心一意地照料她、爱着她。然而，有一天，当他在地球上的花园里看到整整五千朵跟他的花一模一样的玫瑰花时，小王子才知道那朵举世无双的花原来只是一朵平平常常的花，于是他倒在草地上哭了。

这时，打算和他交朋友的狐狸却对他讲了个关于"驯服"的道理。狐狸说，人的感情建立在"驯服"的基础上，"驯服"就是建立纽带，建立一份默契，一种责任。在"驯服"之前，大家和成千上万的同类并无区别，也不互相需要。但是"驯服"后，就会彼此需要，而且对于各自来说对方都是整个世界上独一无二的。换句话说，你深爱一个人，不忍舍弃，不是因为他（她）独一无二，而是因为你的爱才让他（她）变得独一无二。

所以，当小王子再次来到花园里时，他重新意识到自己星球上曾经驯服了他的那朵玫瑰花仍旧是唯一的，它和花园里看似一模一样的花并不一样。人与人、人与物的交往，更多是通过心灵，而不是通过肉眼可以看到的。

仔细想来，我们津津乐道的所谓"故土情怀""怀乡病"何尝不是因为这种"驯养"，若非如此，热爱故土就只能是一种"嫁鸡随鸡"的无奈了。"问世间情为何物，直教人生死相许""弱水三千，只取一瓢饮"的爱情同样也是因了这种"驯养"。正因为此，小王子才会想着给花画一副铠甲，给羊画一副嘴套。这朵玫瑰对于小王子的意义，旁人是永远也无法体会的。

　　同样的道理，对于这位老教授来说，几个月的"驯养"让那只流浪小狗成为他生命与生活难以割舍的一部分。而小狗的死，就像小王子的玫瑰凋谢于风中或毁于绵羊之口，个中情感与悲痛已非局外人所能体会。为什么有人愿意冒死保卫自己的旧宅？当人们纷纷指责老人挥金如土、爱狗不爱希望工程时，又有几人看到他抛舍钱财，泪流满面地回到了自己的内心？

梭罗的树林

几年前，我在《美国化与法国病》一文中谈到美国化背景下的"法国病"，现在有必要谈谈"美国病"了。和世界上许多国家一样，中国同样受到了美国文化的影响。影响有好的，也有坏的。好的是价值，坏的则是病。病有很多种，在这里我只谈"物欲症"。

与此论题相关的是，《新周刊》杂志曾经做过一个有关成功的专题，指出现代社会有三粒毒药：性自由、消费主义和成功学。在我看来，这里的三粒毒药实际上是两粒。如果将成功学与消费主义合二为一，就是流行性物欲症。人们通常会为两件事忙碌，一为性欲，二为物欲。性欲不用学，物欲却是不断模仿出来的。两者的相同点是，凡事走到了极端，都难免成为毒药，或精尽而亡，或物极必反。

美国人不太认同欧洲人的闲适生活，他们放弃了时间而选择金钱，美国追求的是"麦当劳"而不是"麦当闲"，正如中国人因为勤劳的禀赋常常忘记最真实的生活。美国人自我嘲讽：在中世纪，世人的精神支柱是高耸入云的哥特式大教堂，而在当今的美国文化里，唯一能和哥特式大教堂比肩的，便是超级购物中心。像是得了"精神上的艾滋病"，面对琳琅满目的商品，人们在意志力方面纷纷丢盔卸甲，丧失了免疫力。

物欲症对美国社会的损害是显而易见的。哪儿都不像哪儿，当公民转变成了消费者，大家想到的是"独自打保龄"，而将公民责任扔到了一边。与此同时，贫富分化使阶层重新出现，伴随着社会的两极分化，低三下四、卑躬屈膝的经典姿势偷偷摸摸地回来了。

擅长谋生，却不会享受生活。自从变成物质人类以后，睡觉和做爱都得先吃药片才行。未来好像也被偷走了。在美国，每个孩子一年收看近四万条电视广告，平均每天一百多条。商人的目的就是给孩子打上烙印，消费儿童。美国的教育专家因此抱怨孩子们被当成了可以收割的商品作物。

最关键的是，物欲症偷走了人们的时间。人类学家英格力希·鲁克说："从表面上来看，一个三岁的孩子似乎与我们的文化没什么联系，但当这个孩子回过头对他的妹妹说：'别烦我，忙着呢。'这就值得我们深思了。"起早贪黑，仿佛大家每天都很忙，就像《爱丽斯梦游仙境》里的小兔子一样不停地看表，不停地嘀咕："没时间说你好，没时间说再见，我来不及了，我来不及了，我来不及了。"物欲症带来的是"时间荒"，人们因为物欲而丢失了原本属于自己的时间。就这样人为物所奴役，人为物所谋杀。

速度，永远是速度。《旧金山纪事报》曾经嘲笑美国是个朝着微波炉大吼大叫，仍然嫌它速度太慢的民族。不断地更新换代同样让人们患上了"喜新厌旧症"，"旧的不去，新的不来"

感染了社会上每一个人。正因为此，有人满怀乡愁——如何回到原来的价值观，长久地住在同一套房子里，长久地保存重要的东西，并且彼此忠诚，这已经是稀有的生活。

高速度的改造并没有给人们带来全然舒适的生活。全球性的交通拥堵早已经让人心烦意乱。有篇南美的小说是这样写的：堵车让交通陷入瘫痪状态，由于短期内毫无改变的迹象，司机们纷纷放弃了汽车，徒步到邻近的村落寻找食物。最后，他们不得已在道路两旁种起了庄稼。在车龙动弹之前，有人怀上了孩子，接着孩子呱呱落地……

古罗马哲学家塞涅卡说："茅草屋顶下住着自由的人；大理石和黄金下栖息着奴隶。"如果不明白物欲症对一个社会的损害，我们就很难理解为什么当年特里莎修女路过美国时，会感慨那是她一生所到过的"最贫困的地方"。

"半盘西化"的中国，正在感染"美国病"，而且有过之而无不及。物欲横流的社会，恐惧几乎成了贪婪的同义词。当美国人开始自省贪婪已经感染了整个社会的时候，我们同样看到，在欲望高涨的年代，糟糕的并不只是贪婪，还有害怕。害怕在别人眼里显得不成功，害怕自己赶不上邻居。早已经衣食无忧的人们，总在为自己不如他人富有而悲叹不已。浮躁的年代，已经消耗了大量树木与纸浆的成功学，早已经失去二十世纪八十年代的昂扬与纯朴，成为一种祸害。如《新周刊》所说，按照现在的成功学逻辑，如果你没有"豪宅、名车、年入百万"，如果你没有成为他人艳羡的成功人士，那么你就犯了"不成功罪"。

回想中国的战时共产主义阶段，"全民皆兵"，整个国家像是一座兵营。而今天，从政治回归经济，当你到书店里随便走走，可能会感受到另一种形式的"全民皆兵"。在那里，满眼都是成功学著作，诸如"像红军一样崛起""像八路军一样壮大""向解放军学习"等主题的管理类书籍，使创富变成了一场场战争。

有人说，中国现在有两种人，一种人已经做稳了房奴，另一种想做房奴而不得。没房子的自然想着有房子，处于焦虑之中当属正常，然而那些有房子的人同样活得忧心忡忡，因为他们想要更大的房子。关于这一点，美国人就是这样想的。而且，美国人心知肚明——如果全世界都像美国人那样生活，那我们得再多几个地球才行。

鲁迅说，浪费别人的时间等于谋财害命。那么浪费自己的时间呢？事实上，在全民创富，围着钱转的时代，因谋财而自害其命的事情天天都在发生。这也是德国青年卢安克十年如一日在中国支教，感动了许多中国人的原因之所在。在卢安克看来，现代人大多过得可怜，因为他们天天做自己不愿意做的事情，然后用钱买回一堆其实并不十分需要的东西来安慰自己。生命长远，但若是为了得到所谓的社会承认而永远要做不愿意做的事，不如生命短暂，做了自己愿意做的事。

需要追问的是，当我们花费一生中最宝贵的时间换回一大堆死后带不走的东西，在我们和这些东西之间，究竟谁占有谁？是我们占有物品，还是物品占有我们？

如何超拔于一望无际的物欲与喧嚣之上，得物欲与成功之外的自由？这样的时代常常让我想起亨利·梭罗，那位在瓦尔登湖畔离群索居的思想者。梭罗坚称："如果我像大多数人那样，把自己的上午和下午都卖给社会，我敢肯定，生活也就没什么值得过的了。"梭罗同样看破人类文明的悖谬与困境："如果一个人因为喜欢树林，每天在树林里度过半天时光，那他可能被人看作是流浪汉；可要是他全天做个投机者，锯光树木，让大地光秃秃，人们却把他看成是勤勉进取的好公民。"

什么时候我们能够像流浪汉一样自由？什么时候我们可以碎步徜徉于梭罗笔下郁郁葱葱的树林？在那里，简单生活不被视为一种堕落，勤劳的人节制勤劳。在那里，你可以坐在时间的溪水里垂钓天上的星星，不必终日奔波于风尘。看大地寒来暑往，四季消长分明；看种子播撒信念，古树支起苍穹。

卢梭的门徒[*]

2017年,剑桥分析公司操纵美国大选的丑闻让Facebook（脸书）陷入政治旋涡。在此之前,哈佛商学院教授肖沙娜·朱伯夫将这种靠监控用户起家的商业模式命名为"监视资本主义"（surveillance capitalism）。这是一场由超级公司主导的社会革命。它通过大规模改变人们实际行为而重新建构社会真理和权力话语。该模式起源于互联网,近些年来尤其是在人工智能和大数据技术的支持下突飞猛进。

应当说偷窥是人性幽暗的一部分。渡边淳一的小说《紫阳花日记》讲述了这样一个"窥私"的故事：妻子监视丈夫的行为,丈夫偷窥妻子的日记。而读者对这对中年夫妇生活的"偷窥"欲望让这本书销售了数百万册。不必怀疑,如今大行其道的互联网早已经造就了一个史无前例的偷窥结构,而且唤醒了无数人的隐秘的激情。

糟糕的是,在很多场合,隐私权正在被描绘成一种不合时

---

[*] 此文系本版新增。

宜的权利。谷歌公司前首席执行官埃里克·施密特曾经表达过这样一个令人震惊的观点:"如果你有什么事情,不想让任何人知道,也许一开始你就不应该去做这件事。"类似无视个人隐私的观点在电影《圆圈》(*The Circle*)中几乎可以说是共识。透明世界是许多狂热分子强加给他人的政治乌托邦。在那里,阳光普照大地,人性中没有一丝黑暗。当然,该想法十足荒谬,没有谁能将全世界搬进正午的广场。即使施密特本人也不会甘心成为一个彻底透明的人,生活中没有一点隐私。

上课的时候我经常和学生们谈起福柯的真知灼见。早在几十年前,福柯便已经将批评的目光定格在边沁所狂热推崇的全景监狱上。这是一个四周都是圆形的建筑,里面被分隔成一个个囚室,囚室的一端靠外,用于采光,另一端正对着位于监狱中央的高塔。高塔中的监视人员可以随时监视任意一间囚室,而囚犯甚至无法确定中央高塔里是否有监视人员。为了避免可能的惩罚,他们很快学会了自己规训自己。据说边沁将这个效率十足的监狱设计比作"哥伦布之蛋"。它包括双重寓意:一是作为圆形监狱,从某个角度看其外形像一个鸡蛋;二是暗示该设计如哥伦布发现新大陆一样具有开拓性。

然而在《规训与惩罚》一书中,福柯将全景监狱的出现称为"人类心灵史的重大事件",并将边沁本人描绘为"警察社会的猎犬"。在1977年的一次题为"权力的眼睛"的访谈中,福柯对边沁的全景监狱继续提出尖锐的批评,认为边沁只是卢梭梦想的延续与补充。这个梦想就是建立一个完全透明的社会,每一部分都清晰可见,没有任何黑暗区域的社会。相信公意的卢梭同样相信有一个绝对自由的概念,每个人都不能违背。遗憾的是，这种对公正的狂热可能拆掉人类所需保护自由的所有凭依。

回溯历史，声名狼藉的马基雅维利虽因《君主论》饱受非议，但他至少承认"公域"与"私域"的分野及国民私人生活的重要性。而卢梭对"私域"差不多持否定立场。在某种意义上说，卢梭追求的是让人退回到"裸露"状态，也就是他所宣扬的黄金时代。当人脱去了文明的伪装和道德的面具，就可以彻底回归天然而真实的本性，并在此基础上告别人格上的不透明状态，正如他在《忏悔录》和《爱弥儿》里所声称的一样。沿着这个思路，就不难理解为什么说埃里克·施密特等硅谷精英是卢梭的半个精神后裔了。之所以说是半个，这是因为他们可能不如卢梭那般赤诚。若有相反的生意可做，他们大概也会赞同建设一个完全不透明的世界。至少此时这些人联席坐在中央高塔之中，并不时露出那只撩动窗帘的手。

在福柯等人看来，真正可怕的不是监狱给人们在心理上形成的某种威慑，而是在权力结构中整体社会的"全景监狱化"，以至于每个人都过着囚徒一般的生活。同样作为边沁的思想来源之一，在爱尔维修设想的自由世界，人只能做好事而没有干坏事的自由。不无反讽的是，在边沁的全景监狱里，为了增进效率，权力却在暗处运行。问题是，在壁垒森严的现代社会中，如果人们彻底失去了"做坏事"的自由，这可能意味着他们连其他的自由也被剥夺了。

时至今日，全世界都被纳入各种摄像头的窥视之中，从某种意义上说，卢梭及其门徒的理想正在实现。这一方面固然提升了安全，与此同时也构成了对社会权利的宰制，即福柯所说的"通过照明来压制"。按当日参与谈话的法国历史学家米歇尔·佩罗的说法,当每个人都变成监视者,这种圆形监狱注定会变成一种"失控的发明"。坐在中央高塔中的不会是上帝,那么应该托付给谁呢?恐怕边沁本人也不知道。而福柯斩钉截铁的回答是——无人可以托付。

举目世界,奥威尔政治上的忧虑尚未结束。在电子科技的支持甚至纵容下,各种监视主义早已经大行其道。全世界都生活在不同的探照灯下。如前所述,一旦这种透明性肆无忌惮地侵入私人领域,毁坏消极自由,必然酿成巨大的公共灾难。最后的结果恐怕是每个人不仅要在公共领域戴上面具,甚至在私人领域也要戴上面具。就像生活在伊藤润二笔下的"无街之城",平常人家的客厅都变成了可以自由穿行的街道,所有私人空间都连接着偷窥之眼。人们唯一能做的反抗就是模糊自己的面容,仅以训练有素的面具示人。

由于被认为缺少诚意,生活中的面具通常被人诟病。然而面具并非只有隐藏作用,更不直接等同于虚伪。甚至,它更接近生活的某种真相。按让-斯塔罗宾斯基在《对面具的审讯》中的说法,人是分饰各角以追求更高意义的存在。简单地说,尽管面具有时候藏着荒唐和无耻,但有时候也包裹着更高的权利甚至梦想。而且,正是这种"不纯洁性"保护着人的完整性。虽然我时常被生命的纯粹性甚至神性的激情引诱,但也深知"做一个完人,不如做一个完整的人",并由此推己及人。生而为人,如果承认人的有限性,卢梭及其门徒同样需要思考的是,并不纯洁的他们如何有信心将自己对纯洁的极端追求上升为人类的理想?

以上所述并非简单为面具正名。必须承认愿一直以赤子之心示人者毕竟是少数。有一句话是：戴上面具，人失去自己；摘掉面具，人失去世界。这是人面对自我与人群时的两难。就积极意义而言，我认为面具之作用有如房屋之于心灵，可为人的精神世界遮风挡雨。面具的本质是为人类世界维持某种不透明性。这不仅具有美学价值，更涉及人何以自存以及荣格意义上有利于集体生活的人格面具（persona）。而卢梭的门徒对隐私权的漠视实则是在精神上拆房毁屋。客观上这一极端行为既不承认人内心的深渊，也拒绝了人外在的美好。

进一步说，如果否定了人的不透明性，也就否定了人的精神性。既然我们并不主张将每个人都赶到广场上去居住，同样有理由反对剥夺人的隐私并使之成为一种透明性的单细胞生物。我知道那影影绰绰的心灵的诱惑对于人类意味着什么。甚至在很大程度上说，人正是借助深层次的交往尤其是亲密关系走进人类的心灵的。然而，即使不是出于对特定情境的反应，也没有谁会向所有人敞开自己的爱情或者所有隐蔽的人格。正因为此，我们才有理由说"我即众生"以及每一次爱恋都是一个生命的诞生，每一次告别都是一个自我的消亡。

好色关乎心灵

2005年，我在《南方都市报》的专栏文章中提到"好色男人"有两种死法：一是死于女色，一是死于国色。前者指的自然是"牡丹花下死"的男人，后者则是指那些"为乌托邦献身者"，他们在一个虚构的"美丽新世界"中迷失方向。

在一些思想封闭的人看来，"好色"是个坏词。平素里我们也会看到这样的新闻，比如说某些妻子把在大街上顾盼其他美丽女性的丈夫称为"色狼"，甚至要求离婚。由丈夫的爱美之心而走向婚姻诉讼，是悲剧，还是喜剧？

然而，在我看来，好色并不是件肮脏的事。庄子有云，"哀莫大于心死"。心所为何物？我的回答就是"好色"——因为"好色关乎心灵"。

有人不能理解，误以为"好色关乎下体"。这种观念只停留于肉欲，而没有抵达美，否则你就不能理解巴黎的大街上为什么到处是裸露着上身的美丽雕塑。

为了进一步了解人类好色的本性，我们不妨简单"洞察"一下马斯洛，一位杰出的心理学家。在《洞察未来》一书中，马斯洛讲了一段自己好色的经历。

> 有一次我参加了一个大型的聚会。一位姑娘走了进来，她是如此地美丽，所以我简直是目不转睛地看着她。突然，这位姑娘意识到我正盯着她看，于是走过来对我说："我认识您，而且知道您在想什么！"
>
> 我吃了一惊，有点不自然地说："真的吗？""对，"她得意地说，"我知道您是一位心理学家，您正试图对我的心理进行分析。"
>
> 我哈哈大笑，回答："那并不是我正在想的！"

在这里，马斯洛不是考究人的需求层次的理论家，而是不折不扣的"好色之徒"。

我之所以引述这个故事，是因为我们时常像这位漂亮姑娘一样，习惯从过于理性的角度来思考问题，否定人的油然而生的"好色本性"。事实上，好色乃人之常情，不容忽视。回到马斯洛的回忆现场，他欣赏女性（好色）更是源于心灵，因为任何美都不是计算出来的。关于这一点，电影《死亡诗社》里的基丁老师有所批判——任何诗歌之美都不是用圆规与坐标计算出来的，因为写诗不是安装水管。

其后诸事更关乎理性。无论马斯洛因此坠入爱河，还是不择手段骗得这位女性的欢心，我们都不能否认那些高尚或卑鄙的行为同样源自马斯洛经过深思熟虑的理性——纳粹当年对德国疯狂一时的爱情何尝不是一种国家理性？

在此意义上，或许可以说，关乎心灵的东西，往往是向善的；导致人走向罪恶的，往往是人的理性抉择，是计算。爱情是关乎心灵的，而获取爱情的手段却是关乎理性与头脑的。同样是为了爱情，有的人选择更自由的方式，而有的人则选择了侮辱与强奸；同样是爱国，有人选择了共生主义，有人选择了玉石俱焚的复仇主义与专制主义。

倘使理解"好色关乎心灵，而不关乎强奸"，我们便会对历史上的那些乌托邦梦想（追求"国色"）有了宽容之心——向往美好世界无罪，就像人们顾盼美女无罪，关键在于人们如何实践自己的理性。

二十世纪以来，人们对启蒙运动、乌托邦运动多持批判态度。当理性的梦想破灭，波普尔的"试错理论"与西蒙的"有限理性"开始受到欢迎。许多有关启蒙的反思同样走向了另一种极端，即彻底否定人类的乌托邦理想。而欧盟在某些地方受到抵制的一个重要原因即是它的"乌托邦情调"。然而，乌托邦并不害人，害人的只是以乌托邦的名义强奸民众，或怂恿互相强奸，同时强奸乌托邦理想。

应该说，关于理性与情感、头脑与心灵的争论贯穿人类的始终。法国群体心理学家莫斯科维奇曾经讲到一个国家被领袖催眠后，就会变得像女人一样丧失理智。林语堂则说："男人只懂人生哲学，女人却懂人生。"女人的直觉能抵达心灵，男人的理性有时却接近幻觉。当战争让女人走开时，男人却在战场上死个精光。

一个好社会，必定要在心灵与头脑之间寻找平衡点。在巴黎的时候，我也注意到有些法国人倾向于将左右之争理解为心灵与头脑之争。讲效率的摊大饼关乎头脑，讲公正的分大饼则关乎心灵，因为头脑追求差异，有三六九等，心灵却各有灵气，没有优劣之分。

转型期的中国人，同样面临心灵与头脑的冲突。当"半盘西化"的功利主义和消费主义开始大行其道时，人们渐渐意识到自己远离了心灵生活，压制了内心的声音。或许这才是我们对二十世纪八十年代充满怀旧之情，喊出"八十年代真好"的真实原因。在那个轰然远去的时代，万物曾经解冻复苏，理性与心灵的花朵，在朦胧的爱意里绽放。

就在我整理这部书稿的时候，时常抽空在微博上与网友即兴讨论一些问题。比如在谈到思想与性爱时，有一位网友是这样回答的："独立思想是理性的最高境界，性是非理性的最高境界。"这个论断非常有趣。人的幸福感无外乎两个：一是个体独立，二是与人同乐。如果说思想独立是独立之最，那么性爱就算是合作之最，每个人都拿出自己生命中的精华，孕育儿女。联想到以前的一点思考，我在想，所谓人生的最高境界，岂不就是在这两方面"不最不归"？我常说除了思想与儿女，我们没有什么可以留在世间，不也是为这两个"不最不归"的结果？

为情侣求饶

1973年，墨西哥著名导演奥图鲁·利普斯坦曾经拍过一部名为《贞洁堡垒》的电影。据说该片改编自墨西哥的一件真人真事。主人公加比雷尔·利玛为避免自己的家庭受到外部"肮脏世界"的污染，从不让妻子和三个孩子走出家门半步。整整十八年，为了这个位于墨西哥市中心的"城堡"的"纯洁"，他甚至将三个孩子的名字分别改为"将来""乌托邦"和"意志"，以此表明他包办孩子的精神、思想与未来的钢铁意志。

任何一个心智正常的人都不难发现，这里所谓的"贞洁城堡"，不过是基于自闭的幻象，而且这座城堡是建立在剥夺他者权利的污泥浊水之上的。

之所以在文章开篇介绍这部影片，是因为几十年后的今天，就在我们身边，仍有不少大学试图为学生建造这样一座"贞洁城堡"。

比如，武汉理工大学某学院曾经出台一则新规定：如果发现有胡乱践踏学校草坪，或是在学校公共场所与恋人搂抱等有损于学生干部形象的不良行为，将被撤职。

对于"禁止践踏草坪"这个规定，我是一直不太能理解的。这不是因为我有破坏草坪的欲望，而是因为走过世界许多地方，发现草坪通常都是给行人歇息、野餐或晒太阳的地方——否则，我真想不出这草坪还有什么更重大的意义。若为绿化，为何不直接种树？遗憾的是，这草坪在中国更多只能是个形象工程，而非生活工程。

本文我更想谈的是"禁止恋人搂抱"，这种规定着实毫无新意。为此，你甚至不用追溯到奥威尔笔下"性欲是思想罪"的极端年代。

另一条新闻是南京林业大学勤工助学的学生，戴上红袖章巡视校园，一旦发现校园情侣有过分亲昵的行为就要及时上前提醒、制止。南京林业大学负责人对此表示，校园巡视岗解决了近百人的助学岗位，又承担着维护校园文明环境的职责，是团委工作的一大创新。

有学生在网上诉苦：不知道从什么时候开始，学校里戴红袖章的越来越多了。以前还只是周一到周五的白天有人巡逻，现在居然一周七天无论白天还是黑夜都有人巡逻！我和男朋友只不过坐得靠近了点，就被他们说："同学，请好好坐！"据说，有男生只是给女生擦个眼泪，也要被端正姿势。

端正不了一个人的思想，就试着端正这个人的姿势，这同样是一种暴力。大学如何成了培养"小脚侦察队""老太婆在看着你"的地方？实话实说，看到这样的新闻，我首先同情的不是那些被惊扰的学生情侣，而是参与了这种勤工助学的学生。若非为贫困所迫，相信他（她）们当中的绝大多数人都不会做这种并不体面的工作。如果有机会通过端正自行车的姿势来贴补学业，他（她）们也绝不会去端正其他情侣的姿势。因为情侣们用的这些姿势，年轻的"红袖章"们现在或者将来都会用得着。将心比心，将姿势比姿势，恐怕届时也并不觉得有何猥琐可言。

想必世间一定有一种人，喜欢以偷窥者的角色进入广场，看到别人快乐，自己就会心痛。否则，你就很难想象，为什么校园里有情侣在亲昵，而校方却要派人去端正姿势了。奇怪的是这些管理者，他们在电影里看到才子佳人们在大街上亲昵不觉得猥亵，甚至会在心底里高呼爱情的美好、人性的欢娱，而到了校园里看得满眼的却是"不洁"。试想，一双男女，在阳光下拥抱、浅吻，这世间还有比这更温暖的风景么？遥想巴黎，最常见的动人景象不也是男男女女之香颐软吻，有时候你甚至会在地铁里看到上了岁数的人在那里亲热。为什么不试着理解这些沉浸在幸福中的人？至于姿势问题，我倾向认为，两个拥抱的人，更像是互相绑住了双手，他（她）们对社会没有进攻性呢！

有网友留言，这个规定让大学里的"日租房"变得火爆了。如此情景，让你不得不怀疑出台这些规定的人，或许是"日租房"公司的托了。

不要以为我在妄言。如果你到校园里走一走，就会发现，如今大学里的"日租房"广告在数量上早已超过了纵横四海的"办证"广告。明眼人都知道这些广告是为谁服务的。而之所以有此繁荣，不外乎两个主要原因：一是人性要舒展，二是学校无条件。

前者，大学生基本上都是成年人，有着正常的性心理与爱的需求。虽然社会并不鼓励他们过早涉足男女之事，但毕竟现在社会开放，大学生不是都已经允许结婚了么？和过去不同的是，今日大学早已不是革命时期的军营。大家来到学校只是为了完成学业，而非做圣徒。只要不触及法律，他们有权享有对自己身体的自治。

后者，现在的大学宿舍还没有达到人性化居住的程度。记得我在法国上学时，即使是本科生，学生公寓也都是一人一间；而在中国，大学通常都是六到八人一间，即使是博士生，也是两人一间，这意味着每个人都没有自己的私密空间。一年前，北京理工大学一位叫修良章的博士生发公开信退学，导火索即是他与同住的另一位博士生无法相处，而又无法调换宿舍。如其所述，好在他只是"绝食抗争"，没有学习当年"叱咤"校园的马加爵。

《大公报》主笔王芸生在抗战时期曾经写过一篇奇文《为国家求饶》。在文中，王芸生一求"只要有钱可捞，什么坏事都敢做"的官僚；二求"这几年财也发够了"的国难商人；三求"那些非官非商亦官亦商以及潜伏在大团体里的混食虫们"，在全民抗战的国难关头，"请你们饶了国家吧"！在王芸生写这篇文章后仅四五年的光景，国民党就失去了江山。

这个冬天的早晨，我无法像王芸生那样充满激情地关注国家大事。只想从小处着手，谈一点自己的小小愿望，愿有情人在终成眷属之前，可以在校园里、在大街上正大光明地拥抱；也希望那些以教育为业的大人，不要将大学修炼成一座"贞洁城堡"，而是要多看看人性温情的一面——也请你们饶了那些情侣吧！

铺路石下是海滩

常常有那么一些人,对别人的自由生活充满痛感。比如,几个即将毕业的女大学生,成群结队在毕业前拍了一些穿学士服的照片,只是因为摆出"轻佻性感"的 pose,便被一些网民骂了个狗血淋头。据称,这些"最大胆""最前卫"的学士照,是故意"拿大腿做文章",它不仅亵渎了毕业服,亵渎了老师,而且亵渎了知识与教育,甚至有网民痛斥这是高学历女生扮"野鸡""妓女"的堕落行为。

中国教育竟然如此脆弱,只因几位女生的拍照就被"亵渎"了。然而,只是透过网上流传的几幅照片,便一口断定这些女生"拿大腿做文章",着实冤枉了这些孩子。如果观者细心,不难发现,那些在学士袍外斜劈出来的大腿,甚至还裹着严严实实的牛仔裤。

有什么样的心灵,便有着怎样的目光。传播学理论同样认为,任何意义的完成,关键在于信息接收者。一方面,它意味着我们因此获得了解释生活的主动性,另一方面,也意味着我们可能因为自己的偏见对信息发送者进行观念上的附会与迫害。

后者在这件事上的具体表现是，一些不知青春与权利为何物的卫道士，在观念上撩开了这些女生的牛仔裤，并指责她们猥亵大众。

女生们只是即兴照了几张青春活泼的照片，再被人传到了网上，并被不断地转载。即使有所谓的消极的"公共意义"，也未必全是女生们的过错。但是，透过网上种种苛刻的谩骂与指责，我们可以看到这个社会对孩子们不经意的"自由流露"仍有着怎样的不宽容。

夏季，海阔天空。这样的季节时常让我想起尼斯的海滩以及在海滩上悠闲晒着太阳的游人。如果你和当年的我一样，看到一个女人，静静地站在我边上，裸露着胸部，与一名男子面对面轻松聊天。而在她的旁边，有三三两两的女人，同样胸怀坦荡，峰高谷深，若无其事地晒太阳，你作何感想？是认为这些法国人在光天化日之下耽于情色，还是觉得这只是一种轻松自然的生活？在这里，谁也没有强迫谁，谁也没有猥亵谁。

法国社会学家考夫曼（Jean-Claude Kaufmann）总是别出心裁地找到观察社会的方法。《女人的身体 男人的目光：裸乳社会学》便是这样一本书。在法国的海滨沙滩上，裸露双乳是件很自然的事。但在考夫曼看来，这里同样有着关乎人类文明进程的种种隐秘。为此，由考夫曼带领的五人调查组在海滩上走访了三百人，询问他（她）们关于裸胸的态度。

不出所料，考夫曼得到的多数回答是——身体是自己的，只属于自己，因为它是自我的呈现，再亲近的人都无法支配它。所以，父母不会干涉孩子是否在海滩上裸乳，即便他们认为这种决定是不恰当的。同样，当一名女子被问到丈夫对她裸乳有何意见时,她甚至发起了火:"丈夫,丈夫,这是我的身体,不是他的。"在她看来,身体的自主性是一个非常重要的原则。

由此出发,考夫曼认为充满开放精神的海滩更像是一所"民主学校"。如有被访者说,在这里,有形形色色的人,胖的、瘦的、白人、黑人、黄种人。这样很好,如果只有一种类型就太可惜了,这意味着这仍是少数人的天地,但海滩是属于所有人的。没有谁能阻止胖人躺在海滩上,同样,老妇人或许着实不好看,但是这样做很好,这是她个人的自由,不应该为此感到害羞。

一个人的完整权利,至少应该来自两方面的自治,一是思想自由,二是身体自由,而身体自由同样包括行动自由与审美自由。唯有在此基础上,才能形成真正行之有效的社会契约。回顾上述被访者的回答,其所揭示的即是"身体自治"。从理论上说,无论是在私生活还是公共生活中,只要你不侵害他者的权利,便应该有支配自己的身体并且使之免于禁锢的自由。

1968年的五月风暴,同样被理解为法国的才子佳人们谋求身体解放的运动。当时有一句话是"铺路石下是海滩"(Sous les pavés, la plage)。尽管许多人对这句话的含义不甚了了,但在这里"铺路石"被当作一种封闭大地的象征。就像拉丁区的铺路石曾被掀起来砌成街垒,如何处理铺路石,总是与人们争取自由的隐喻相连。人们渴望像沙滩一样自由自在,如果沙滩不被压迫的面貌符合人的本性,那么就应该掀翻沙滩上的铺路石,以争取不被束缚的身体自由。

诙谐社会，政治如何玩赏？

孟德斯鸠在《论法的精神》中说："在专制的国家里，人们几乎不懂得什么叫讽刺性的文字。在这样的国家里，人们一方面由于软弱，另一方面由于无知，既无才能也不愿意去写讽刺性的文字。在民主的国家……讽刺性的文字写出来往往针对有权有势的人……"东德时期，尽管人们在心里充满了对当局的嘲笑，但是如果说出来，就有可能犯下"反革命嘲笑"罪了。所以，你会看到在影片《窃听风暴》里的那个小插曲：一名窃听人员因为在上司面前讲政治笑话被调离工作岗位。

在政治开放的今天，这种上纲上线的丑事相信已被绝大多数国家抛弃。至于政治如何点缀生活，从属于生活，政治如何被玩赏，则是别有天地，"风景那边独好"。

2007年，有"政坛齐达内""小拿破仑"之称的萨科齐终于如愿以偿，登上法兰西的总统宝座。几年来，萨科齐一直是法国各路媒体揶揄的对象。而现在，这种嘲弄只能是更上一层楼，作为权力中心的爱丽舍宫是法兰西生产政治幽默的永久工厂。

早在大选前两个月，就有人在法文雅虎网站发问：萨科齐的"阿喀琉斯之踵"是什么？熟悉萨科齐的人大概不会错过最贴切的答案——塞西莉亚。萨科齐很少避讳在公众面前谈论自己的私生活，萨科齐关于妻子的名言是"她是我的力量，她是我的阿喀琉斯之踵"。

第一夫人如何给萨科齐先生无穷力量不得而知，但是塞西莉亚与情人私奔，在重要场合只穿"逃跑装"，甚至在大选时不去给萨科齐投上一票的种种浪漫新闻倒真有些"第一家庭脚踵"的意味。

和塞西莉亚一样，"萨丝"多多的萨科齐并非没有绯闻。大选时期，法国汤姆逊公司甚至异想天开地给未来的总统先生制造"绯闻"。清晨七点，萨科齐走出家门，告诉司机要去爱丽舍宫；与此同时，在巴黎的另一方，"铿锵玫瑰"罗雅尔也匆匆话别家人，骑着自行车心急火燎地朝爱丽舍宫赶。虽然交通工具不同，但是他们都有GPS指导捷径。没多久，两位冲刺爱丽舍宫的候选人相遇。萨科齐从车里出来，罗雅尔也将自行车推倒在路边。出乎意料的是，这一双男女开始当街激情狂吻，然后环腰共进附近的旅馆开房——原来旅馆的名字叫"爱丽舍"。

这段视频里的情景与竞选并无关系，其实它不过是汤姆逊（Thomson）公司借总统候选人为自己的GPS做广告。

在法国，最受欢迎的电视节目莫过于新频道电视台（Canal Plus）的木偶新闻剧，笔者一度陶醉其中甚至不辞辛苦去其巴黎郊区的演播室观摩。而在大学城里，从周一到周五晚上的黄金时段，年轻人多半会聚在一起看这个节目。它的木偶形象生动无比，栩栩如生，更以讽刺挖苦为能事。虽然只有十分钟左右，但每分钟都能让人笑得前仰后合。

此番大选过后，新频道电视台最疯狂的制作莫过于模仿电影《史密斯夫妇》推出的"罗雅尔夫妇"。一天晚上，罗雅尔刚回到家，与其同居的情人、社会党党魁奥朗德递给她一杯毒酒，警觉的罗雅尔趁奥朗德转身之际将酒倒在了花盆里，那花儿便像暴跌的股票一样立即瘫软到了盆底。随后两人各怀心事在餐桌旁以刀叉相搏，继而跑到漆黑的厨房里开枪对射……

和往常一样，几乎所有木偶剧都有新闻背景。有消息说，在败选后罗雅尔发动"政变"，要求取代奥朗德出任社会党总书记。就在一个月前，《世界报》的两名女记者出版了《致命的女人》，该书不仅有罗雅尔修牙整下巴的美容细节，更透露了罗雅尔竞选总统的原因：在知道奥朗德与某报社跑社会党新闻的金发女郎有染后，罗雅尔派人到报社交涉，直到成功将这名"活泼的"女记者调离。与此同时，罗雅尔回家威胁奥朗德，若不同意自己竞选总统而去找若斯潘，就别想再见到四个孩子。

巴黎时间 6 月 16 日午夜，执掌爱丽舍宫十二年之久的希拉克正式失去司法豁免权，这意味着他将面临有关腐败传闻的司法调查。对于这一新闻，此前两天的木偶新闻剧同样有精彩表现。故事的场景从总统府移到了希拉克的"平民之家"。这天，希拉克和妻子正在屋里看电视，突然听到门铃异响，大惊失色的希拉克穿着拖鞋头也不回地钻窗户跑了。像美国大片一样，这位年迈的前总统借着公寓外的水管顺势滑溜到了街上，然后抢了一名妇女的汽车，接着劫持了一架直升机飞向远在美洲的巴拿马。是夜，身穿巴拿马传统服装的希拉克给家里挂电话。电话那边倒也气定神闲："亲爱的，快回家吧！我敢肯定，咱收到的不是法庭的传票，而是邮局送来的购物包裹。"

这是怎样轻松自在的诙谐社会！亚里士多德说："人是政治的动物。"回首2007年法国大选前后的这些趣事，或许我们更能体会人是能够超越政治的动物。所谓政治，说到底是个服务于国民生活、服务于社会的工具，并非必然或天然面目可憎，它甚至是轻松的，而公开的批评与讥诮也在一定程度上维护了一国政府及其政治群体的声誉，因为他们有豁朗的情趣，或至少认同国民有在快乐中思考的权利。正如聪明的福柯能够通过手中之笔解剖权力何以运行，普通民众同样可以借助这点"幽默精神"一点一滴地解构和规范权力。

洛克如何理解"超女"?

自由离不开自治,在接下来的两篇文章中,我会着重谈到"审美自治"。先说曾经引起广泛争议的"超女"现象。

有关"超女"的批评与讨论,多流于通俗与高雅文化之争。尽管我在此前若干评论中一再强调,在法律框架之下青年有选择"被毒害"和"一夜暴富"的权利,但是,为使这场争论更有益于推进中国社会理性的成长,深化讨论,有必要将争论背景上接到十七世纪英国思想家约翰·洛克先生有关"人类如何理解"的阐述之上。

约翰·洛克(John Locke,1632—1704)是英国经验主义的开创人、伟大的教育思想家。《人类理解论》是洛克最重要的著作之一。在该书中,洛克提出著名的"白板论"。在他看来,人的心灵如同一张白板,一切知识和观念都从经验中来。由此出发,他认为教育对人的发展具有决定性的作用。洛克说,人人生而自由平等,若要人服从于政治权力之下,必得出自他们的同意。在此基础上,洛克致力于建设一套宽宏而有希望的政治体系,强调法律旨在保护和扩大公民自由,并不受他人束缚与强暴。

值得注意的是,洛克反对"天赋观念论",所以在强调教育的同时,也指出了承载教育的根基:每个人都应该自由思考,而且只能通过自己思考,每个人都只能通过自己的生活与思考获得触摸世界的经验。

在《人类理解论》一书中洛克这样写道:"我们如果不运用自己的思想,就好像用别人的眼来看,用别人的理解来了解世界。"洛克认为,人的脑子里有的一切观念,都是通过感官获得的。谁也不能直接给你关于"甜"或"红"的经验。你必须自己尝一尝,看一看。换言之,即使我们每个人都说自己看见的是"红色",但是映射在各自脑海中的"红色"也未必一样。从这个角度来说,意义在于每个人的身上,而不是处于文化之中。洛克因此强调人要保卫自己的两个财产,一个是实体的财产(生命与不动产等),一个是个人的意识财产(观念)。人必须决定自己的价值观,靠自己的经验来感知世界,因为"如果个人不控制意义,或者说意义在个人的经验之外,暴政就会在附近徘徊"。

在此基础上,我们就不难解释当有人一厢情愿地指责"超女""毒害"观众并要求予以取缔时,为什么会有那么多观众要求捍卫自己有"被毒害的权利"。洛克所说"每个人都应该自主地控制意义",即传播学上说的意义形成之关键在于受众。

个体控制意义的重要性,在兰德的《源泉》一书亦有体现。兰德借另一个"洛克"(小说主人公霍华德·洛克,中译恰巧同姓)之口说:"一个人赤裸裸地来到这个世界,大脑就是他唯一的武器。动物是靠武力获得食物。人类并没有尖牙和利爪,也没有犄角触须和强健的肌肉,……但是,心智是个人的属性。并不存在所谓集体的大脑这样的东西,并不存在所谓集体的思想……我们可以将一顿饭分给许多人来吃,我们却无法在一个集体的胃里去消化这顿饭。没有一个人能用自己的肺来代替别人呼吸,没有哪个人能用自己的大脑代替别人去思考。"

眼下,中国社会各界正在积极建设一个可期成长的开放社会,而开放能否战胜封闭将是中国转型能否成功的关键所在。如果承认人有审美自治的权利,观念保守者更要开放思维,相信孩子对中国未来的直觉,相信每个有着自由心智的人可以做出合乎自己需求的趋利避害的选择。

看电影，还是哭电影？

平时我很少去电影院。想看好电影，只能淘国外的碟。从街道到网络，自己动手，丰衣足食。因此，这些年来大凡数得上的好电影，我少有错过。

不过，人难免有时会发疯。2010年夏天，与朋友相邀，我竟然去电影院了，而且看的还是据说"人见人哭"的《唐山大地震》。

随后，我在微博上写了几条观影随感，言明自己何以"没有一滴眼泪"：其一，看电影我能分得清戏里戏外，影片中的"人造地震"未能将我完全带入当年的苦难场景（实话实说，观影时我只把最真切的同情给了无数躺在泥水里的群众演员）。其二，大牌演员太过眼熟，同样让我难以进入戏中的悲情。这也是我喜欢伊朗导演阿巴斯找当地人拍地震电影的原因。其三，过多的植入广告引起了我的严重反感。尤其剑南春的三次植入广告，从家里追到墓地，连上坟都不放过。其四，电影讲述的内容与我希望得到重新诠释的唐山大地震并无关系。

强调自己"没有一滴眼泪"，不是想说明我多么冷酷，而是回应一些观点。此前,有细心人称《唐山大地震》有二十八场哭戏,处处泪点。令人称奇的是,对于看了这部电影而不哭的观众,导演冯小刚竟然说出了"林子大了什么鸟都有""除非他是混蛋"这样的话,甚至还拿这些人与提着刀去杀幼儿园小孩的混蛋相提并论。

这样庸俗的造势、霸道的措辞让人反感,却也并不少见。此前,就在《孔子》公映之前,主演周润发不也在上海表示"看《孔子》不流泪的不是人"。而在新浪随后的网络调查中,绝大多数观众发现自己享受"非人待遇"了,因为他们"想不通有什么好掉眼泪的"。其时,《孔子》的入座率也远不如刚刚上映的《阿凡达》。想来也是有趣,《阿凡达》是在屏幕里上演魔幻,《孔子》则是在屏幕外上演魔幻——进电影院的是一群人,出电影院的则是一群野兽,谁让他们没有按主演的要求哭泣?

需要声明的是,我心尖还算柔弱,本是一个泪点极低的人,常常会为生活或者影视中的细节动情与动容。我曾为在"3·15"晚会上看到农民买了假种子颗粒无收而哭到崩溃,为偶尔听到《年轻的朋友来相会》,想起当年的时代主人翁在二十纪世九十年代纷纷下岗而泪流满面。然而,那些眼泪,都是真情流露,而非有人送你一包纸巾,让你在付费的座位上"奉纸"哭成一个泪人儿。即使我没有哭泣,也不会有人指着我的鼻子,正气凛然地责备我"不是人"。

好电影不相信眼泪。记得若干年前,让-皮埃尔·热内(Jean-Pierre Jeunet)曾这样谈到自己为何拍《天使爱美丽》,大意是他活了那么久却没有拍过一部善良的电影,所以对自己很失望,于是希望能在其职业生涯中拍一部真正给观众带来快乐和感动的电影。

皮埃尔的那番话让我一直无法释怀。大凡心智正常的人都知道，观众是否流泪并非电影好坏的关键。每年的电影课上，我都会给学生推荐很多好电影，从《肖申克的救赎》到《美丽人生》，从《樱桃的滋味》到《放牛班的春天》，从《第七封印》到《七宗罪》，这些电影是否能够收获我的敬意，完全在于它们在理智与心灵方面有多少内涵，而非在电光火影中埋藏了多少催泪的伏兵。无论是拍电影，还是写小说，如果导演、作家的目的只是让人流泪并在此基础上大赚票房与稿费，我觉得他们都自轻了，因为他们将自己或者自己的作品降到了芥末的水准，而事实上它们又不像芥末那般灵验。

可叹又可怜的是，在有些中国导演与演员那里，观众的眼睛不是用来看电影的，而只是用来哭电影的。同样出乎我意料的是，我因为写在微博上的几句话竟然受到了若干网民的围攻。"听说全场属于人类的都掉了眼泪，有的甚至哭过好几次。请问你没掉泪，那你归到哪个另类？""哥们还真是超理智的思考者，无情感得很，你活得有劲吗？你如此强悍地武装自己，到底在害怕什么？"更有文化名流暗讽我这样的"评论家"，既然不懂人类的最基本情感，最好选择闭嘴。

真是大开眼界！不是说"有什么样的人民就有什么样的政府"么，我现在也相信"有什么样的观众就有什么样的导演"了。看了一场事先张扬看了不哭不是人的电影，写了几条我之所以没有哭泣的理由，竟然受到来自各方的攻击，看来这个社会在宽容的路上，真的是还有很长的路要走。这是我在这段时间最深的体会。

此后，我花了两天时间在微博上讨论"是看电影还是哭电影"这个问题。我有足够的耐心解释这一切，而且我认为这是一个十分严肃的问题。原来，不仅拍电影的要政治正确，连看电影的也要表情正确。从权力到社会，从文化精英到普罗大众，至今仍有许多人或明或暗不愿意承认他人的审美自治与审美自由。

记得小时候，本村的农民大人夸哪部地方戏演得好，就看台上演员是否真的流眼泪，那才叫专业。现在世界倒过来了，一部电影好不好，看的竟然是观众流不流泪。你是消费者，你有消费者主权，谁知你花钱消费竟是给自己买个主权沦陷，买个人财两空，世间还有比这更不公平的事吗？

附记：本文写于十年前。需要补充的是几年后冯小刚拍了《一九四二》。该片之所以获得我的尊敬也不是因为眼泪。同样是逃，若要在《逃离德黑兰》和《一九四二》之间做一个选择，我会将票投给《一九四二》。前者是一部反映主流价值的电影，后者是一部伟大的电影。前者是历史，后者是史诗。尤其是老地主最后几分钟说出来的那句就想死得离家近些，可谓奇峰突起。这意味着《一九四二》实际上写了两次逃亡——一为逃生（西逃），二为逃死（东归），在某种意义上说这也是传统中国人的精神图谱。

谁是将军？谁是马匹？*

"走啊，漂浮不定的命运，你会将我带向何方？"想想这推推搡搡的一生啊，真的是白驹过隙。

偶然看到 J. K. 罗琳在哈佛的一段演讲，其中有一句话事关"失败的好处"——失败可以让你将一些不需要的东西剥离，然后腾出时间做自己最重要的事情。这也是近年来我一直努力想完成的改变。遗憾的是没有尽心尽力，尤其在最重要的写作方面时常会被无意义的现实引诱。

并非不想关注现实，而是希望自己能从无谓的琐碎与重复中脱身，以便关注一些更本质的事物。为逃避互联网时代的注意力涣散，我更需要"专注且有深情的无聊"。如果此生尚有某种持之以恒的幸福，那就是年复一年漫无目的的沉思。重要的是，这种幸福完全决定于我自己，而不必受制于他人是否在场或衰败。

此外，对现实生活的过度关心同样时刻让我变得焦灼。昨

---

* 此文系本版新增。

日夜不能寐，写了一段唯自己可见的朋友圈："年少时想活成菩萨，后来活成了泥菩萨，再后来活成了一团污泥。而自己终究不甘心，就对污泥说，你起来，我把你塑回人的样子。就这样，如今每天和自己在污泥里徒劳地打滚。这大概就是我即将完成的一生。"

好在还有灵魂，无论其有无实体，抑或它只是一个有关人生况味的语境，很庆幸这个词一直如影随形。从中学开始，我便沉迷于它了。而且，灵魂无国界。无论最初读到英文 soul 还是后来的法语 âme 都让我感到亲切。虽然有关灵魂的诘问时常会给人带来额外的痛苦，但我更愿甘之如饴，并将灵魂视为我一生的护身符。

所以，当远方的朋友向我推荐电影《心灵奇旅》(Soul) 时，我毫不犹豫地去看了。而且不出所料，和往常一样很快沉入梦乡。或许电影院是我在这世上唯一不会失眠的地方。这一切除了归功于我日常的疲惫，还因为电影院具有"柏拉图洞穴"的氛围，甚至会让我提前进入叶芝《当你老了》一诗中的意境。在我尚未老去之时，可以随时在影像的炉火旁边打盹，又仿佛是在现实与虚幻的夹缝中求生。这是一种境由心转的飘浮状态，那一刻我既逃出了现实，又未完全沦陷于悬挂着的影像世界。几年前看《少年派的奇幻漂流》，我便是因为老虎在船上蹦来蹦去睡着的。虽然猛虎扑食的场面骇人听闻，但那晃动的木船于我更像摇篮。像我这样劳顿的旅人啊，理应经常在电影院里安睡。待走出电影院，回想遥远的梦工厂不能兼并我的梦，不亦乐乎？

由于可能会睡着，我在电影院通常都是"能看多少是多少"，从不会为此感到半点懊恼。而在电影《心灵奇旅》的光影中睡着则更像一个隐喻,毕竟该片试图强调的正是人生别无目的,享受当下就好。当我醒来时,被称为"生之来处"(Great Before)的灵魂学院正打开天窗,让无数训练有素的灵魂像雨滴一样扑向这颗蔚蓝星球……其中最耐人寻味的是编号 22 的故事。这是一个在天上混迹了几千年的老灵魂,考了几百次也没有拿到"身体驾驶证"。

身体驾驶证?这个想法让我彻底清醒过来。时常站在天桥上看车来车往,想到每个人的躯壳里面都坐着一个司机,这一切都会让我感到人世恍惚。若在过去,我会附和这个脑洞大开的设定并为之惊叹。不过这些年对人的境遇包括生物性了解得越多,就越发觉得是身体在驾驶我的灵魂,而非相反。

再坚固的灵魂都在风雨飘摇,而我们的肉身有如巨兽,不仅在明处纵火,还在暗处潜行。试想,有多少东西是我们的意志能够决定的呢?神经性疼痛、恐惧感、性取向、生儿育女的渴望、酸甜苦辣的饮食偏好、复仇的激情,甚至包括那些在脑部做一个微型手术就可能痊愈的疯癫与抑郁症。在种种隐藏于身体里的巨大生物性因素面前,还剩几个座位可以留给亲爱的自由意志?到处是千篇一律的身体啊,哪里有独一无二的灵魂?曾经被人讴歌的"若为自由故,二者皆可抛",你以为是灵魂在飙身体的车,可心理学家却断定这是受了死本能的引诱。而"一边奏乐,一边挣扎"的古老的男欢女爱,更是任凭生本能与死本能一起交错在欲望之巅。

没有谁是自由的,我们被长久地困在三个牢笼之中——包括身体、灵魂以及我们所处的世界。灵魂与身体,谁是将军?谁是马匹?既然自由如此美好,为什么有那么多人像弗洛姆批评的那样宁愿逃避自由？

大地、星空与人都是荒诞的，我们注定是漫长虚无中的一环。为了抵抗虚无，人制造了更大的虚无，并称之为理想，借此以毒攻毒。而理想一旦实现，又会坠入庸常的虚无之中。就像影片中主角乔伊·高纳感叹大半辈子时间换来的所谓成功并没有给他想象中的快乐，而站在旁边的女演奏家却早已参透世事——你在海水里寻找大海。理想如同闪光的容器，当谜底揭开，里面装盛的依旧是琐碎与庸常；幸福是变化多端的怪物，只要人们一得到它，它就开始塌陷和凋亡——因为想象之维的破灭，即我所谓的"你到了远方，远方就死了"。

今日世界在精神层面的"堕落"与趋同是显而易见的，包括《心灵奇旅》这样以 soul 冠名的电影。在消费主义与市场经济大行其道的年代，世界早已缩略为琳琅满目的巨大超市，大众电影更不会消去媚众的水印，有的甚至会坚持以简单和愚蠢为美的"KISS 原则"（Keep It Simple Stupid）。诸如"灵魂""彼岸""沉思""深情"与"存在"之类的词汇在精神上通常都会让位于"活在当下""做最好的自己"等幸福偏方。必须迎合大众的电影院似乎集合了斗兽场与慰藉所的功能。一切对痛苦的质询甚至包括对意义的探索在那里都变得毫无价值。那些借助绿幕和道具伪装而成的险象环生，不过是为了让观众在"旁观他人之痛苦"时能领略到某种隔岸观火的幸福。痛苦属于演员，观众就是彼岸。

作为一部探讨人生意义的电影，《心灵奇旅》试图给出自己的答案，以取悦那些纠结于自己碌碌无为的人——不问意义，随遇而安。

不幸的是，在现实生活中，随遇而安者同样会迫于种种内卷而愁眉不展。毕竟，从本质上说，随遇而安也可以是一种具有竞争性的模仿，并且在此赛道上集合了大多数人。从 0 到 1 需要漫长的时间，从 1 到 99 则只需要空间就够了。在 99 的高密度空间里，他们不得不面对某种意义上的双重压榨：白天上班接受他人的压榨，晚上回家还要自己压榨自己。

既然没有确定性的彼岸或高处可以眺望，人就只能尽力于此岸余生。回归此地此时并无过错，真正糟糕的是大家都被困在同一赛道上，而可供参照的只有他人的生活。你追我赶，时刻互相监视谁更幸福。当一个人不知道需要什么时，就会倾向于凡是别人有的自己都想要。一方面，很少有人会像佛陀要求的那样"专注地吃橘子"——否则不仅橘子不存在，连吃橘子的人也不存在。另一方面，正如哲学家罗素曾经嘲笑的，很多人甚至并不在意明天早上吃什么，而是担心不如邻居吃得好。如果总是想象"他人即天堂"，就难免会认为自己时常生活在地狱之中。

由于加缪作品在世界范围内的广泛流行，越来越多的人开始接受西西弗斯推石头上山的命运，无意义的周而复始。在上帝与诸神消隐以后，西西弗斯与人同在。和过去不同的是，不想辜负此生的人们自备了意义的皮鞭，他们时刻不停地抽打自己，以便做一个更努力的西西弗斯。或许这就是现代社会的荒诞以及内卷的真相。举目四望，成千上万个西西弗斯在推石头上山，而且都立志成为最好的那个西西弗斯。尼采说，人啊，动物的人，就根本没有意义也没有目的，一切伟大的背后都是响亮的徒劳。如今和徒劳一样响亮的是"做最好的自己"。

这一切仿佛神话续编，西西弗斯也被迫切入内卷。表面上生机勃勃的时代，伴随着物质与幻象的丰盛，倦怠与乏味正在四处弥漫。人心停止了跳动，陀螺仍在空洞地旋转。这是一个"既丰富又单调"的时代。崇山峻岭都是过客，只有最后的沙漠走进永恒。

有时候会揣测，人生意义之匮乏或虚无是否和我们看够了各种世相有关？伴随大众传媒与互联网时代的狂飙突进，俯拾皆是各种悲欢离合以及无以数计的"眼看他起朱楼，眼看他宴宾客，眼看他楼塌了"。在此背后，实际上是各种意义群落的枯朽与坍塌。而且，这种"（想象中的）人生的消逝"可能远比尼尔·波兹曼所感叹的"童年的消逝"严重。远方尽在掌握，互联网呈现出一个远比《金刚经》繁盛具体的梦幻泡影，以至于大家都在叹息，人生不过如此啊！其结果是，许多人俗世还未穿行，就在道听途说的故事里看破红尘；渡口还未赶到，便已在他人的曾经沧海中覆舟。

走调的互联网与全球化所带来的拥挤与雷同正在消灭远方，这或许是人类正在蒙受的另一场隐秘的灾难。在美国电影《伴我同行》(*Stand by Me*)的结尾，主人公说，我们几个孩子在外面转了一圈，回来时发现故乡变小了。现在需要面对的问题是，在互联网上见够世面以后，我们的世界真的会变大吗？现实也一样，这个世界已足够拥挤，而且到处都塞满了相似之物。就像约翰·卡尔霍恩有关鼠群乌托邦的著名实验所揭示的——过度的拥挤与模仿可能带来"行为沉沦"，甚至最终导致族群的湮灭。即使有"美丽鼠"(beautiful ones)，也只是独善其身，渐渐消失于揽镜梳头的自恋与隔绝，而不再担起任何族群责任。

每年都有关于诺贝尔文学奖评选的讨论,这样的世界性名誉难免让人趋之若鹜。几年前在斯德哥尔摩的旅行,让我有机会从另一个层面理解了萨特为何拒绝接受诺贝尔奖,而不仅仅是知道他反对荣誉的等级制,或者没什么机构有资格给康德或笛卡儿颁奖。记得那天路过瑞典文学院,我顺道参观了诺贝尔纪念馆。走进大厅,印象最深的是悬在头顶的一个个小挂牌,上面印着历年来各行各业不同获奖者的姓名。那密密麻麻的场景让我心里突然"咯噔"一下——原来这荣誉的殿堂里同样人山人海啊!恍惚之间,我看到了一种无聊的残酷。波普艺术借助不断复制与拼贴消解意义,来自世界各地的作家们不停地创造,而一年一度的诺贝尔奖却像波普艺术一样让他们重复,贴上同一个标签,在赋予意义时又不断将此意义瓦解与稀释。

时至今日,从个体到城市,曾经让人赞叹不已的多元化正被毁于对多元化的重复。当各种丰富性以复制的方式不断互相挤占与叠加,当无休止的重复僭越甚至替代了意义本身,我们该如何抵抗日常的倦怠与乏味,如何谈论意义?安迪·沃霍尔曾强调可以从不断的重复中发现新的意义,但我感受到的只有"乏味的轰炸"。就像不断复制的梦露,任何被收纳其中的人物都不过是诸多色块中的一块。而远离了匮乏年代的人类生活,如今已越来越像不断复制的波普艺术。正如透过充斥大街小巷的高仿凡·高,我看到了凡·高作品的死去。准确地说,这并非凡·高作品在美术史上的消亡,而是一种大众意义上的精神衰竭与贬值。

说回人的境遇与条件,在贫困的年代,人们通过不断模仿来寻找意义;而在丰盛的年代,乏味的模仿却有可能带来意义的崩溃。当丰富性降格为无穷无尽的重复与模仿，世界注定会重返死气沉沉的单调。

准备结束这篇文章时，突然想起阿Q。我一直认为所谓"阿Q精神"是对人性的污蔑，阿Q的文学形象也不应简单缩略为中国人的精神胜利法，而是全人类的精神图谱。如果聚焦阿Q画圆那个细节，甚至可以引申出艺术史的两个阶段。第一阶段是必须画圆。在那里，人是附庸，世界是答案。直到今天，虽然摄影术早已普及，但仍有很多艺术家努力将自己训练成临摹万物的机器，每天只琢磨如何画得更像，而不是更有人的自主性与想象力。依我之见，相机的一大仁慈是将艺术家从不可救药的模仿中解放出来。若非如此，近一百年崛起于表现主义等艺术形式的巨大精神盛宴就不会出现。

第二阶段是"艺术家阿Q"的自觉。当阿Q在心里喊出"孙子才画得圆呢"的时候，从本质上说这是他要自己控制意义。为此，我对阿Q没有简单的鄙夷嘲笑，而是像面对《局外人》里的荒谬境遇一样对其抱之以理解与同情。二十世纪以来，人类致命的"理性的自负"被否定了，但如果没有"心灵的自负"，人类文明将难以存续，当然也不会有宗教、哲学、文学、艺术以及赞美人类价值的人本主义。

具体到种种"心灵的自负"，区别只在于有些人的自负看起来精致，有些人的自负显得粗鄙，但本质都一样，即人人需要一个属于自己的意义系统，正是这套意义系统让人有机会解释、融入甚至对抗世间的一切荒谬——包括人类生活中的两种极端。一种是《一九八四》里的不堪承受之重，因为极端政治，整个世界只剩下一种意义。一种是《美丽新世界》里的不堪承受之轻，这个世界太丰富了，以至于没什么是有意义的。

　　而我们这一生的爱恨情仇，往往也是在这两种极端中摆荡。不同在于，学会节制的人会让自己既保持痛苦，又不被巨大的痛苦淹没；既追求欢乐，又不被轻薄的欢乐稀释。想必世间美好的艺术和我们的灵魂都一样吧，我既不愿让它们死在唯一的答案里，也不想让它们在全无意义的叹息声中重返那个所谓的"生之来处"。

绑架为什么流行？

有些新闻，你一读到它，便忍不住会想，这城里怎么聚集了这么多坏蛋啊？！

比如，2008年11月13日发生在成都的唐福珍自焚惨剧。好端端的房子，说强拆就强拆了，而且闹出了人命。类似的悲剧，这些年来层出不穷。所以我说，不怕坏蛋坏，就怕坏蛋勤劳又勇敢。

2010年初，深圳警方通报发生在当地的一系列绑架富人孩子的案件。据称，虽然有些家长交纳了赎金，但他们的孩子还是被绑匪提前撕票了；而绑匪多是"半路出家"，而且80%的案件均为熟人作案。由于天下不太平，深圳一些家长决定再忙也要每天亲自接送孩子。

家长接送孩子，大概也只是城里才有的景观了。为此，许多街道，一到孩子上下课的时候都会变得拥挤不堪。校门口，一堆神情焦灼的父母和他们的各式座驾（自行车、三轮车、摩托车、汽车等）在校门口守着，而学校通常也是戒备森严，有的地方甚至都用上了指纹识别系统，以防坏蛋混进去兴风作浪。

遥想我在乡下读小学时，谁会为这些破事担忧！从六岁开始，虽然从家里到学校也有几公里远，但是无论是上课还是下课，都是自己走。当然，那是个熟人社会，又有同村孩子做伴，走在路上倒是很少有人害怕，而且乡间道路也没有斑马线和斑马线杀手。至于绑架，更是闻所未闻。一方面，农民生活简单，平时不会与别人结下深仇大恨；另一方面，农民家贫如洗，没有什么可以勒索。谁会为了勒索几只母鸡去绑架农民的孩子？如果是这样，他何不直接去偷鸡？

这一切，到了城里就不一样了。在这里，不仅贫富分化严重，而且豪杰林立、鱼龙混杂，急功近利者多如牛毛。像农民那样埋一粒种子到土地里"放长线钓大鱼"者少之又少；异想天开发大财，把自己的人生当作一桩桩绑票案来做的却是大有人在。

交了赎金还要撕票，绑架者之暴力加失信，真是一点"职业"道德也不讲了。从逻辑上说，交纳赎金者也在喂养这条绑架链，这让那些潜在的绑架者确信绑架有利可图。与此同时，撕票者之撕票，又像是过河拆桥，让将来被绑架了孩子的父母在绝望中干脆报警，以免落得人财两空。如此这般，绑架者也不要责怪有这样的前辈，毕竟你们不是一个利益共同体。

说到绑架，让我不由得想起一些电影来。其中有通过意识形态与仇恨实行绑架的，如库斯图里察著名的《地下》；有通过爱情绑架的，如《捆着我，绑着我》；有不要赎金而只是要让被绑架者接受其道德教育的《监禁》。除此之外，还有恶搞绑架者的电影，如《绑架训练》。

《绑架训练》是部韩国黑色喜剧片。主人公东哲因为炒股失败，又为高利贷所逼，决定铤而走险，于是和一个同伴做起了绑架小孩的营生。虽罪大恶极，他们还是自我安慰，所谓绑架小孩不过是暂时借用一个人家的孩子罢了。然而，第一次绑架就把这两个倒霉蛋弄得灰头土脸。按照从电影里学来的绑架流程，在绑了一个小孩后他们给孩子家打电话要求赎金。谁知道，打了一百零八次电话家长就是不接，更别说找他们勒索钱财了。就这样，两名绑匪的恐吓无用武之地，几近崩溃，最后只好把那个毫无利用价值的孩子给放了。

影片情节没有这么简单，但是上面这个耐人寻味的细节，在一定程度上为我们解释了绑架为什么流行与流产。

绑架和一切博弈一样，首先都是一场心理战，这也是我常说"悲观是卧底""恐惧是卧底"之缘由。作为世上最古老的行业之一，绑匪也是深谙此理的。绑匪打电话给被绑架者的亲人，一是索要钱财，二是在他们内心植入恐惧的种子，好让他们听任绑匪的摆布，比如不许报警，必须按指定的时间地点交纳足额的赎金，等等（为此，他们会虐待人质，甚至威胁撕票）。正是这些恐惧，里应外合，帮助绑匪掌控全局，使受害者俯首帖耳，言听计从。

谁知那位家长足智多谋，假装对恶视而不见、充耳不闻，以自己的沉默彻底打乱了绑匪的计划。有趣又有希望的是，在这部影片中，被绑架者父母不与恶势力谈条件，不接受他们施恶的暗示，不但让两名绑匪乱了方寸，而且还完成了对他们的反戈一击。

读到这里，一定有读者对我有意见了。需要强调的是，我写作本文，既不是为了责备那些因丢了孩子而心急如焚的父母，也不为提供一份针对被绑架孩子的营救指南。我只是强调恐惧对人类生活有着多么深远的影响，暴力是最古老的征战工具，而恐惧使我们失去自由。而且，这里说的恐惧，有的是真实存在，有的则是因为幻象。

M.奈特·沙马兰曾经拍过一部名为《神秘村》的电影。影片中，村民们过着十九世纪的美国移民一样的生活。村子就像是一个封闭的团体，村外丛林生活着可怕的猛兽，因此人们不敢也不想离开村庄。直到电影快结束时，观众才恍然大悟：这些村民并非生活在十九世纪，而是现在。他们都是现代城市暴力犯罪的受害者，因此隐居世外并建立了自己的社区。而维持这个社区完整的关键就是制造恐惧。事实上，在这部影片中，森林中的猛兽并不存在，它只是年长者创造出来以阻止年轻人离开这个社区的幻象。

这部电影让我想起了威廉·戈尔丁的小说《蝇王》里无处不在的神秘敌人，想起流行于世界各地的"制造敌人的艺术"，想起发生在我们周身的种种不自由，想起美国前总统罗斯福的那句名言"我们唯一恐惧的就是恐惧本身"。

不要活在新闻里

　　文章开篇，不妨先想想人类历史。你一定会轻而易举地想到许许多多黑暗的场景：冲突、流血、暴动、自杀，甚至大屠杀……公平总是理所当然，而不公正的事却长久萦绕于心，时而让你寝食难安。难怪人本主义心理学家马斯洛先生当年会这样感慨：所谓人类历史，不过是一个写满人性坏话的记事本。

　　那么新闻呢？只要稍加留意，就会发现新闻一样在不断地说着人性的坏话：某些官员腐败了，侵占了大量民脂民膏；某地又发生了屠杀婴幼的惨案，而此前其他地方的相同罪恶早已经令人发指；某地有人自杀了，而且是几连跳；某地有人自焚了，因为有人推倒他家的房屋；某地有人在政府门前集体下跪了，为了解决问题；某人遭遇了巨大的不公正，而你对此无能为力……

　　天天面对的都是这样的新闻，你难免会心生绝望：这世界、我所处的时代就是这样的么？当然，这样的绝望时间通常不会很长，常常转瞬即逝，人得学会积极生活，化解悲情，至少我是这样。因为我知道，新闻不是生活的全部，而且新闻是免不了要说人性的坏话的。就像我们现在通常说的,"要在生活中维权,不要在维权中生活",那好,也请你不要活在新闻里。

这实际上关系到一个媒介素养的问题。所谓媒介素养,说到底就是受众接受、解读媒介信息的一种能力。

就个人而言,如果你能积极独立地思考,通常都不会天真地以为新闻里的"坏人坏事"就是我们的生活全部,并由此得出一个"形势一片大坏"的结论,正如当年"形势一片大好"的宣传不能够遮蔽现实的贫困一样。就新闻事件本身而言,好也罢,坏也罢,都只是对生活的取景,对现实的断章取义,以偏概全。

就政府而言,同样应该具有的媒介素养是,负面新闻并不构成对其工作的全盘否定,更不意味着媒体包藏恶意。一个人在生活上有洁癖,人们多会投以同情之理解,毕竟,那也算是个人自治的一部分,其他人无权干涉;但如果带着洁癖去看新闻,去搞管理,去执政,难免脱离实际,而且显得公私不分。生活不是童话,童话里也有大灰狼。又必须承认的是,媒体大张旗鼓报道"说人性坏话的新闻",除了商业上的考虑外,还因为媒体肩负了一种责任,即社会需要通过它了解国家与社会运行是否正常。

伴随着自杀案与恶性杀人事件频繁出现,人们在讨论一个问题,即媒体的相关报道是否起了推波助澜的作用。在这方面有些媒体着实需要省思。在过去的文章中,我曾经批评中国的一些媒体总是不厌其烦地描述杀人过程与杀人现场,唯恐读者不能身临其境。但另一方面,公众或者政府过度批评媒体的负面报道,难免有苛责之嫌。

作为一种平衡，其实重要的是改变受众的观念：一方面，需要提高受众的媒介素养——媒体报道远处的一场火灾，你却因此烧毁自家的房屋，不理智的显然不是媒体，而是纵火者；另一方面，全社会更要直面已然发生的不幸事件，以求彻底改造，而不是头痛医头，脚痛医脚。幼儿园不安全，要加强保安工作，更要消除"深层次原因"，而不是嘴上说说；有人自杀了，更要查找究竟是什么导致其走上绝路。如果一个工厂接二连三发生跳楼事件，这已经不是个体的绝望，而是集体性的绝望。

一个理性的社会，应该给那些潜在的自杀者以继续活下去的希望，而不是前仆后继自杀的勇气。说一个人以死"唤醒社会"，实在是轻贱了人的生命，因为谁都应该好好活着。如果这种死不能够让社会去了解背后更实在的原因，而停留于指责是媒体起了坏作用，并大加讨伐，实在是用错了力。

因为这些事情的发生，许多人都在讨论"维特效应"。据说歌德的小说《少年维特之烦恼》发表后，造成了极大的轰动，不但使歌德在欧洲名声大噪，而且在整个欧洲引发了模仿维特自杀的风潮。说"风潮"，显然是言过其实了。事实上，《少年维特之烦恼》也让很多人活了下来，帮他们消解了内心的绝望与忧愁，其中包括歌德本人。

地图知识分子

没想到师爷、幕僚、谋士、智库等词都不够用了。有学者、网站审时度势，推出了"战略知识分子"之新词与专题。论其特征：他们是这个时代的引领者，具有远大抱负、远见卓识，学贯中西，深刻洞察时事变迁；他们是国家公民的优秀代表，具有强烈的民族责任感和历史使命感，以人民利益为指归、以国家兴盛为己任、以国家振兴为关怀；他们是知识分子的杰出代表，是精英中的精英，真理往往掌握在他们手中……

读来让人激动。不过这与其说是有关群体特征的描述，不如说是一封万方来朝的表扬信。未见半点事迹，却被告知可以横扫千军万马！信中多是国家至上、道德至上的评价，与知识更无关系。

同样奇怪的是，"挺战派"竟将诸葛亮、周瑜等视为战略知识分子中的杰出代表。恕我愚钝，可以"违令者斩"的蜀国军师，掌握军队的重臣，诸葛孔明几时回乡做起了知识分子？

提笔之前，我还特别在微博上问及此事，谁料竟有超过九成的人对此概念持反对意见。有人建议，我们是不是还要"战备知识分子"？有人嘲笑，这里只有"有机会知识分子"。有人直言，这不过是知识群体给自己推个战略产品，只等标价上市。也有人悲叹，回顾中国历史，只有站对与站错的知识分子，哪有什么战略知识分子？

据说首次提出"战略知识分子"概念的是中国人民大学的陶文昭教授。在他看来，中国社会中大部分知识分子属于战术性的，局限于解决日常生产和生活中的具体问题，即技术性的、对策性的问题，所以中国还要有一批"务虚的、踱方步"的战略知识分子。他们"有鹰一般的宽广视野、鸭一般的敏锐先知、鸡一般的社会关怀"。

战略知识分子横空出世，他们是知识分子中的战斗机，他们的功绩远在战术知识分子之上。上述排比同样充满喜感——以战略眼光看，就是要求战略知识分子能够以禽为师，具备禽界空军的视野与禽界步兵的敏感。

说中国需要政治谋臣，需要国家智库，我都不反对；希望他们有些战略性的思维，不鼠目寸光，也在情理之中。但若硬要贴个知识分子的标签，并且分出战略知识分子与战术知识分子，我就要打问号了。

喜欢对号入座的知识分子一定犯难了——"我究竟是'一战知识分子'，还是'二战知识分子'呢？所谓"一战"，是说他要么属于战术，要么属于战略；而"二战"，则是说他能同时写两类文章，能两线作战，既在战术上批评过宜黄县两位"建国"大人强拆民宅时的胡作非为，又在战略上大谈下一个千年中美关系如何。

推演开来，我所熟知的评论界要不要为中国装备一批战略评论员？而像章子怡那样被外国媒体用来解读中国形象的演员，是否也该由"战术演员"转向"战略演员"？国家战略为重，以后两栖明星指的当是既懂战略又懂战术的明星。

我一直相信，能让知识分子安身立命者不外乎三样东西，且缺一不可：一是知识，知识分子以思考为业，不仅捍卫常识，对社会、对世界更要有着超乎常人的理解。二是独立，他不应附属于任何战略。这种独立并非一种姿态，其价值正在于保护上述思考不被扭曲。三是对推进美好人生、社会进步与人类福祉的参与，正如左拉一样，他从自己的参与中找到知识的意义，其所体现者即公共精神。

而知识分子一旦被拉上战略的战车，只为了某个战略而生，为其私用，就像诸葛亮一样，他便不再是知识分子了。若是非要命名收编，你不妨称之为"知识战略分子"。在平常的争论中，这样大谈战略的人我也是见过一些的。他们的世界被简化为两种东西：一是"我者与他者"的思维模式；二是一张代表"国家利益""人民利益"的地图。在"地图知识分子"的世界中，只有我者与他者，只有"我们的利益""他们的利益"，而无共同的利益。"我们的利益"至高无上，却也只是隐藏在地图上，而不是在我们的房舍、田地、街道以及收成之中。

由此"战略"二字被赋予了两种内涵：一是"因战而略"，为了达到"战"之目的而不计其余。二是"有战无略"，只知夸夸其谈。做起事来，上不接天，下不接地，自己站不稳，却要中国站起来，要做中国人的精神导师。

回想历史与近年周遭的种种，我以为当下中国最需要的绝非"战略知识分子""战术知识分子"这样华而不实的概念，而是真正"入狱身先,悲智双全"的知识分子,他们凭着自己的学识与良知,以独立之精神,做合群之事业,参与社会建设与政治改造,关心每个人的具体的命运。得此精神与担当,增进中国福祉的什么"战略""战术"都不会缺少;无此精神与担当,再神奇的"战略知识分子",在世人眼里也只能是——"战战兢兢,略知一二"。

背着国家去旅行

就在中国的"泡沫股"还在探底的时候,中国的"口水股"仍旧日日暴涨。2007年底,几个中国人在华尔街的骑牛照,更是引来了口水无数。有人由此得出结论,断定中国人素质差,然后又强调自己是优秀的中国人。如此推演,颇有点"垃圾分类,从我做起"的荒诞。

跑到华尔街骑牛着实没有什么值得大惊小怪的。人类将其他的动物拉来当牛做马骑一骑也不是一两天的事了。更何况,对于还没有完全走出农业社会的中国人来说,牛还是很有亲和力的。当你三五成群,走在言语不通、金发碧眼的美利坚,在大街上突然看到一头说哑语的牛,难免会产生一种"水牛无国界,他乡遇故知"的错觉。一时冲动,骑了上去,似乎也在情理之中了。

有人说,华尔街是投资者的圣地,在此意义上这牛基本上就算是"圣物"了。这一点我并不赞同。即便你说这头牛是"圣物",充其量也只是拜物教的圣物,与神圣无关。你可以要求别人爱护公物,但不能让别人都去崇拜这头牛。

相反，我倒是觉得那些人，无论是中国人还是外国人，在骑上华尔街牛的时候特别可爱。他们不只是爬上了牛背，而且在那一刻还让那头牛复活了。我甚至看到他们骑着牛从拜物教的金街走到熙熙攘攘的生活里去了。只可惜那些游客觉悟不高，没捎上一根笛子，否则便是一幅"牧童归去横牛背，短笛无腔信口吹"的国画了。

在我看来，如此一情一景、突发奇想的举动并不能反映人的素质。在生活中，有人过得严谨一些，有人过得活泼一些。仅此而已。

然而，透过一系列的讨论，我却发现两个典型的逻辑问题：其一是"言必称国家"，其二"言必称国际"。

第一点大家看见了。当那几张华尔街骑牛照被发布到网上后，立即引起了一场"全国性"的讨论，其热烈程度匪夷所思。仿佛每个中国人在出国时都变成了蜗牛，走到哪里都要背上一个脆弱的"中国壳"，都要对这个壳负责，任何过错都是对这个壳的不敬不爱。顺着这种逻辑，我们就不难理解为什么会有人大骂骑牛者"有辱国格"了。仿佛这些人骑的不是牛，而是自己的国家。这种拖家带口式的价值观显然是过于夸张了。

至于"言必称国际"，这种说辞常见于人们做坏事时"与国际接轨""以外国为师"。在具体的争论过程中，有人拿出相关照片，以"外国人也是爬牛的"来举证中国人爬牛的合理性。言下之意，国际友人都骑了，我们为什么不能？悲愤者甚至会想到，难道我们就低人一等么？

有些中国人时常被另一些人批评为"无耻"，然而，每当我分析他们的言辞，很多时候并不是真的无耻，而是"无逻辑"。

当然，无耻的人通常都是不讲逻辑的。

记得有一年，有位中国官员在记者招待会上被美国记者问到人权问题时，他的回答让我一时惊诧不已，至今不能忘。其大意是：你们美国人不要总是批评中国人权有问题，你们自己也不怎么样，你们总是这样指责我们，用中国一句古话来讲，就是"只许州官放火，不许百姓点灯"。

好一句"只许州官放火，不许百姓点灯"！有点中国文化底子却又没有完全吃透的人一定会认为这个回答很妙。然而，它是经不起推理的，也是不合时宜的。中国可以强调本国人权问题正在妥善解决，但并不能将美国人权有问题作为中国人权有问题的合理性条件。

没有不合逻辑的自由。类似不合逻辑的事，时常会让我想起鲁迅笔下的阿Q。阿Q当年想摸小尼姑，小尼姑不让，于是阿Q就为自己打抱不平，"和尚动得，我动不得？"中国人跑到华尔街骑牛，理由纵有千种，但是如果坚持认为外国人能干的事，我们也能干，那就有问题了。总不见得你去罗马游览，看到满地都是小偷，你也入乡随俗了吧？

国破山河在

若干年前的一个冬天,我路过巴黎。当我顺着圣·米歇尔大道,鬼使神差走进了巴黎大学,天空中突然飘起雪来。一个月后,在一封申请就读巴黎大学的信件中,我对未来的导师有了这样一段表白:那个雪天,我走进索邦,站在楼内的小广场上,望着纷纷扬扬、从天而落的雪花,激动不已。我想俯下身去,亲吻地上每一块石头。因为这所有着七八百年历史的大学,古老得让我心碎;因为它承载了现在以及它最初的文明,未曾断绝。

这样的措辞,对于许多中国人来说,也许是过于浪漫了。不过,到过巴黎的人,多半是会惊叹这座城市的古老的。东张西望、停停走走,那些古旧的道路、屋舍、桥梁甚至包括城中墓园,都会给你一种穿越千年的时间感。这座城市,虽然也发生过法国大革命,虽然也拆掉了巴士底狱,但是从整体上说,任凭国王、总统走马灯似的更换,你方唱罢我登场,其本土的历史文化依旧保存完好。

社会比国家古老,也更令人敬畏。国家破碎了,政府倒台了,但是社会还在。甚至在希特勒入侵法国的时候,为了使巴黎这"文明的现场"免于战火,巴黎人选择了妥协,使之成为一座"不设防的城市"。这种不与敌人同归于尽的做法多少有些政治不正确了,然而你又无法将之简单归类于"投降主义"。时至今日,也很少有人会苛责当年"弃城"的巴黎人。其背后的逻辑是,在国家与社会之间,即使国家破碎,只要社会还在,历史还在,终有起死回生之日。

杜甫曾经感慨唐朝的衰败:"国破山河在,城春草木深。"如果这"山河"是社会,事情恐怕还不至于让人彻底绝望,毕竟任何国家也都是建立于"山河"(社会)之上的。相较而言,最可怕的情形恐怕还是"国破山河破"和"国在山河破"。

前者主要体现在异族入侵之时。这方面,中国的历史茶几上已经摆放了足够多的"杯具"。最惨烈者莫过于两军交战时的屠城之祸;而在宋朝末年,更有十余万人随末代皇帝在广东投海,仓皇之间上演了一场"社会为国家殉葬"的历史大悲剧。在前现代国家,由于国家与社会捆在一起,纠缠不清,又无合法更换政府的途径,社会像一窝鸟蛋一样装在一个鸟巢里。所谓"覆巢无完卵",当国家分崩离析,社会难免随之彻底破碎。

至于后者,则主要发生在大革命年代。在革命政权初立之时,乌托邦理想还在,为了开辟新生活,革命者往往会重新计算时间,笼统地将此前的社会定义为"旧社会"并加以彻底否定。也就是说,革命者不但要建立一个新国家,而且要建立一个与传统割裂的"新社会",以此表明革命的必要并展现革命的成果。这种激进主义在法国大革命时期已经表露无遗。激进的革命党人肆无忌惮地否定自己的传统,以至于像爱德蒙·柏克这样的思想者忍不住奋笔疾书，在英伦写出《法国革命论》这样的长篇大论，责备同时代的法国人是在"做没有本钱的生意"——既然你否定历史上的一切，你这个民族就只好从此白手起家了。

回想新中国六十年沉浮、两个三十年的消长，其成败得失莫不在于没有厘清国家与社会有着怎样的关系。基于对权利的普遍信仰，今日中国社会一点一滴收复本当属于自己的领地，重新确立国家与社会以及社会与个人的边界，也是中国当下最真实、最有希望的革命。文明的累积、历史的加法、秩序的演化与拓展……恰恰是这场"新革命"，在告别过去的"不断革命论"，使几乎陷于绝地的新中国在社会自由自我的生长中开始脱胎换骨，一个满眼生机的"新新中国"将由此应运而生。

唐德刚说，中国需要两百年穿越"历史三峡"，直下宽阔太平洋。在国家与社会之间，我的脑海里常常浮现出另外一幅图景：中国就像一艘夜航船，过去是在黑暗的海洋上航行，周围是黑的，船上也是黑的。而现在呢，船上开始有了照明，船舱里还有人开 party、上网、恋爱、大声歌唱，普通人的日子似乎过得亮堂舒展了，但周围似有黑暗。

至此时，人们更关心的问题是：社会虽已灯火通明，中国向何处去？而正在崛起的社会，能否把握这艘中国航船的方向？

自救与自由

风变成石头变成老虎。
雨变成火把变成旌旗。
我变成帆船变成狂风。

我和现实,谁是乐器
谁又是演奏者?
　　　　　——《在戛纳海边》

集中营是用来干什么的？

缘　起

我曾在思想国网站上设计了一个问答："集中营是用来干什么的？"这是一个微乎其微的测试，但是我希望从中得到一些有益的分析。

相关留言林林总总。比如，集中营是"用来关押革命党人的"，"用来上政治课的"，"关押被视为死人的人的地方"，"集中关押人的思想，扼杀每个人的幻想"，"集中营不过是把人生按了一个快进键而已"，"用思想体系杀人"，"孕育仇恨与敌意"，"让活人变成僵尸的场所"，等等。

当说，上述回答各有精彩。不过，如果大家细心一点，就会发现多数回答都不约而同地"站到了施虐者的一边"。我是说，答问者没有从被囚者的角度来思考"集中营是用来干什么的"。而这一缺失，正是本文之关键所在。

在逆境中积极生活或抵抗

或许有朋友会辩解说:"我们并没有被关在集中营里。"显然,这一解释并不成其为理由。毕竟,二十一世纪的今天,我们也没有参与集中营的建设。

从传播学的角度来说,如果我们将施虐者比作信息发送者,将集中营比作媒介,将囚徒比作信息接收者,那么,只考虑施虐者"拿集中营做什么"无疑是不全面的。就像我们被问及"报纸是用来干什么的"时,有人会站在发行商的角度说"报纸是用来卖广告的",也有人会站在读者的角度说"报纸是用来获取信息的"。正因为此,我强调在回答"集中营是用来干什么的"时,不能忽略被囚禁者的立场。

当然,有人会说,买报纸的人是主动的,进集中营的人却是被动的。这种反驳无疑是有力的。然而,谁又能说我们不是在有限的选择中最后被动地买了报纸呢?从某种意义上说,人生便是一种逆境,谁不是被扔到这个世界中来的?所谓"积极生活",亦不过是超越了被动与困境,在别无选择中积极选择罢了。如果我们只是将集中营当作人生的一种境遇或人的条件,我们便更应该考虑在此环境中囚徒要做些什么,而不是环境在做些什么。

进一步说,面对"集中营是用来干什么的"这一问题时,如果我们局限于复述集中营的某种罪恶,以为这是它的全部,而忽略了囚徒的生活(信息反馈),那么这种回答就是一种消极回答,至少它是不全面的回答。而这种被人们不经意间忽略了的"信息反馈",我认为是最重要的,我把它理解为"在逆境中积极生活或抵抗"。

众所周知，没有反馈的传播是不完整的，反馈使信息接收者变成了信息发送者，使受动者变成施动者。当这种反馈是积极的时候，我们可以将此解释为人在接到源于逆境的改造信息后，开始以自己为信息源，试图改造逆境。换句话说，在集中营里，囚徒变成了信息发送者，纳粹军警变成了信息接收者，此时，集中营变成了一种为囚徒所用的媒介。对于囚徒来说，从解码到反馈（编码），他至少有两次积极生活的机会。

如前所述，从自由或人生的角度来说，无论生活在怎样一个国家或时代，人的一生都像是在"集中营"里度过，集中营是人的境遇或条件。法国人说，"生命是一次没有人能够活着逃出去的冒险"，似乎也给我们的生活罩上了某种末日情绪——逃出去了也是死。然而，当我们试着乐观地看待这一切，不难发现许多人仍然活着逃了出来。否则，为什么每当我徜徉在巴黎的奥尔赛博物馆里，总能在《吃马铃薯的人》里面闻到凡·高先生的鼻息呢？当然，如你所知，这里逃出来的不是肉体的凡·高，而是凡·高的积极生活。积极生活是凡·高生命的一部分，正如我关于这个世界的思考与写作也是我生命的一部分一样。

几部电影

卢梭云："人生而自由，却无往不在枷锁之中。"我的朋友黄明雨先生最近在给我的信里更进一步："人心生而自由，却无往不在肉体的枷锁之中。"在我看来，人生不过是一次漫长的大逃狱。我之所以说它是一次大逃狱，是因为它实际上包含着无数小逃狱。关于这一点，或许我们更应该将敬意投向朋霍费尔先生那样的人物，只有他在狱里狱外，都能自由生活。朋霍费尔虽是个教徒，但他关心地上比关心天上多。他积极参与各种社会生活，冒险犯难，将宗教生活还原到人的内心。在纳粹横行时，朋霍费尔从美国回到了柏林，甚至参与了谋杀希特勒的行动。朋霍费尔是在盟军解放的前几天被绞死的。临死前，同室的囚徒去向他道别，他说："这个终点对我来说，是生命的开端。"殉道者的一生，一天一天，勇敢而平静。

或许同样是出于渴望自由的天性，我时常在平凡而芜杂的生活中，留心搜集一些关于集中营或监狱生活的影片。尽管狱卒或军警的恶行令人触目惊心，时常撞伤我的眼帘，然而我真正关心的，是一个囚犯如何积极生活或抵抗。所以，在所有同题材影片中，《肖申克的救赎》更让我心动与感恩。在我心中，这部电影甚至会让《勇敢的心》变得暗淡无光。

由梅尔·吉布森执导并出任主角的《勇敢的心》取材于历史，描述的是苏格兰民族英雄华莱士反抗英格兰的殖民统治的英勇事迹。影片结尾，让人无限伤感，英勇的华莱士高喊"Freedom"被杀了头；《肖申克的救赎》叙述的则是一个入了冤狱的银行家如何前后花了十九年的时间挖地道出逃的故事。从某种意义上说，场面宏大的《勇敢的心》叙述的是集体解放，明修栈道，终于功败垂成；而《肖申克的救赎》叙述的却是个体自救，暗度陈仓，善恶有报。

谈到个体自救，有人可能立刻会想到索尔仁尼琴的有关批评："鱼群从不会为反对捕鱼业而集体斗争，它们只是想怎样从网眼里钻出去。"当然，我并不低估散兵游勇的鱼各自穿越网眼的价值。显而易见的是，索尔仁尼琴的批评并不适合银行家安迪——他出逃后不但没有一走了之，反而撕破了整张渔网。

人类充满艰辛劳苦，不时在希望中走向悲怆。从集中营到古拉格群岛，不难发现，一个国家的群体解放若不是建立于个体自救与精神独立的基础之上，难免会将这场解放异化为在不同监狱之间转移人民的游戏。就像乔治·奥威尔笔下的《动物庄园》一样，尽管拿破仑猪赶走了人，解放了曼纳庄园的动物，宣布了所有动物一律平等，但是用不了多久，有权有势的拿破仑猪便会学人一样直立行走、高谈阔论，把曼纳庄园变成一座"美丽新监狱"。事实上，从纳粹覆灭到苏军进驻，东柏林人便是经历了这样一场"狱间转移"。

"你们自由了，这是西德领土。"1989年11月9日，柏林墙倒塌。当许多西方政治家与特工沾沾自喜，吹嘘自己的贡献时，柏林人却置之一笑——对于他们来说，柏林墙见证的不是冷战等宏大的字眼，而是数以万计小人物穿越网眼的故事。从主观上说，他们各救自身，但在客观上却起到了集体冲破渔网的效果。柏林墙之所以倒掉，是因为即使是那些实施"庸常的邪恶"的卫兵，都要跳到西边去。如有论者指出，正是无数小人物以自己的生命和觉悟，书写了人类历史上最伟大的传说，而这个传说的名字就叫"自由"。只有此时，你才能明白，人们对自由的追逐，不仅解放了被囚禁者，也解放了绑架者。对自由的追逐因此不是一场胜负归零、你死我活的游戏，而是寻求共同解放的伟大征程。在上帝死去之后，人因为对自由的求取与不懈的自救使自己成为神明。

德国影片《通往自由的通道》很好地还原了历史。当无数家庭和恋人被柏林墙阻隔在自由与不自由的两个世界里时，哈里、弗里希、弗雷特、贝克等人为了把滞留在东德的亲人带到西柏林，在柏林墙下挖掘了一条长一百四十五米的地道。正是这种群起的、不约而同的自救，让"有史以来的第一堵不是防范外敌，而是防范自己人民的墙"（肯尼迪语）变得千疮百孔，摇摇欲坠。

"今天，我们都是柏林人。"肯尼迪的声音犹在耳边。同样是今天，在柏林墙倒塌了十五年之后，当我再次路过柏林墙旧址，那段阴郁的历史早已烟消云散，我所见到的只有舒适闲散的日常生活。当年岗哨森严、禁止偷渡的护墙运河上面，漂泊着几艘锈迹斑斑的游船，而运河两岸，早已长满了绿草鲜花。

永不绝望

有位叫杨笃生的青年，在听说广州起义失败后给马君武写了封绝命信，然后跳江而死，胡适的朋友任叔永的弟弟也因为生活艰难投井。两名青年的自杀，让胡适感慨不已："此二君者，皆有志之士，足以有为者也，以悲愤不能自释，遂以一死自解，其志可哀，其愚可悯也。余年来以为今日之急务为一种乐观之哲学，以希望为主脑，以为但有一息之尚存，则终有一毫希望在，若一瞑不视，则真无望矣。"胡适一生是不可救药的乐观主义者，他写的"兰花草"一诗，标题即为"希望"。

人，应该在希望中栖居。但是，为什么我们总是习惯站到施恶者一边去想集中营能做些什么呢？相反，我认为人应该思考的是自己要做什么，而不是逆境要做什么。或许，这才是《肖申克的救赎》给予观众的最大收获。"有一种鸟是关不住的，因为它的每一片羽毛都闪着自由的光辉。"一个热爱自由与幸福的人，一个把自己的一生当作远大前程的人，应该始终如一地保有一种"关不住"的精神，为那自由的春色，在人生的逆境之中，勇敢地红杏出墙，关心自我实现，追逐自己的命运。勇敢的人，应当对罪恶视而不见。

在索尔仁尼琴笔下，有一种出墙者是"坚定的逃跑者"。

"坚定不移的逃跑者！"索尔仁尼琴写道，"这是指那些坚信人不能住在笼子里的人，而且对这个信念一分钟也未曾动摇过的人。这种人，不管让他去当个有吃有喝的监狱杂役，把他放在会计科或文教科，还是安排在面包房干活儿，他都始终想着逃跑。这是那些从被关起来那天起就日夜思念逃跑、梦寐以求逃跑的人。这是铁了心决不妥协的人，而且是使自己的一切行动都服从于逃跑计划的人。这样的人在集中营里没有一天是随随便便度过的，不管哪一天，他要么是在准备逃跑，要么是正在逃跑，或者就是被抓住了，被打得半死躺在劳改营监狱里。"

真正的逃跑者永远在路上，而且永不绝望。

论及永不绝望，我们就不得不提到心理学家马丁·塞利格曼（Martin E. P. Seligman）的一个实验（1975）。

在这个著名的实验中，塞利格曼先生把狗分为两组，一组为实验组，一组为参照组。

第一程序：实验者把实验组的狗放进一个笼子里，在这个笼子里，狗将无处可逃。笼子里面还有电击装置，给狗施加电击，电击的强度能够引起狗的痛苦，但不会伤害狗的身体。实验者发现，狗在一开始被电击时，拼命挣扎，想逃出笼子，但经过再三的努力，仍然发觉无能为力，便基本上放弃挣扎了。

第二程序：实验者把这只狗放进另一个笼子，该笼子由两部分构成，中间用隔板隔开，隔板的高度是狗可以轻易跳过去的。隔板的一边有电击，另一边没有电击。当把经过前面实验的狗放进这个笼子时，实验者发现除了短暂时间的惊恐外，实验狗一直卧在地上，接受电击的痛苦，在这个原本容易逃脱的环境中，实验狗连试一下的愿望都没有了。

然而，有趣的是，当实验者将对照组中的狗，即那些没有经过第一个程序实验的狗直接放进后一个笼子里，却发现它们都能逃脱电击之苦，轻而易举地从有电击的一侧跳到没有电击的另一侧。

塞利格曼将这种绝望称为"习得性无助"。由此可知，我们日常生活中所遇到的绝望，不过是一种积习，它更多是来自过去，而不是明天，甚至也不是现在；它只缘于我们疲惫的内心，而非完全是因为环境。所以，乐观的人会说："没有绝望的处境，只有绝望的人。"郝思嘉会说："毕竟，明天是一个崭新的日子。"

盘旋在肖申克监狱上空的费加罗舞曲，犹如沾在飞鸟羽毛上的光辉，它之所以让我们感动不已，是因为那一刻我们相信，即使是身处狱中，囚徒仍可以积极生活，就像《美丽人生》里给孩子做游戏的意大利父亲基多一样。自由，何等惊心动魄！而希望，对于一个人的生活来说又是何等重要，它让囚徒可以随时随地抵抗阿伦特笔下的"庸常的邪恶"，让他们不被绝望体制化，不像实验狗一样趴在地上，在遭受数次挫折之后，从此懒得动弹，任凭无休无止的电击。对于安迪来说，肖申克监狱注定只是他生命中的过客，只有自己才是生活的主人。即使像基多那样不幸身死，我们又有什么可悲叹的呢？他积极生活，是集中营里真正的主人。

唯有自由思想，才能使我们不必倚仗权势。

如马斯洛在《洞察未来》中写道，就算是面对死亡，每个人仍然拥有自由意志，精神病学家布兰特·贝特海姆和维克多·弗兰克尔的回忆录都证实，"即使是在纳粹集中营里，一个人仍然可以很好地做自己的事情或者过得非常糟糕。一个人仍然可以保持自己的尊严和高贵或者完全相反。在极端困难的情况下，一个人仍然可以有发挥最大能力或根本不能发挥能力两种状态。即使处在死亡的边缘上，一个人仍然可以成为积极主动的人，或者是软弱无助、牢骚满腹的小卒"。马斯洛将幸福区别于浅薄的享乐主义。在他看来，痛苦同样是快乐的源泉，因为在我们经受的痛苦里面，同样凝聚着我们全部的人格力量。由此出发，我们说，幸福不过是一个人完善自我、保持心性自由与精神独立时的额外所得。

所以我想对那些正在努力或试图改变自己或时代命运的人说，不要在意周遭对你做了什么，关键是你自己在做什么。你想得更多的应该是自己做什么，而不是逆境对你做什么。换句话说，当我们操心积极生活多于操心那不如意的环境，也许才更有意义呢！

好了，我现在来回答我前面提给大家的问题——"集中营是用来干什么的？"不瞒诸位，我早先有个答案，"集中营是用来逃跑的"。当然，如果你愿意，也可说"集中营是用来摧毁的"，"用来挖地道的"，或像《美丽人生》一样是"用来做游戏的"，其实，这些答案都不重要。重要的是，在你谈到集中营有什么用处时，要和那些渴望自由、积极生活的人站在一边。

人质为什么爱上绑匪？

2006年，失踪八年之久的奥地利女孩娜塔莎·卡姆普什成功获救。奥地利警方8月25日对她进行了DNA检测，并公布了她在绑架者寓所的悲惨生活。早在1998年3月2日，时年十岁的娜塔莎在上学途中失踪，奥地利警方由此展开大规模搜救活动，但毫无结果。因此，娜塔莎的突然回来震惊了整个奥地利。然而，和其他许多绑架案一样，当事人在被绑架过程中出现的特殊心理同样成为人们关注的焦点。

"酸葡萄"与"甜柠檬"

在重获自由后的首份公开信中，娜塔莎披露自己遭绑架八年期间的生活内幕。不可思议的是，在她看来，遭绑架不全是"坏事"。

当然，娜塔莎的这个逻辑我们在许多场合都可以遇到。譬如说，那些因为历史或政治原因被蹉跎了岁月的人，会随着时间的流逝最后喊出"青春无悔"的口号。

娜塔莎的具体理由是:"每天的生活都有精心安排,很充实,虽然总是伴随着因孤独而产生的恐惧感。总的来说,我的童年和别人的不一样,可是我觉得我没有错过任何东西。遭绑架也不完全是坏事,我避开了一些不好的事情——我没学会吸烟和酗酒,也没有交上坏朋友……从某种角度来说,他对我非常关心。他是我生命中的一部分,因此从某种程度上来说,我为他感到悲伤。"

据称,被绑架后不久,娜塔莎和沃尔夫冈一起布置了那个地下室,里面有床、录像机、收音机和书架,还有她喜欢的英国喜剧片录像带。娜塔莎称:"我将这里当作自己的家,里面有一切我所需要的东西。"

娜塔莎的逻辑漏洞百出。其所谓"没有交到坏朋友"的背后,是她被剥夺了交朋友的权利。否则,天底下的文盲都应该为自己不识字庆幸,因为不识字可以让他们不至于读到"坏小说"与"坏思想"。地下室内外,是两种截然不同的命运。

在地下室里,娜塔莎接受的是一个自己别无选择的纯洁世界——"没有坏朋友"。然而,尽管这里"应有尽有",足够"纯洁",仍不过是座"天鹅绒监狱",因为娜塔莎别无选择、缺少自由。充足的食物与令人捧腹的喜剧片不过是绑匪为她提供的"面包和马戏"。

心理研究表明,面对生活中的挫折,人的心理会有一个自动保护机制在起作用,即将不良刺激转化为良性刺激,借此渡过难关。常见的心理防御机制有合理化、压抑、选择性遗忘、幽默、升华等。在斯德哥尔摩综合征中,体现更多的则是合理化。这种倾向主要分两类:一是"酸葡萄",二是"甜柠檬"。

如果狐狸吃不到葡萄，就说葡萄是酸的，如果只能得到柠檬，就说柠檬是甜的，于是不为此感到苦恼。

娜塔莎同时选择了二者。一方面，既然没有在外面生活，外面也没有什么好羡慕的，因为外面有"恶习"，也有"坏朋友"；另一方面，既然已被绑架了，如果在认知中更多地强化悲惨境遇的观念，无疑会加深自己的痛苦。如果把被绑架的事实理解为没那么糟甚至还不错，会降低内心焦虑和恐惧等负性情绪。

斯德哥尔摩综合征

斯德哥尔摩综合征（Stockholm Syndrome），又称为人质情结，指的是被绑架的人质对于绑架者产生某种情感，甚至反过来帮助绑架者的一种情结。从本质上说，也是绑架者在具体绑架过程中驯服了人质。

1973年8月23日，两名劫匪闯进瑞典首都斯德哥尔摩的一家银行打劫，之后扣押四名银行职员当人质。六天以后，绑匪被制服，人质获救。出乎意料的是，人质在被救出以后，并不为此高兴，反而对警察表现出明显的敌意。更令人惊奇的是，其中一名人质竟然爱上了绑匪，跑到监狱里要与他私定终身，而另一名则搞了一个救援基金会，四处筹钱请律师为绑匪脱罪。

在心理学上，研究人员将这种匪夷所思的心理现象称为"斯德哥尔摩综合征"。研究表明，它的产生主要有以下四个条件：

条件A：人质生命受到严重威胁。

条件B：人质处于某种绝望之中。

条件C：人质所获得的信息只能是绑匪给他们的"一面理"信息。

条件D：人质会得到绑匪的恩惠。

显然，被绑架的娜塔莎具备上述条件。八年前她被绑架时只是一个年仅十岁的孩子，从此被囚禁在地下室里。作为一个未成年人，她更倾向于接受绑匪的教育（即"一面理"信息）与无处可逃的暴力。即使偶尔能在户外行走，也不能改变她与世隔绝的生活处境。长期与绑架者生活在一起，娜塔莎对于绑架者普里克洛皮尔产生了认同感和亲切感，甚至对重获自由心怀恐惧，不知如何开始新的生活。

地下室里的乌托邦

以下这段独白表明，娜塔莎对于曾经生活过的地下室，更心存怀念，仿佛地下室才是自己的故土。

我们（和沃尔夫冈）一起布置了那间屋子，并且它不止1.6米高。屋子里装有一切我需要的东西，我把它布置得像个家，但是这并不意味着它会对外公开。我每天的生活都安排得有条不紊，通常是和他一起吃早饭——他工作的时间很少。接下来就是做做家务，看看书或电视，和他聊天，然后做饭，就是这些，一年又一年……

谈到斯德哥尔摩综合征，有人曾经如此设喻：魔鬼来到人间，把一个人抓进了地狱，让他饱受折磨，当魔鬼允许他回到人间，偶尔过上一点人间的"好日子"，他便会产生幻觉，以为自己到了天堂。而那个曾经将自己抓进地狱的魔鬼，仿佛是解救他的天使。

绑架者普里克洛皮尔在1998年将娜塔莎诱拐进大篷车里带走，随后开始对她进行长达八年的监禁。有报道称，这所房子被当地人称为"金库"，因为这个通信技师为它配备了非常好的安全警报系统——这幢房子像美国的金库一样易守难攻。

从警方公布的照片来看，娜塔莎被囚禁在房子的车库下面一个没有窗户的小房间里。房间仅六平方米大，房门由金属制成，在这种情况下，娜塔莎插翅难飞。

意味深长的是，娜塔莎曾经透露普里克洛皮尔逼她称自己"主人"，并沦为他的性奴。由于绑架者在娜塔莎被解救后卧轨自杀，我们无从知晓他绑架的全部目的。可以肯定的是，他试图在自己的密室里建立起一个只属于他的包括权力与梦想的王国，一个他享有绝对权威的美丽新世界。

在绑架中体制化

从某种意义上说，斯德哥尔摩综合征的形成，同样贯穿于"体制化"之中。"体制化"是著名电影《肖申克的救赎》演绎的重要概念。犯人老瑞德（摩根·弗里曼饰）这样谈到"体制化"："起初你讨厌它（监狱），然后你逐渐习惯它，足够的时间后你开始依赖它，这就是体制化。"

该片中被体制化的象征人物是监狱图书管理员老布,他在肖申克监狱(体制)下被关押了五十年,这几乎耗尽了他一生的光阴。然而,当他获知自己即将刑满释放时,不但没有满心欢喜,反而面临精神上的崩溃,因为他已离不开这座监狱。为此,老布不惜举刀杀人,以求在监狱中继续服刑。他刻骨铭心地爱上了那间剥夺了他自由的监狱,并在出狱后,终于选择了自杀。老布成为环境的一部分,一旦脱离了原有的环境,一切失去了意义。

在绑架中经受体制化的娜塔莎似乎同样爱上了这座"金库"。她在院子里的偶尔走动甚至给人留下一种在"开明专制"中生活的印象。然而谁也不能否认,事情的真相是她被绑架并因此过了八年与世隔绝的生活。

以权利与自由的名义,在"金库"里我们只看到人质和绑架者。由此出发,更大的疑问是,假如娜塔莎认同自己本应该得到的所有权利,心怀希望,并以此还原绑匪对人质巨大的剥夺与渺小的赠予,她是否还会把偶尔到院子里放风视为"阳光灿烂的日子",并报之以怀旧的泪眼?

奖励你，控制你

世界电影，能动人心魄者，大抵可分为两类：一曰爱情，二曰逃狱。所以，走进任何一家音像店，你随处可见的便是有关监狱及逃狱的影片。甚至，在一些电影中，爱情同样被当作逃离的对象。

自由这个命题和爱情一样古老。倘使我们将人生境遇视为一种此起彼伏、无休无止的逆境，那么逃狱便是件永恒的事情。正因为此，奥地利被绑架女孩在绑匪的地下室里度过八年并成功脱逃的新闻撩动了无数读者的心扉。

论及逃狱电影，就不得不谈到《肖申克的救赎》及其灵感来源《逃出亚卡拉》以及《巴比龙》《美丽人生》《送信到哥本哈根》《逃狱》这样充满人性光辉的经典影片。正如米歇尔·福柯通过监狱模型解构政治何以运行一样，我同样喜欢透过类似的电影找到有关社会控制与操纵的蛛丝马迹。而本文将要着重分析的，则是奖励如何实现社会控制；如何编织人生的牢笼。

赚分的妓女

先说《监禁》(The keeper)这部影片。故事发生在英国的一个小镇上。克雷布斯是镇上德高望重的警察,在"追星族"眼里,他道德、勇敢、善良、守法。然而,谁也想不到,正是这个"完美男人"借办案之便将舞女吉娜·莫尔囚禁在自家的地下室里。一切源自克雷布斯幼年时的心理创伤——他的舞女母亲被父亲杀害。和他的父亲一样,他憎恶这个不完美的世界,并试图用监禁或谋杀等手段来拯救那些沦落风尘的女子的身体与灵魂。

克雷布斯把吉娜·莫尔带进自己的林间小屋的地下室,里面有间铁栅栏囚室,紧挨着厨房。连接囚室与外界的是一扇小窗,由于被关在铁栅栏内,吉娜只能远远地望着窗子。从早到晚,渴望被营救的她不得不像看电视的人一样观望近在咫尺却遥不可及的外面的世界。这是一间经过隔音处理的地下室,所以即使吉娜看见窗户外面有人走动,也不可能发出哪怕一丁点求救的信息。她似乎注定只能通过向克雷布斯妥协以获得自救的机会。

影片中,克雷布斯有着极其复杂的性格,他暴虐却又不乏同情心。这间被他用来实施非法拘禁的地下室,对他而言更像是一个帮他实现人间正义的"思想改造所"。

和其他许多逃狱片相比,《监禁》的情节结构简单,乏善可陈。意味深长的是片中克雷布斯创造的"赚分"游戏。这是一个惊世骇俗的寓言,它向观众展示了所有统治者实施统治与操纵的密码,尽管许多人也许并不理解。

在封闭条件下，奖励使责任发生转移，被囚禁者成为自己的反对者。

绑架后的第二天一早,克雷布斯像仁慈的狱卒一样将早餐递给吉娜,隔着铁栅栏开门见山地希望吉娜能够接受他的改造——因为他是这里绝对的主宰者,"不要试图破坏地下室内的物品以制造响声,引起别人注意"。显然,吉娜并不在乎这一切。她扔掉了饭盒,痛骂这个终日身穿警服的绑架者。就在这时候,克雷布斯公布自己的游戏规则——每个人(囚犯)都应该努力为自己"赚分"。根据这个规则,由于吉娜第一天没有好好吃饭,所以她失去了五分,而且这天将不会再得到任何分数。

对于绑架者而言,这种所谓的激励与奖赏机制是一种实用而有效的控制方式。从某种意义上说,正是通过这种奖励,在一定程度上完成了责任转移。即,在承认现状的条件下,被绑架者生活是否过得如意,并不完全取决于绑架者,同样取决于被绑架者是否自觉自律,是否遵守绑架者制定的行为准则。如果吉娜因为抗拒这些规则而受到惩罚,那也只是"自作自受"。

熬过几餐后,吉娜终于选择了屈服,她和颜悦色地接受克雷布斯的教导,不再和克雷布斯发生直接冲突。绑架者的逻辑是"我是为你好"。所以,当吉娜表现得如一只温顺的绵羊在铁牢里等着克雷布斯的施舍时,后者总会用"恭喜你"一类的口头禅来开始他们之间的谈话,或者说是克雷布斯对吉娜进行思想工作。

尽管克雷布斯为了申明自己的权威,偶尔会隔着铁栅栏开枪,像是猎杀一只关在笼子里的野鸡,但这丝毫不影响他每天温文尔雅地对吉娜说早安。他甚至会在情人节给吉娜送上鲜花。如果吉娜配合,赚得一些分数,克雷布斯还会给她兑换成钱。比如,吉娜赚到二百分时,克雷布斯给了她三百五十英镑,甚至给她买衣服与电视机。通过一次貌似真诚的谈话，吉娜曾经得到过十英镑。

现在摆在观众面前的是一个荒诞的场面：绑架者诚心诚意地希望人质在铁笼里过上体面的生活。然而谁都知道，这是一种别无选择且毫无保障的生活，任何以屈服换取的"舒适"都是不牢靠的。毕竟，对于人质来说获得自由才是真正体面的事。不幸的是，每当吉娜试图逃跑时，最后都会被克雷布斯抓回来，重新扔进地下室。

对于绑架者来说，奖赏是他们赠予人质的"天鹅绒监狱"。如果说铁牢笼是为了囚住人质的肉体，那么"天鹅绒监狱"所瞄准的则是囚徒的内心，是对人质斗志的瓦解。久而久之，人质被"体制化"，逐渐认同并参与种种奖励规则，为自己的生活"赚分"，任劳任怨。正因为此，当吉娜终于无法忍受身上的肮脏时，她甚至会在深夜对克雷布斯高喊："赚多少分能洗澡？"在这个封闭的条件下，侮辱与被侮辱者进入某种平衡的状态。

讨论并没有因此结束。对于《监禁》这部影片而言，轻描淡写的"奖励"游戏只是个微不足道的细节。由于人质只有吉娜一人，因此不能完整反映奖励给"人质社会"所带来的颠覆性作用。接下来不妨将这一模式放大，假设地下室里被关的是一百名妓女，看看上述奖励措施与责任转移将带来怎样危险的后果。和前面不同的是，现在有了群体的概念，个人的心理与行为将受到群体的影响。

一、一百名妓女被囚禁，起初都会试图反抗。她们咒骂、尖叫、怒砸铁栅栏。

二、无动于衷的铁栅栏与枪击事件使反抗开始减弱。部分人陷入绝望,和吉娜一样,在别无选择时由着自己趋利避害的本性,至少表面上开始臣服于警察,以求扩大自己的生存空间;部分人继续反抗。

三、奖励的设立进一步确定了绑架者的权威,使警察与妓女的关系由"监禁—反抗"的对抗模式过渡到"监禁—协商"模式。由于个体回应奖励的差异性,被奖励妓女之间的狱中福利出现不平等,并由此导致反抗成本的差异化。

四、奖励在效果上的差异性使反对绑架者的道德共同体渐渐瓦解,继续反抗者不仅会面对警察的扣分与惩罚,还可能导致其他"做稳了囚徒"的人的反感,有时甚至会站在相反的立场上指责抗拒者不能安分守己。反抗被继续削弱。(此一阶段,可以参考摩西带领以色列人出埃及时的遭遇。每逢绝境,便会有人主张"好死不如赖活着",责骂摩西胡作非为,过去的生活虽然卑贱平庸,好歹还有"面包和马戏"。)

五、如果时间久远,奖励将使内部出现类似科层制的结构。绑架者让其中几名囚徒负责管理和改造其他妓女,从妓女中发展出"权力的头牌",并且给予与之相称的更多福利。她们成为连接警察与其他妓女的中间阶层,具有囚徒与看守的双重身份。一部分妓女对另一部分妓女的管理开始被合法化。狱中的妓女管理者同时成为警察与妓女的缓冲地带。如果妓女管理者与被管理者冲突加剧,后者甚至会视警察为解救者。

六、被囚妓女渐渐忘记所从何来,她们的生活目标不再是逃出去,而是如何从妓女变成看守,接近管理核心。能与警察共进早餐或者在院子里散步变成一种荣耀。新的道德共同体逐渐形成。既然改变无望,曾经继续反抗的人"恍然大悟",开始加入这种"赚分"游戏,并监督其他反抗者。反抗变得没有意义,反抗可能削减其他人的福利,并且影响自己的升迁。

自此,狱中控制全部实现。在暴力的支持下,警察通过赚分游戏成功地改造出一个"地下室社会"。人质失去自由的过程,因此可以简单地概括为三步,分别是拒绝奴役、自愿奴役和习惯奴役。如果进展顺利的话,还会有第四步,那就是赞美奴役。

欲罢不能的游戏

奖励如何让人欲罢不能,如何毁坏人生,使一个人逐渐失去做人的底线,参与作恶,这在泰国电影《13骇人游戏》中同样有精彩演绎。

阿奇是一个亚美混血儿,母亲是泰国人,父亲是美国白人。他三十二岁,是一个音乐器材的推销员,因为生活落魄,无能力支撑目前他的家族。正在他为这些压力一筹莫展时,有一天突然接到了一个神秘电话:"恭喜你从众多人选中脱颖而出,欢迎参加'13',这是一个超级大奖游戏,你将有机会得到一亿泰铢。"就这样,抱着试试看态度的阿奇由浅入深,从打苍蝇开始,直至慢慢接受了一系列惨无人道的任务。十三关具体任务如下:

第一关:用地上的报纸打死一只苍蝇;
第二关:将打死的苍蝇吞掉;
第三关:弄哭幼儿园里的三个小孩;

第四关：抢走乞丐的钱；

第五关：在高级中式餐厅里吃光一盘人的大便；

第六关：把手机交给一个精神不稳定的人，然后撂倒公车上的无赖，抢走他的电话；

第七关：在十分钟内，将困在井底的一人救起来，并通知其家人来收尸；

第八关：用标示八号的铁椅，打昏穿着八号外套的人（阿奇前女友的现任男友）；

第九关：找出医院中的关系人（一个在805号房的老太婆，也是片头过马路的老太婆），并逃过警察的追捕；

第十关：老太婆需要什么就照做（造成了"晒衣绳杀人事件"，一群飙车族因急速赛车而来不及刹车被晒衣绳划掉半个头颅而死）；

第十一关：拿起尸体堆中的武士刀，有两种选择：杀了绊脚石，或者杀了绊脚石的狗警告她不要妨碍游戏（阿奇选择了后者）；

第十二关：杀死牛，并且用嘴巴取出牛肠里的钥匙；

第十三关：杀死房间中坐在轮椅上的人。

相关奖励规则是阿奇欲罢不能的重要原因。根据规则，每过一关都会有数额更多的奖励，但与此同时，如果他不能坚持到最后一关并且胜出，任何中途失败或退出的行为都将导致前面自动到账的奖金全部作废。所以，当阿奇还算轻松地过了前面几关，账户上开始有了些钱，并意识到自己必须作恶而想放弃时，他已经身不由己了。他还没有真正得到他所想要的。为了获得奖励，他只能是越陷越深，恶越作越多（晒衣绳杀人事件可视作集体屠杀的隐喻）。

而且，每次阿奇只有在过了前一关后才知道后面一关自己需要做些什么。对未来的无知只能让他得过且过，永远心存侥幸，永远忠于游戏，永远前途未卜。虽然努力打拼，但命运似乎已经不在他手里。一方面，一亿铢的奖金在那里等着他；另一方面，如果他中途退出，那他在前面吃人大便等付出全部付诸东流，对此，他肯定心有不甘。事实上，这种欲罢不能的补偿心理正是许多人一旦陷入官场，就变得无法自拔的重要原因。退出官场可能使他从前的忍辱负重和广泛积累的人脉变得一钱不值。

影片描写了社会的残酷以及人性的光辉如何被奖励所掩埋。阿奇坚持到了最后一关。不幸的是，当他放弃杀害同为参赛者的父亲之后，却被后者所杀。人性的一点可怜的残存竟然成了阿奇的墓志铭。

"方块 A 政治"

乔·德特杜巴执导的影片《本能反应》里同样有有关奖励与控制的细节。在"和谐港"监狱，监狱管理者为了更好地控制囚犯，每天都进行一场分发方块 A 的扑克游戏。这个游戏规定由狱卒随机分发给每个囚犯一张扑克牌。作为奖励，获得方块 A 的囚犯可以得到半小时放风的权利。由于这是一种随机分发的游戏，理论上每个囚犯都可能抓到方块 A。

这只是游戏规则的一部分，是明规则。潜规则是，狱卒可以随意抽出方块 A 把它直接扔给任何一个囚犯，并鼓励那些彪悍的犯人从弱者口袋中抢走这项权利。原本是人人都可以平等享受的权利，因此变成一种专有的、唯有通过掠夺方式可以获得的权利。而管理者正是通过这种不人道的"扑克的统治"，实现了对全体囚犯的操纵，使这个以"和谐港"命名的监狱变成一个不折不扣的"强者抢夺弱者，弱者憎恨强者"的仇恨世界。正因为此，在影片结尾，受尽权力愚弄与操纵的犯人们纷纷撕掉手中扑克的场面才会如此感人至深，令人难忘。

这是我的人生，我必让它自由

"1949 年的一天，我被捕了，第一天敌人用苦肉计，我没招；第二天敌人给我灌辣椒水，我还是没招；第三天敌人用美人计，我招了！第四天我还想招，可他妈的解放了！"

这是一个意味深长的笑话。毛泽东当年不怕国民党的军队，却怕糖衣炮弹，也是因为奖励比惩罚可能更能摧毁一个人的意志。

自古以来，人们便意识到通过"奖励"不仅可以激发个体的潜能，更能实现对个人与群体的间接操纵。关于这一点，在古希腊神话中可以找到极好的证明。阿喀琉斯的父母举行盛大婚礼时，邀请了所有的神，唯独遗漏了"不和女神"厄里斯。出于报复，厄里斯在席间扔下一个"不和的金苹果"，上面写着"给最美丽的女人"。赫拉、雅典娜和阿佛洛狄忒三位女神果然为"谁最美丽"争夺起来。正是这场"金苹果之争"，使爱琴海岸的凡人卷入了神的赌局，继而引起旷日持久的特洛伊战争。

如果我们放宽视界，不难发现，奖励作为一种社会控制方式一直广泛地存在于历史生活之中。举例说，那些考了一辈子的老童生便是在某种程度上做了科举制度的"人质"。他们皓首穷经，只为得到皇帝预言的奖赏。如果说上述"和谐港"里放风是一项普世的人权，那么在一个开放的社会里，读书受到社会合理的报偿更是天经地义之事。然而，当读书人别无选择，完全被纳入皇权考评体系时，其本质上是旧时的才子被制度绑架了青春。可怜其中许多人至死也不知道自己做了"旧制度的人质"，不断地在旧制度中被激励、被驯服、被体制化，以致除了考试与服从，便什么也不会做了。

"自己的人生，别人说了算"，这无疑是一种荒诞的困境。回望那些年深月久的时光，我之所见，不过是无数遭受不合理制度与"奖励"双重绑架了的人生。所以，当有人声称"这是我的祖国，我必让它自由"时，我更要说"这是我的人生，我必让它自由"。

不自由的秩序如何杀人？

奖励使人失去自由。下面的故事，同样和奖励有关。不过，我更愿意分析奖励以外的东西，即人们如何通过已经建立起来的一套秩序或者规则来杀人。

在西方，"13"一直被视为一个不祥的数字。比如耶稣和他的十二个门徒一起聚餐，厄运便开始了。由杰拉·巴布鲁阿尼（Géla Babluani）编剧并执导的影片《百万杀人游戏》，透过一个泥瓦匠外出淘金丧命的故事继续演绎了有关这一数字的宿命与不幸。

《百万杀人游戏》是巴布鲁阿尼的成名电影。影片将观众带到法国的一个海边小镇。一贫如洗的塞巴斯蒂安给弗朗索瓦家修葺屋顶，不幸的是，房主因为吸毒过量意外死亡，塞巴斯蒂安因此没有讨要到自己的工钱。凑巧，就在当天，塞巴斯蒂安在弗朗索瓦家的窗台下面捡到一封不知何处寄给弗朗索瓦的信，里面还夹着一张火车票。而就在此前，塞巴斯蒂安曾蹲在屋顶上得知弗朗索瓦正要到外地参加一个撞大运赚大钱的游戏。对于二十二岁的塞巴斯蒂安来说，这无疑是一次改变自己人生的大机遇。

告别清贫而宁静的生活，揣着这封信和一张单程车票，试图冒名顶替的塞巴斯蒂安在一个陌生小镇下了火车，住进指定的旅馆。在一连串神秘接头暗号的指引下，他拿着刚得到的一张印有"13"标记的纸牌来到了丛林里的三岔路口。接下来，一名手举"13"标志的司机与他接上头，并把他带进森林深处的一间破屋里搜身检查。检查者甚至敲掉了他的鞋底，查找他是否携带通信器材，旋即他又被带进了一座戒备森严的别墅里面。

这是一个用人命进行赌博的场所。当身份被揭穿后，对游戏毫不知情的塞巴斯蒂安此时已经无路可退。原来"13号"是他在游戏中的身份，他必须作为"13号"枪手，以自己的性命赌自己的前程。

游戏规则原始而刺激。裁判坐在高凳上，十三名参加者按照1—13的编号顺次站成一个圆圈，机会均等，他们只能为手中的手枪放进一颗子弹，不停地转动枪膛，直到裁判喊停。然后，每个枪手举枪贴准前面枪手的后脑勺。当天花板上垂下来的灯泡突然亮起时，所有参赛枪手同时扣动扳机。

一切突如其来，猝不及防。至此，观众渐渐明白弗朗索瓦的暴死或许不是因为毒品，而是因为让他再次体味"恐怖人生"的这封信。面对如此紧张而刺激的场面，从未摸过枪的塞巴斯蒂安早已不知所措。他不仅需要别人为他装上子弹，甚至在所有枪手都已经开完第一枪后，所有被击中的枪手的尸体纷纷倒向地面时，他仍然没有开枪，浑身发抖、汗出如浆。此时，站在他前面被他顶着脑袋的枪手更是一脸绝望和懊恼，而围在一旁已经押下重注的赌徒们却疯狂地喊着"开枪！开枪！"，要求这个初闯世界的年轻人扣动扳机。

游戏仿佛为每个人都建立起一种宿命，而一旦加入这个游戏，人人都是心甘情愿的弱者，谁都没有能力或意志来破坏这个规则。他们憎恨这个规则，又希望从这个规则中得到好处。只有明白这一点，观众才能理解为什么站在塞巴斯蒂安前面的枪手会像一只温顺的羔羊一样，静静等候塞巴斯蒂安的屠宰；而握着手枪的塞巴斯蒂安同样手无缚鸡之力。在一片喧嚣声中，塞巴斯蒂安终于扣动了平生第一枪。他惊魂甫定，这一枪，没有子弹。此时，那个早已吓破了胆的枪手疯狂地扑向塞巴斯蒂安，仿佛责骂一个破坏规则与秩序的闯入者。

游戏便是在这种紧张而残酷的气氛下有条不紊地进行。下一轮的比赛需要任意放进两颗子弹，在第三轮的比赛中放进三颗子弹，随着子弹数量的增多，每个选手的死亡概率都会大幅增加，直至最终决出唯一的胜利者。在每轮游戏开始之前，亲临现场的赌徒都可以对每个枪手投注，只要这个枪手击中自己瞄准的枪手，那么投注他的赌徒便可以赢得奖金。在第二轮对决中，塞巴斯蒂安一定庆幸自己捡回了一条命——身居其后的枪手没来得及开枪，便已经被紧邻其后的枪手射杀。

直到第四轮，场上只剩下两名选手——塞巴斯蒂安和6号。在顶着额头放了一次空枪后，组织者让两人各自装上了四发子弹，顶着对方脑门。灯泡亮了，随着一声清脆的枪响，6号重重地砸向地板，塞巴斯蒂安再次侥幸活了下来，他像世界杯比赛中的黑马一样击败了曾经三次夺冠的"三星"6号。接下来是一场绅士般的彬彬有礼的"分赃"，塞巴斯蒂安终于赢得了自己坐在故乡遥远的屋顶上曾经梦寐以求的一大笔钱财。当赌徒们作鸟兽散，"一枪暴富"的塞巴斯蒂安失魂落魄，像做着白日梦般游荡在火车站里。

一个旧的规则结束了，接下来是另一个新的规则。然而，杀人的游戏仍在继续。坐火车回家的路上，塞巴斯蒂安被一张熟悉的面孔顶着腹部连开三枪。枪击者是6号枪手的弟弟，作为旁观者，他见证了哥哥倒地而死，更见证了自家唾手可得的巨额"血酬"伴随着"13号"一声枪响从此灰飞烟灭。所以，与其说他是找塞巴斯蒂安来复仇，不如说是为了师出有名地抢夺钱财。然而，让他失望的是，在上车前，预感到可能遭遇不测的塞巴斯蒂安已经将自己的所有酬金通过包裹寄回了老家。他被抢走的不过是一个空袋子。当然，谁也不能否认，那个被抢走的空袋子里装着塞巴斯蒂安年轻的生命。

影片结尾，乐声响起，它舒缓、苍凉却又浸透着温馨。车窗外的阳光打在年轻人苍白的脸上，没有一丝恐惧。

社会如何杀人？无论是肉体层面，还是精神层面、意识形态层面，我们都可以轻而易举地找出数以千计的罪证。才华横溢的巴布鲁阿尼将"社会之恶"浓缩在一场惊世骇俗的杀人游戏中。回顾这场有组织的杀人游戏中的杀人与被杀，看似荒诞而夸张的情节却为我们提供了解开人类历史上所有社会罪恶的密码。好社会需要好秩序，坏社会同样需要坏秩序，而社会之恶便是通过一个个规则或秩序完成杀人的目的并支付"血酬"的。坏社会总是试图通过建立起一系列的规则，让各怀鬼胎的人们心甘情愿地服从它，然后在集体无意识中一次次兑现杀人或者被杀。当灯泡亮起时，杀人便开始了。然而，灯泡并不执行命令，它照见卑污人性，同时也做了卑污人性的替罪羊。

在这个极其残酷的规则面前，每个人都开始进入汉娜·阿伦特笔下的那种"庸常的恶"，成为规则的严格执行者与遵守者。就像迈克尔·西米诺反思越战的经典影片《猎鹿人》（*The Deer Hunter*）所揭示的一样，人类需要打破的真实困境是在"一枪致命"（one-kill shot）的游戏中，"人对人是狼"（霍布斯语），每个猎鹿者最后都变成了猎物。如中国人常说"政治斗争成瘾""与人斗，其乐无穷"或"人在江湖，身不由己"，同样意味深长的是，"一枪致命"与"百万杀人游戏"是一种恐怖而成瘾的游戏。正因为此，在巴布鲁阿尼导演的这部电影中，出现了一个曾经三次夺冠的6号枪手。就像在《猎鹿人》里，从决杀中大难不死的一名美国大兵从此沉迷于俄罗斯轮盘赌，甚至希望有朝一日在"一枪致命"的杀人游戏中丧命。

无疑，无论是对于押下巨额赌注的赌徒，还是参与决杀的麻木的枪手，他们共同打造的是一个扭曲的食物链。决定这些人一生的，与其说是实力，不如说是运气，永远只是运气。前面三局，你只能期盼后面的枪手空了子弹或在开枪之前便被人击毙，而最后两人对决时，同样决定于你的运气。它既要扣动扳机时的速度，更要在你扣动扳机时子弹已经恰到好处转到了出弹口，等待你的食指致命一击。当然，如果两人同时被击中，这可怜的、血气蓬勃的世界连虚妄的唯一的胜利者都没有了。

这注定是个侥幸的世界。当社会秩序建立于这种彼此剥夺的侥幸之上，任何未得到的幸福都是不确定的，而得到的也是不牢靠的。在这种虚伪的秩序中，没有人能设计好自己的前途，安排好自己的一生，更不可能如贝多芬所言"扼住命运的咽喉"。每个人看似兢兢业业，然而谁也不能掩盖这种秩序的拼凑本质。此时，社会不过是一个通过临时拼凑起来的规则来剥夺生命或转移财富的场所。所谓"有钱的捧个钱场，没钱的捧个命场"，人们遵守规则，却彼此伤害，社会满盘皆输。"合法伤害权"的背后，是没有谁是最后的胜者。正如巴布鲁阿尼在谈到为什么用"13"这个数字作为片名时所表示的，这个数字给某些人带来厄运，也给某些人带来好运。但是，没有人会持久拥有这种机会。

至此，影片似乎在告诉我们，在充满激烈竞争与"罪恶秩序"的世界，唯一保存下来的只是随时可以易手的钱财，人命已然微不足道。古往今来，诗人们时常概叹似水流年、时光飞逝，然而，真相却是时光并不流逝，真正流逝的是我们。透过这部惊世骇俗的影片，我们同样惊恐地发现，对于这个充满劳绩的社会来说，不是我们赚钱，而是钱赚我们。它赚走了穷人的一生，同样赚走富人的一生。

谁来同情"体制内弱者"?

2009年,《半月谈》杂志编发了一名从事信访工作的乡镇干部的真实经历。配发的编者按指出:"作为中国最基层的行政工作人员,他们的行为被上访者、上级部门、新闻媒体等做着形形色色的解读。然而,当真正走近他们,你才会理解他们的无奈和隐衷。"

当然,这里的"理解",只是"同情之理解",并不代表支持。文章中的一些细节的确表明,目前严苛的"零上访""一票否决"等政策不仅伤害了那些有冤不能诉的上访者——体制外弱者,同样制造了"体制内弱者"。也正是那些不切实际的政策安排,使体制内弱者与体制外弱者之间发生了无谓的纠缠与对立。而这一切,都不是孙东东的"精神病偏方"所能解决的。

据这名乡镇干部介绍,他在乡镇工作十几个年头,从事信访工作六年多,十多年来在几个乡镇干过,从一名普通的工作人员成长为分管信访工作的镇党委副书记。"天天胆战心惊,如履薄冰"。文中谈到当地一名老上访户,至今未婚、无业。从十七岁随父亲以"受迫害"为由上访,三十多年来,他几乎每年都要在重大会议召开时（如中央、省、市级"两会"等）上访。他一旦进京，或到省上、市里，镇政府都要安排专人去接访，甚至中途截访。每次截访，都要安排两人以上去，到省城、北京来回一趟，每次差旅费少则三五千元，多则上万元。有时，还得委曲求全，不得已做一些让老实人吃亏、"会闹腾的"占便宜的事来。

具体情节更像是小说。据说，为了确保万无一失，近年来每到全国"两会"等时期，镇里都要派出五名干部二十四小时跟随这名上访者，陪吃陪喝陪睡陪上厕所，一次耗时半个多月。如果一年下来有多个敏感期，每年单是稳控他一个人的费用就多达数万元。如果实在控制不住，一旦到了省城和北京，也要想尽一切办法在信访登记机关"销号"（不被上级机关记录），避免被"一票否决"。

所谓"上有政策，下有对策"，"一票否决"实际上导致了某种具有进攻性的形式主义。另一方面，尽管人们从不同的角度质疑"一票否决"，但在其未取消以前，"一票否决"的刚性规定也让基层干部变成了政治压力下的"体制内弱者"。只不过，他们的弱者身份是相对的，因为他们只要学会顺从，便可以将这种不合理的压力传导给那些上访者，甚至把"接访""截访"当作最重要的政治任务来抓。也就是说，当基层干部受到上级的"零上访"政策的折腾时，他们同样把这种折腾转移到另一些上访者身上。压力传递的过程因此变成了"弱者对弱者的欺凌"（鲁迅）。不同的是，这是"体制内弱者"对"体制外弱者"的欺凌，前者是相对弱者，后者是绝对弱者。

早在1996年，曹锦清在《黄河边的中国》一书中同样记录了一名乡干部的话:"我在乡政府干了八年,为推行计划生育,为征粮派款,我抓过人,牵过牛,扒过房子,干过许许多多违法乱纪的事。按法律要判我二十年徒刑,也不算过分。老实说,如完全按目前法律办事,只有两个结果,一是根本办不成事,二是要认真落实上级任务,必然违法。"在此,且不论政策本身的目的、效果如何以及类似乡干部是否有"制度上的原罪",具体到时下一些冲突连连的行政行为,在遵守法律与完成政治任务之间存在某种脱节是显而易见的。

这种脱节尤其体现在"零上访"与"一票否决"政策上。一方面,宪法规定信访是公民的一项基本权利,另一方面"零上访"与"一票否决"等政策却又在否定这种权利的意义,并以公民不使用这种宪法权利为荣。否则,上级管理部门怎会将"零上访"视为一种政绩?

同样矛盾的是,从理论上说,无论是告到上级政府的信访,还是告到法院的打官司,本质都是一样的,即公民通过宪法赋予的权利寻求自救。如果政府部门可以把本辖区无人使用某种宪法权利作为政绩,而且一厢情愿地以为能够实现这个目标,为什么不制定相同的政策,力争本辖区实现"零上访"?为什么一些政府部门不以诉讼为耻,却要拼命掩盖民众的上访?既然无人相信原告与被告等待法官裁决会影响社会稳定,为什么上访者请求上级部门主持公道便要被戴上破坏稳定的污名?

任何时代、任何国家都有需要解决的矛盾。它们有来自社会之间的矛盾,有来自官民之间的矛盾。有矛盾不是件羞耻的事情,关键在于如何面对和处理矛盾。如果非要通过强制手段掩盖矛盾,搞子虚乌有的"零上访",实则是设立"不可能完成的任务"。出现这种情况，要么是权力过于自负，不愿正视他者的权利，要么是对这个世界的复杂性一无所知。

转型时期的中国，每个人都面临权利的贫困。除却体制外弱者的不幸命运，那些不得不去执行不良指标的"体制内弱者"的命运同样值得关注。事实上，就像上述基层干部，在制定政策的上级面前，他们是不折不扣的弱者。更不幸的是，他们常常因为"在一线做坏事"而成了无人同情之弱者。

难题如何解决？恐怕还是要回到"法治政府"这一层面来。法治政府不能简单理解为"政府依法治理公民与社会"，其更重要的一环是"公民与社会依法治理政府"。而且后者是前者的先决条件。这意味着权力部门"所依何法"及"如何依法"必须接受民意的审查。

换言之，一项政策是否可行，必须有通盘的考虑，有各方力量的参与，而不能凭着长官意志与政府部门自我授权。而既然要体现民意，自然包括"体制内弱者"的意愿，因为他们首先是人，是公民，然后才是上级的下级。否则，难免会出台"零上访"这样的政策，具体到执行时，每一方都有可能成为受害者：有的输掉了政治信誉，有的输掉了职业道德，有的输掉了公民赖以自救的权利。

守住良心的"一厘米主权"

许多人热衷于讨论人权高于主权,还是主权高于人权。其实,不唯国家有主权,每一个国民也有主权。而且,个体主权之是否沦陷,更是人人最要面对的精神事件。

所谓个体主权无外乎两种:一是"对物";二是"对己"。

"对物的主权",十八世纪的欧美贤良已有精彩论述。如英国首相老威廉·皮特有关物权的至理名言:"风能进,雨能进,国王的卫兵不能进。"美国政治活动家詹姆士·奥蒂斯反对政府的任意搜查令时的慷慨激昂:"一个人的住宅就是他的城堡,只要他安分守己,他在城堡里就应当受到像王子一样的保护。"

至于"对己的主权",则包括个体的身体自治(行动自由)与精神自治(思想自由)。

一定条件下,无论"对物",还是"对己",两种主权都具有某种可让渡性:通过谈判你可以变卖房产,替人工作,听人差遣,甚至接受有关思想与行为的培训,等等。但是,没人希望自己因此变成奴隶,既失去了"对物的主权",也失去了"对己的主权",成了"大公无私"时代里一无所有的"新人"。

最常见的情形是，人们敏锐于拥有"对物的主权"，而无视自己的思想与行为成为彻头彻尾的沦陷区，就像汉娜·施密特，电影《朗读者》里的纳粹女看守。法庭上的汉娜完全是汉娜·阿伦特笔下的艾希曼，优雅、温顺，而且理直气壮。在那里，刽子手被还原成一个普通的德国市民，忠于职守，对上级以及既有法令无条件服从。当法官质问她为什么只为不出乱子而宁愿让三百人活活烧死时，汉娜反问法官："如果是你，你会怎么做？"法官一时无言以对。相信这也是人们最怕面对的问题。体制、环境、"大家都这样做"等就像是隐身衣，许多作恶的人都曾经穿过，而且还要为将来备用。

至于汉娜为什么还是被判终身监禁，影片未完全展开，答案在德国的另一场真实的审判中。1992年2月，柏林墙倒塌两年后，守墙卫兵因格·亨里奇受到了审判。在柏林墙倒塌前，二十七岁的他射杀了一名企图翻墙而过的青年——克里斯·格夫洛伊，二十岁。几十年间，在这堵"隔离人民的墙"下面，先后有三百名东德逃亡者被射杀。

和上面这个可怜的女人一样，亨里奇的律师也辩称这些卫兵仅仅是为执行命令，别无选择，罪不在己。然而法官西奥多·赛德尔却不这么认为："作为警察，不执行上级命令是有罪的，但打不准是无罪的。作为一个心智健全的人，此时此刻，你有把枪口抬高一厘米的主权，这是你应主动承担的良心义务。这个世界，在法律之外还有'良知'。当法律和良知冲突之时，良知是最高的行为准则，而不是法律。尊重生命，是一个放之四海而皆准的原则。"最终，卫兵亨里奇因蓄意射杀格夫洛伊被判处三年半徒刑，且不予假释。

从汉娜·施密特到因格·亨里奇，体制内的作恶者莫不把体制与命令当作其替罪的借口，为自己主权沦陷、良心失守卸责。然而，即使是在黑暗年代，生活仍是可以选择的。不是么？在修砌柏林墙的第一天便有东德卫兵直接逃到西柏林，而柏林墙，方生方死，正是从那一天开始了它持续几十年的坍塌。

你首先是人，然后才是卫兵。亨里奇案作为"最高良知准则"的案例早已广为传扬。"抬高一厘米"，是人类面对恶政时不忘抵抗与自救，是"人类良心的一刹那"。这一厘米，是让人类海阔天空的一厘米，也是个体超拔于体制之上的一厘米，是见证人类具有神性的一厘米。

那一刻，像过往与将来的所有光荣时刻，良知被人类奉若神明。而人类之所以高贵，正在于人的身上附着了这种神性的良知。如亨利·梭罗所说，"每一个人都是一座圣庙的建筑师。他的身体是他的圣殿，在里面，他用完全是自己的方式崇敬他的神，他即使另外去琢凿大理石，他还是有自己的圣殿和尊神的"。中国人不也常说"头顶三尺有神明，不畏人知畏己知"吗？不管是"神知"，还是"己知"，背后都关乎神性。前者是他律之神，所谓"人在做，天在看"；后者是自律之神，人因有良知而自律，而超越罪恶的樊篱。一旦丢掉了良知，一味服从，人类神性的庙宇也就坍塌了。人类所能看到的，便只有猥琐的世相与一望无际的残酷。

我曾在《良心没有替罪羊》一文中谈到法国著名精神科医生鲍里斯·西鲁尔尼克（Boris Cyrulnik）的一段回忆，小时候他全家在波尔多被捕，父母后来都死在奥斯维辛集中营里。西鲁尔尼克说，那些杀人无数的警察一定相信自己是"带来毁灭的天使",所有的恶行似乎都是对"时代道德"的服从。当"服从"被文化神圣化之后,刽子手不会因为杀人再有任何罪恶感。对于他们来说,服从就是"去责任化",他们的所作所为只是在社会体制里尽职尽责,就像小说《悲惨世界》里的警察局长一样兢兢业业。当军队、"人神"或哲学家们设计出奇妙的清洗计划时,服从者便会以人类之名去参与反人类的罪行。支持他们的道义与理由是"杀死个耗子当然不算犯罪"。从本质上说,这种服从已经掏空了人成其为人的一切真实意义。

然而,所谓"服从"还有另一个常识:如果两个人对抗,一方被迫"服从"于另一方,此时"服从"只是表示前者失败了。不幸的是,在意识形态与辩证法高于一切的年代,生活就像《一九八四》里的口号"自由即奴役、战争即和平、无知即力量"一样荒诞不经——给刽子手磕头,竟能磕出美德。

为了克服阿伦特笔下的"平庸之恶",抵御随时可能发生的权力之祸,尤其在经历了极权主义盛行的二十世纪之后,各国已经越来越注重对其国民抵抗权的保护。这既是一种法律上的救济、政治道德上的分权,也是一种良心上的共治。具体到今日中国,现行《中华人民共和国公务员法》第五十四条不也规定公务员有抵抗上级的权利么?只可惜有人于法不顾,以为可以尽享良心沦陷之红利,且永远不受责罚。而这一切,也正是网民穷追暴力拆迁、跨省追捕等恶性事件之原因所在。

一花一世界,一人一国家,谁能带领好自己,做自己人生的领导者?当一个人因不分善恶、唯命是从而导致自己主权沦陷,这样"亡国奴"式的人生是不是才更可怕,更无希望?在此意义上,所谓良心发现,是不是另一种意义上的"救亡图存"?

年少时爱看《加里森敢死队》，如今只记住其中一个镜头：盟军战士逃跑时，一名德军士兵开枪射击，可是怎么也扣不动扳机，嘴里还嘟囔着："什么老爷枪！"二十年后想起这个细节仍然忍俊不禁。我真希望那个手忙脚乱的德国兵是在"蓄意不谋杀"，正管理着他守住良心的"一厘米主权"呢！

柏林墙上有多少根稻草?

2009年11月9日,是柏林墙倒塌二十周年纪念日。连日来,美国《国家地理》杂志社记者彼德·列宾拍摄的那幅"逃兵"照片再一次被各路媒体疯狂转载。1961年8月13日凌晨,在铁丝网网成的柏林墙即将封闭的一瞬间,一名参与围墙行动的东德士兵突然跃过铁丝网,投奔西德。也正是他的这次倒戈,揭开了一部持续了将近三十年的传说——"翻越柏林墙"。

此前,从1949年起至1961年8月13日止,逃往西德的东德人有近三百万。由于农业集体化、压制私营贸易、粮食供应短缺、政治不自由等,再加上西德这一镜子国家的存在,越来越多的东德人选择了离开。据说,仅是从1961年1月到8月初柏林墙修筑前这段时间,就有十六万人逃向自由国家西德。

人生而自由,自由可以称得出一个国家的重量。自古以来,中国人就知道什么是"强扭的瓜不甜"。然而,几十年前,面对政治上的力不从心,早已经失去民意支持的东德政府不但没有闭门思过,反而用一堆砖头将民众堵在屋里,自己在外乐得逍遥,混过一天是一天。就这样,8月13日,当东德人从睡梦中爬起来,发现自己很快跌入了一场现实的噩梦,他们被自称是代表他们利益的政府公然剥夺了用脚投票的权利。遥想古罗马时代,当平民不满贵族的统治,端着锅碗瓢盆、牵着牲口弃罗马而去,准备建立属于自己的国家时,罗马贵族害怕这个国家倒闭,也只能是追上去和平民低声下气地谈判——提高后者的权利,而不是修一道罗马墙,将平民围住,逼着他们发明热气球——"gone with the wind"(随风而去)。

任何苦难的年代,人类都没有丢掉幽默的本性。柏林墙时代的翻墙传说,像悲喜剧,又更像黑色幽默。有意思的是,尽管柏林墙将东德围成一个"山洞里的国家",然而事实上,这道名义上的"反法西斯防卫墙"并没有阻挡东德人的逃亡。当高高在上的政治道德再也不能动员民众,使他们安居洞穴,甘于奉献,剩下的日常反抗就只是试图出逃者以技术对抗技术了。

背对主义,面向自由。你可以筑墙,我就可以翻墙。主义之争从此让位于技术之争。墙可以越筑越高,但是大地与天空还在。渴望自由的东德人可以在地底挖隧道,也可以通过热气球、跳楼或者弹射等方式出逃。东德人没有通过民主的方式决定柏林墙的去留,在这里自由显然起到了润物无声的作用。正是无数人想方设法地争个体的自由,使这看似铜墙铁壁的旧制度及其象征变得千疮百孔。

前文提到我在网上曾经设问:"集中营是用来干什么的?"当许多人习惯性地"站在统治者一边"思考问题,回答集中营是用来监禁异己、虐杀人民的时候,我却坚持认为"集中营是用来逃跑的","集中营是用来挖地道的"。简单说,在艰难困苦时,我更愿意站在弱者的角度想问题,而不是恶的一边想问题——内心坚定的人,应该对恶视而不见。同样的道理,对于被围困其中的东德人来说，柏林墙的意义亦在于翻越，在于挖地道，舍此实无其他意义。至于当年有多少人参加了这场零星而日常的"长尾行动"，在反映柏林墙时代的影片《隧道》结尾有这样一句话："（二十世纪）六十年代中期，有很多条地下通道穿过柏林墙。有的成功，有的失败，具体数目至今无从知晓。"据说直到柏林墙倒塌之前，仅是在边界上执勤时逃到西柏林的边界士兵便有两千余名。

时隔二十年，我们想起了柏林墙倒塌的纪念日，事实上，从那名东德士兵逃向西柏林的第一天开始，柏林墙便已经坍塌了。而且，在那近三十年的时间里，它每天都在坍塌。若干年前，我从巴黎到柏林采访，有机会在柏林墙下逡巡。其时，这个国家已经开放国界，成为欧盟的一部分。当生活也早已恢复了常态，最让我心动的是离墙不远的河岸上，大地繁花四起。境过时迁，柏林墙终于还原了它物理上的厚度，抚手而测，实不过两手掌宽。

柏林墙上曾经有多少根稻草？没有人能回答这个问题，正如没有人能回答有多少人逃出东德。柏林墙倒塌后，美国政府和特工吹嘘自己如何建功立业。然而在我看来真正推倒柏林墙的人，正是上述那些夜以继日争个体自由的逃跑者，那些挖地道者，那些宁可花两年时间试制热气球逃跑的人。对于当今世界上流行的各种主义他们或许知之甚少，然而他们的络绎出逃，他们坚定而自由的意志注定会让这堵表面上密不透风的围墙名存实亡，方生方死。至于美国政府，或者那些夸夸而谈的特工，实不过是压垮柏林墙的无数稻草中的一根稻草而已。

第六种自由

面对无孔不入的信息垃圾,人们将何去何从?是否需要知道那么多的东西?

全世界每年出版近七十万种期刊、六十余万种新书,登记四十多万项专利,新增期刊近万种向你源源不断地输出层出不穷的新观点;九百多万个电视台、几十万个微波通信铁塔、几万个雷达站、三十多万个民用电台以及随时在增加的移动电话和终端电脑时刻提醒你注意全球任一角落发生的大事件。不只有新闻、调查、数据、分析、广告通行世界,更有预言、传言、流言与谣言招摇过市……

二十世纪初,晏阳初曾经将"免于愚昧无知的自由"视为"第五大自由"。几十年后,索尔仁尼琴还注意到另一种自由:"除了知情权以外,人也应该拥有不知情权,后者的价值要大得多。它意味着我们高尚的灵魂不必被那些废话和空谈充斥。过度的信息对于一个过着充实生活的人来说,是一种不必要的负担。"

在此,姑且将免于倾倒信息(宣传)垃圾的自由称为"第六种自由"。二十一世纪的今天，我们的客厅不过是电视台倾倒垃圾的地方。在过去，性病广告只是贴在厕所、电线杆等"公器"上，而现在"贴"到了居民日日拂拭的家具上。

《一九八四》里的"老大哥联播""真理联播"早已令人生厌。同样令人生厌的是各类信息无孔不入。根据报道，台湾一家公司准备生产一种如厕用的 RSS（Really Simple Syndication）阅读器，通过与电脑主机相连的无线网络，将你所订阅的 RSS 内容打印在厕纸上供你阅读。"恭喜你，你的最后一块私人领地也被垃圾信息占据了"。

现实是，有用的信息在黑箱之中无路可寻，而无用的信息管道却像章鱼的爪子一样连接我们身体与生活的每一根神经。内心对信息的隐秘的渴望以及信息垃圾的无孔不入，使人们在信息时代几乎无路可逃。对网络的沉迷无疑已经耗费了我们的大部分光阴，每一名"信息成瘾者"更像是信息时代的逃犯，享受信息斋戒的日子只是逃亡的日子，过不了多久，他便会听从内心的召唤，心甘情愿地被网络引渡回来。

其实，这不过是梭罗笔下的另一种"静静的绝望的生活"。正是为了逃离这种绝望，早在 1845 年，梭罗带着一把借来的斧头，走进了瓦尔登湖边的青葱密林。在美国独立日的那天，开始搭盖他的湖边木屋。对于梭罗来说，这不过是一次有关生活的实验，或者说，一次有关生活的反叛。不是逃离生活，而是走向生活。

就像今天，拔了网线，关了电视，过不被信息垃圾包围的日子。对于绝大多数人来说，那些发生在远在天边的大事小情，无论是一场血淋淋的自杀式袭击、绑匪的演讲，还是政治领袖的亲民秀、女明星成功或者失败的隆胸术，很多都是与我们的生活毫不相干的。

梭罗曾经这样嘲讽那个时代的新闻成瘾者：吃了午饭，还只睡了半个小时的午觉，一醒来就抬起了头，问："有什么新闻？"好像全人类都在为他放哨。而睡了一夜之后，新闻之不可缺少，正如早饭一样重要。"请告诉我发生在这个星球之上的任何地方的任何人的新闻。"——于是他一边喝咖啡，吃面包卷，一边读报纸，知道了这天早晨的瓦奇多河上有一个人的眼睛被挖掉了，一点不在乎他自己就生活在这个世界的深不可测的大黑洞里，自己的眼睛里早就是没有瞳仁的了。

梭罗甚至说，世界有没有邮局都无所谓。当然，这种夸张的说法并不代表梭罗具有反文明倾向——他随之而来的解释却是值得回味的："我想，只有很少的重要消息是需要邮递的。我的一生之中，确切地说，至多只收到过一两封信是值得花费那邮资的。"而且，"我从来没有从报纸上读到什么值得纪念的新闻。如果我们读到某某人被抢了，或被谋杀或者死于非命了，或者一幢房子被烧了，或一只船沉了，或一只轮船炸了，或一条母牛在西部铁路上给撞死了，或一只疯狗死了，或冬天有了一大群蚱蜢——我们不用再读别的了，有这么一条新闻就够了。如果你掌握了原则，何必去关心那亿万的例证及其应用呢？"在梭罗看来，生活中新闻不是最重要的东西，最重要的东西相反是那些"永不衰老的事件"——就像林中漫步、晒太阳之于人的健康一样意义久远。

为什么要席不暇暖、马不停蹄地换房子？为什么不断抱怨自家液晶电视不如墙壁宽？若干年前，当我初次走进一些法国朋友的家里时,曾经感慨他们的电视机为什么那么小。关于这一点,相信看过电影《天使爱美丽》的中国观众都有印象。后来我才知道,其实这跟欧洲人比较珍视"第六种自由"有关。他们当中许多人不仅抵制无用的信息与广告对公共领域与私人生活的侵蚀,而且时刻想着关闭电视和电脑,将自己放到海滩和阳台上,过和大自然一样自然的生活。

马尔库塞在《单向度的人》里表示单向度的工业社会具有"极权化"倾向。当人们使用着相同的网络,阅读着相同的头条,因为相同的信息垃圾而消化不良,信息社会同样造就了无数"单向度的思想"与"标准化的人"。确切地说,不是"标准化的人",而是"标准化的阅读器"。

过多的信息摄入或者过度的信息依赖让我的人生不自由。不是么?打开几个网页,关掉,一天过去了。打开无数个网页,关掉,一辈子过去了。十五年来,我把一生中最宝贵的光阴都花在互联网上,花在了许多与我的人生并无关系的奇闻轶事上。事实上,从我意识到我要守住自己的"第六种自由"时开始,我便想着做这样一个"非常艰难的决定"了:若非必要,以后一定少上网。我热爱生活,并且喜欢安静,我更想坐在阳台上读几本书,懒洋洋地过一上午,而不是坐在电脑前,与世界抱成一团。

为什么自由先于平等？

2006年10月26日，希拉克在北京大学演讲时提到，转型期的中国应该吸收一些法国信念，认为有一些法国的信念能够帮助中国继续思考，而这些信念，就是法国启蒙时期的理想和法国大革命的启蒙价值，它们将为中国走向民主和人权带来启迪。

至于这些以理想与启蒙价值为旗的"法兰西信念"到底包含了什么，希拉克并没有细说。但他相信，中国能否取得历史性的进步，在很大程度上更取决于中国能否加强人权，加强自由、民主，承诺批准《公民权利和政治权利公约》。

众所周知，法国启蒙运动上承文艺复兴，下接法国大革命，为欧洲和世界思想史留下光辉一页。我以为，所谓"启蒙时代的理想"，主要源于人类相信自己可以通过知识（理性）改变命运的一种信念。既然它是人类理性对上帝神性的一种超越，启蒙运动因此也被视为一场以理性和科学为犁的思想解放运动。不幸的是，当犁铧化为刀剑，思想共和国让位于刀剑共和国，人类的理性最终上升为神性，人类以为自己可以主宰一切，控制一切，直至跌入了我所说的"在光明中失明"的困境与谵妄。

二十世纪的诸多政治灾难，与这种单向的"强制式启蒙"不无关系。正因为此，那种以自己所获得的知识为唯一真理的启蒙不断被人们抛弃，代之以自由交流，而启蒙就是自由交流。如卡尔·波普尔所说，谁也不是真理的绝对拥有者，我们只能通过知识寻求解放，而知识只是无限接近真理，但不是真理本身。

"一朝被蛇咬，十年怕井绳"，与启蒙运动泥沙俱下的"真理病"，同时给世界留下一个后遗症——许多人开始否定启蒙的价值。这种否定显然用错了方向。我们不能因为某人长期霸占了教室里的麦克风，便因此断定教育对人类是没有意义的无用功。从某种意义上说，和遭遇暴力劫持的教育一样，启蒙同样是受害者。启蒙没有结束，永远在路上，真正需要改变的是我们关乎启蒙的态度。

人类仍有梦想，那些乌托邦式的建设不可以全然否定。当有些学者将欧盟描绘成"最后的乌托邦"时，我更倾向于认为这是一种全新的乌托邦，是一种告别了暴力的乌托邦。这种以民意、民权为前提的联盟，比起拿破仑跨越阿尔卑斯山式的征服，更是一场意味深长的告别。从这方面说，今日中国社会，若想拥有一个众望所归的美好前程，同样需要告别真理病与强制，走向全社会的自由交流与相互启蒙，走向以自由为始终的合作。

那么，什么是法国大革命带来的启蒙价值？它首先关乎《人权宣言》以及作为法兰西共和国立国之基的"自由、平等、博爱"等精神。值得注意的是，此三元价值不只是动人的口号，也不只是简单的并列，更有逻辑上的传承与递进。它是一个有序的价值链——有自由方有平等,有平等乃有博爱。

要言之,对于任何国家来说,如果民众不是普遍自由的,那么任何关乎社会平等的许诺与展望,都将是不可能的任务。试想,当一个人被另一个人绑架,两者之间就不可能有什么真正的平等。同样的道理,存在于同一群人质之间的所谓平等,天下所有奴才都能平起平坐的平等,都不是人类意义上的真正的平等,充其量那只是一群平等的奴隶。

人生而平等,多么美妙动听!然而,事情的真相是人生而不平等。且不说人的身体素质有健康有残疾,年龄各有不同,即使两个智商相同的孩子,也可能因为他们的父母智商与收入之不同而进入一种新的不平等状态。

我们不必为承认人类与生俱来的这种不平等而感到羞愧,不平等是人的境遇和条件。但是,我们却可以拥有自由。人类之伟大及人类文明之意义就在于,它试图建立一个美好的制度,以此保障每个人生而自由。只有自由,才能体现人的创造,才能获得人的高贵,才能恢复人的尊严,并且最大可能使社会趋于平等。进一步说,自由是一切价值的出发点,而平等则是个人或社会不断实现的过程,其目的仍是捍卫自由。

相较而言,我相信的是人生而自由。自由具有先验性,是基本人权,而平等反而是后天商量出来的权利,即公民权。没有对自由的强调,平等可能沦为一种暴力。所以托克维尔说:"在思想上我倾向民主制度……自由、法制、尊重权利,对这些我极端热爱——但我并不热爱民主。……我无比崇尚的是自由,这便是真相。"这里的不热爱,是因为托克维尔看到了"多数人的暴政"。

所谓天赋人权，实际是一种自由的权利，是国家、君主、他人存在之前就应该具有的权利。至于平等，则只能通过后天的不断争取。简单说就是"天赋自由，人赋平等"，"天赋人权，人赋公民权（包括平等的权利）"。在人生而不平等的社会中，强调自由优先于平等，同样是我们竭力建设开放社会的原因。在一个开放的社会里，每个人起点可能不一样，但是只要人是自由的，他就可以通过自己的努力不断获取更多的权利而走向平等。从另一方面说，自由先于平等，也是一个社会保持其创造力的基础所在，正是不断的创造使人类在平等与不平等之间完成文明之上升。

在此基础上，就不难理解为什么博爱当以平等为前提——谁能想象在一个"人对人是狼"的社会里人们会有"同类相怜"的伟大情怀？

所以，在我看来，论及法国大革命所带来的启蒙价值，实际上包括以下三层含义：首先是个体上的自由（人权），然后是群体中的平等（民主或公民权），惟其如此，才可能有博爱（人获取某种神性）。这也是我之所以认为今日中国，自由比民主还更重要的原因所在。由一群平等的奴隶选出一个奴隶主的政治，那不是民主政治。

救故乡，救公共精神

2009年2月，青年王帅在网上发了篇批评家乡河南灵宝县政府非法征地的帖子，竟被当地警方跨省追捕，将远在上海工作的他"捉拿归案"。在拘留八天后，由于王帅的家人同意当地政府的要求，砍掉了自家土地上的果树，警方才对王帅作了取保候审处理，但仍要求他保持沉默，并且每两个月写一篇"对发帖行为的思想认识"给警方。

余下的发展似乎顺理成章。在接受媒体采访时，王帅表示此事给了他"深刻的教训"，并声称以后再也不敢"多管闲事"了。恍然大悟的悲观表白，难免让人伤感——又一个有公共精神的人倒下了么？事实上，许多具有公共精神的人便是这样，因为不堪承受现实巨大而荒谬的挫折，从此在心底默默唱起"我们是犬儒主义接班人"的。

从记者调查来看，王帅不过是借助网络表达自己对家乡公共事务的关心。然而，从人类趋利避害的本性来说，这突如其来而且差点让他丢掉工作的牢狱之灾的确足以教他"学乖"。而从整体上看，有目共睹的是，今日中国社会还没有逃出林语堂当年的判断：二十五岁到三十岁是一个有公共精神的人渐渐学乖的过程。而这一年，王帅只是二十四岁。当人们觉得自己吃不起亏，就只好"国事管他娘"（林语堂）了。更何况，一个人出于某种考虑，甘心忍辱负重、唾面自干也是一种权利。关于这一点，着实无须指责。任何人都不能鼓励别人为一个好社会多做牺牲。

真正重视权利的人，不会小看这样一次跨省逮捕，因为在他们眼里，对无辜公民的每一次逮捕都惊天动地。如诺贝尔文学奖得主索尔仁尼琴在《古拉格群岛》一书中所写道："宇宙中有多少生物，就有多少中心。我们每个人都是宇宙的中心，因此当一个沙哑的声音向你说'你被捕了'，这个时候，天地就崩溃了。"在此意义上，当王帅在网上表达自己对家乡政府的意见，当警察不远千里过来说"代表故乡，你被捕了"的时候，天地同样崩溃了——因为从那一刻开始，每一个正直的公民都已置身于可能被捕的危险之中。

事实上，即使是二十一世纪的今天，类似"文字狱"并不少见。人们厌倦讨论"诽谤罪"是否成立了，公众对事件的前因后果早已心知肚明。而此次王帅被抓捕，不仅让大家看到他的言论自由没有保障，更让大家看到了乡土中国的法治之艰与维权之难。"何世无奇才，遗之在草泽"，乡下人的公共精神并非从来没有，而是被一点点磨灭了。在乡下，虽然偶尔也会有人谈论权力的腐败，但总是孤木难支，以至于公共精神就像是夏天的萤火虫一样，只会在燥热的夜晚悄悄然闪点光，一到白天就都没影了。正是公共精神的缺席，导致中国乡村不断沦陷于权力与资本之合谋。

众所周知,由于各种关系牵连纠葛,批评本乡本土的权力本来就是件非常困难的事。与西丰警察进京抓记者不同的是,本土权力部门对冒犯者"知根知底",甚至可以将他们的父母变相押为人质,要挟他们的子女就范。而父母作为弱势一方,通常也会与当权者合流为一种劝降子女的力量,务求"多一事不如少一事"。就在前不久,我收到一位读者的来信,他向我讲述自己在家乡维权时的艰难:他返乡动员村民查村里不明不白的账,弄得他的父亲大为光火,觉得儿子在给他的生活添乱,因此要和他"断绝父子关系"。

谈到中国人为什么没有公共精神,早在一百多年前,法国传教士古伯察(1813—1860)留下了一段流传甚广的见闻:1851年,也就是道光皇帝驾崩的那年,古伯察和几个朋友在一家小酒馆里碰到几个中国人,于是便想着和他们一边喝茶,一边讨论道光之死以及继承人问题,古伯察以为这件重要的事情肯定会让中国人感兴趣的。然而这些中国人根本不听他们的谈话。就在几名外国人对这种冷漠"感到恼火"时,一个有点身份的中国人从椅子上站了起来,像个家长似的把双手放在他们肩上,不无讽刺地笑着说:"听着,朋友!干吗要费力做那些无聊的推测呢?这事归大臣管,他们拿着俸禄。让他们去拿俸禄吧。别让咱们白操那份心。咱们瞎琢磨政治,岂不是傻瓜!"

言下之意,国家不给我好处,我何苦为国家操心?应该说,这些具有报复性质的话语所体现的更多是臣民对君主在心理上的抛弃,是一种日常的反抗,并非完全没有道理。然而,即便它是对的,任何一个还有点公共精神的人也并不否定:关心社会前程与国家命运,其实也是在关心每个人自己的具体的前程与命运。

　　故乡不自由。救救故乡，救救公共精神。还是让我们感谢互联网吧。尽管国外有学者，如理查德·桑内特（Richard Sennett），认为互联网技术正在消灭公共生活，像章鱼一样将本可以走向广场的人们绑定在书桌之前，让他们"看到更多，交往更少"。然而，不得不承认的是，互联网为转型期的中国支撑起最活跃的公共空间，为中国民众找到了独特的批评方式。网上针对王帅因言获罪而掀起的反对声浪，亦足以见证近年来中国人公共精神之成长。而这一切，或可让失意的王帅重拾信心，亦心有慰藉。

从魏珍怎样到郝思嘉？

2005年底，许多中国媒体热议给尤国英"提前送终"的事。10月27日，只住了三天医院，在浙江台州打工的川籍妇女尤国英因为无钱支付医疗费，被家里人直接送进了殡仪馆。有关记者调查表明，这个可怜的女人当时是在还有救治希望的情形下，被家中至亲送往火葬场的。所幸，那一角寿衣没有掩住她眼角的泪水，这桩荒唐事终于被殡仪馆善良的工作人员发现，尤国英才得以火口余生。

毫无疑问，针对这起涉及家庭伦理与社会责任的事件，我们首要谴责的是今日社会保障体系的孱弱和社会救济途径的单一性。既有批评也都流露这种倾向。但是，如果我们停留于责备社会，而忽略当事人在该事件中所起的消极作用，显然这种反思也是不全面，甚至也是不够客观的。即使我们承认，人性的异化源于人们对社会的某种绝望，但它并不足以让我们在进行批评时对弱者网开一面，让同情的泪水遮蔽对人性的责难。毕竟，生活中千变万化的苦难，在我们诉诸社会解决之前，关键还在于个体如何去担当与化解。正是因为这个原因，在人们热衷于讨论社会之恶时,我宁愿多花点心思去关心尤国英二十三岁的女儿魏珍的行为与思想。

有媒体报道说,魏珍是通盘考虑到实在没钱支付母亲的医药费后才决定将她送到火葬场的。理由是在家等死和在火葬场等死都是一样的等死。我承认,在我的家乡有许多人便是这样在床上等死的。

然而,在我读到这个"活人送到火葬场"的悲剧故事时,内心的震撼早已超越了怜悯。唾面自干的魏珍让我情不自禁地想起另一名女性——美国经典影片《乱世佳人》里的主人公郝思嘉。

《乱世佳人》是一部关乎人与土地的杰出电影,也是一部关乎苦难与担当的电影。在时代的不幸面前,郝思嘉因为心怀担当之信念变得强大无比。她曾经自私褊狭,在人情世故面前时常表现得弱不禁风,但是,在她被社会以及心爱的白瑞德一次次"抛弃"时,她也因此重获新生。

影片中最令人震惊的场面莫过于郝思嘉亲自驾着马车穿越连绵战火的河流,历经困苦周折回到了自己的陶乐庄园。看到荒废的田野和几近一无所有的家园,郝思嘉没有自暴自弃、悲观沉沦,她站在旷野里,所能想到的最重要的事,就是握紧拳头,肩负起整个家族的命运。

于是便有了下面这个经典的镜头:郝思嘉从地里爬起来,手握泥土对天发誓:"上帝啊,你为我见证,做我的见证人!他们不会击败我,我一定要撑住这个家。而且,等一切都过去之后,我决不再挨饿,我的家里人也决不再挨饿!即使我在说谎、偷东西、欺骗、杀人……上帝啊,你是我的见证人,我决不要挨饿!"

写作此文,我无意教唆他人去犯罪。虽然在这段独白里有不少是身处乱世之中的激烈词语,有些行为或主张早已不见容于今日法治社会。但是,重要的是,透过郝思嘉这些斩钉截铁的誓言,我看到的是:在万丈霞光之下,红土之上,昔日那个游手好闲、颐指气使、被男生们追逐的富家小姐不见了,取而代之的是一个决不向命运屈服的新女性,一个在厄运面前既不抛弃自己,也决不抛弃家人的坚强的女性。

同样值得挖掘的是,除了不向命运屈服,郝思嘉还有一种近乎高贵的品性,即对明天永怀热忱与希望。影片行至结尾处,郝思嘉深爱着的白瑞德再次离她而去。趴在台阶上,她千头万绪,只觉得世间万事皆空。突然间她想起了父亲的话:"你爱陶乐庄园的泥土将胜过一切,只有明天与土地同在。"那一刻,郝思嘉喃语远眺:"家……我要回家!我会想办法挽回他的,毕竟明天是另一个崭新的日子!"

人世间的屈辱,要在人世间声张;人世间的幸福,要在人世间求取。或许,如此对比两个生活于不同时代、不同国度甚至区别存在于文学与现实的女子会让读者诸君觉得突兀。然而,正如人们所说,"没有绝望的处境,只有绝望的人"。我因此主张,当一个人被一个时代、社会,或被周遭的人抛弃时,他(她)仍然应该具有一种蓬勃向上的精神。人生而多艰,当我们被社会抛弃时,必须坚守不被自己第二次抛弃的底线,那是我们所有力量与希望的源泉。

可以肯定的是,社会是人的集合。我们对社会进行批评,归根到底是对人的批评;中国社会的兴衰荣辱,本质上说决定于作为个体的中国人的兴衰荣辱。正是在此基础上，所谓个人奋斗或一代人的奋斗，才被赋予意义，而中国之真正崛起，也因此决定于个人自救力量的崛起——面对困难与挫折，人人意气风发、生龙活虎，既无懈于自我奋斗，同时又敢于向社会表达自己的不幸与遭际。

换句话说，只有个体强大，奋发有为，中国社会才会真正强大，社会救济或公民互救才会更见成效。我们由此相信，从魏珍怎样到郝思嘉，暗合了一个国家自新自强的命运与征程。

每个村庄都是一座圆明园

小时候上历史课,读到圆明园一节时,听到有那么多的国宝被英法联军抢走,流落海外,难免和大人们一样有一种羞耻感。不过,对于一个乡下孩子来说,这种羞耻感,必须配合大量想象才能完成。毕竟,你从来没有见到过那些珍宝,更不知其价值几何。只是朦朦胧胧觉得世界不应该是这样的弱肉强食。正如你放了几年的牛,不能被人说牵走就牵走。人不能被人欺负至此。

及至年长,多读了些书,有了些阅历,明白了些因果与事理,这种羞耻感便开始兵分两路:一路继续问罪强权,谁有枪也不能耍流氓;另一路则开始问责这个民族——几千年的文明,何以虚弱至此?而且,后一羞耻感更为关键。如马戛尔尼当年到中国之发现:传说中的"中央帝国",不过是一个傲慢的皇帝带着一群势利的臣子,故步自封,守着一个"伟大的废墟"而已。而圆明园,在几十年后真的被一群外来流氓化为废墟了。

我们无法回到真实的历史场景之中,有关历史的叙事也只可能是对历史的断章取义,仅取一瓢饮。而在通常情况下,这一瓢也是"宏大叙事"的一瓢。所以在中国你会看到,绝大多数历史书都不忘将"火烧圆明园"视为国耻,却很少有人取样民宅,具体描述某家人被侵入、被抢劫、被损毁的过程,更不会为被毁的民宅设立一个废墟纪念馆。它们只属于一堆数字,它们的意义仅在于注释这个国家当年如何破碎,而非重申民众的住宅权利,需要在现在和将来得到彻底保护。

火烧圆明园在后来上升为国耻之象征,同样暗含了"废墟伟大化"的过程。一件普通的文物,因为曾经在圆明园中停留,在今天的拍卖会上价值连城,实在是拜"伤疤经济学"之所赐。有爱国者甚至提议国家应该动用财力收复圆明园流失的文物。对此只适于陈列的"瓷器爱国主义"(Porcelain Patriotism),我是很不以为然的。

就耻辱感而言,在一百多年前的"家天下"模式下,最该为圆明园被烧感到羞耻的当是清廷王族,而非那些一辈子也没有机会踏进皇家园林的黎民百姓。对于后者而言,最真实也最具体的耻辱是,他们祖祖辈辈交不尽的皇粮国税,多被用于圆明园等皇族休闲娱乐事业或者用于统治人民、建造监狱,而不是保护他们的权利,是皇家的马戏,挤占了庶民的面包。

在此意义上,我认为保留圆明园废墟的价值应该在于对公平正义的呼唤,而不在于铭记耻辱。只是把圆明园当作耻辱来记忆的国家是没有前途的,因为这既不能明辨过去,也不能担当未来。同样,如果以收购流失文物来"洗刷国耻",更未免天真。毕竟,过去不会因为这种"瓷器爱国主义"而发生任何改变。

我在佩雷菲特的《停滞的帝国:两个世界的撞击》一书中读到这样一个细节,当年英国的马戛尔尼、斯当东使团初访中国时的一个印象是："所有高大的建筑都是公家所有，或者里面住的全是高级官员。继承祖辈巨额遗产而又没有一官半职的人都只能偷偷享用其财富。"在此意义上，如此动用国力民财"洗刷国耻"，无异于又要回到修复"高大的建筑"的老路上去。回想历史的前因后果，有爱国心者若真要"洗刷国耻"，与其花几亿元从国外买回一件"伤疤文物"，不如将这些钱投放于社会建设，为保卫每一个国民的具体权益而战。

英法两国曾经打过百年战争，冲进圆明园时却是手挽着手，连个"拆"字都没有写，便将圆明园毁了个精光。雨果笔下的这两个强盗不复在今日中国存在，然而体现弱肉强食的暴力，并没有在这片土地上消失。消失的反倒是一些城里的老建筑以及有着悠久历史的村庄。在欧洲，许多人仍住在几百年的民宅里，而在中国城市已经很少能看到有几十年历史的房屋。在变化缓慢的乡村，过去由几代人盖起的大宅子，不是毁于战火，便是毁于建设。匪夷所思的是，始于1991年的《城市房屋拆迁管理条例》，竟然会有"诉讼期间不停止拆迁的执行"的荒唐规定。

2010年10月的一则新闻：在广西北海市，数以百计的武警、公安等政府人员将仍有七十多户拒迁村民的白虎头村封锁控制起来，准备强拆。村民则闭门不出防止被抓，有些还准备汽油弹以备自卫。此前，由村民直选的村委会主任许坤被当地公安机关以非法经营罪逮捕。而据《南方都市报》报道，许坤之所以身陷囹圄，更大可能是他带领白虎村村民抗拒强拆，为寻求声援，他成了网民眼里"发帖最多的村委会主任"。在有关当局看来，抓了许坤，拆迁的障碍也就扫除了。

这样的新闻让人叹息。从历史到现实，这个国家真是挫折无穷，刚刚开始的一点建设，总是被一些暴力中断。远说有宋朝，近说有民国。即使没有外敌入侵，内部也会流行"只许我建设，不许你建设"的暴力逻辑。而暴力拆迁最可怕的是"我们在创造未来，而我们的创造没有未来"。许多地方为了所谓的发展，现在又搞出了将人"逼进城，打上楼"的征地运动。

走进中国屈指可数的几个古村落，流连其中，你知道这个国家已经失去了多少宝贵的东西。只要你不以拍卖会上的价格以及国家主义来称量世间万物的意义，同样不难发现，每个村庄的价值就是一座圆明园，甚至高于圆明园。

在此仅从经济与情感来看——这也是农民抵抗暴力拆迁、征地的两个主要理由：论经济，对于一个农民而言，圆明园再有价值也可能是一文不值，甚至是一个负数，因为圆明园里有农民的血汗钱，而他们却从来没有得到过一点好处。相反日夜与之相伴的土地与房屋，却是他们安身立命的根本。论情感，一个人热爱生养自己的家园与土地，不在于它是否富饶，不在于你有多大成就，而在于你在那里度过了流金岁月，你还可能回来，因为那是安顿灵魂的所在。

试想，即使像华盛顿那样能够带领美国人赢得独立战争的开国英雄，如果晚年回不到故乡的葡萄架下，将会是何等惆怅？

杀鸡儆猴，猴为什么鼓掌？

2006年，上海市公安局派出便衣交通协管员抓拍并曝光行人违法乱穿马路的照片，引起媒体热议。对于这种以"示众"方式纠正乱穿马路的陋习，有人相信"打到了文明陋习的软肋"，因为中国人多要"面子"，曝光示众会比单纯罚款更具威慑力。

此后不久深圳福田警方分别在上沙下沙、沙嘴召开两场公开处理大会，一百多名皮条客、妈咪、流莺（站街招嫖女）、嫖客等涉黄人员被处理。据说，公处大会吸引了千余名当地群众前来观看，当警方宣布处罚决定时，"现场不时响起掌声"。

尽管许多有识之士不懈地呼吁尊重违法者的人权，但是这种伴随着"示众＋鼓掌"式的野蛮执法，却时有发生。2005年，漯河市政法机关在漯河人民会堂广场举行了声势浩大的打击刑事犯罪定点揭露大会，会后，众多犯罪嫌疑人被押解着在市区"定点巡游"，同样引来数万市民的掌声。鼓掌者的理由是："这种形式不仅能够震慑犯罪，更能大长咱老百姓的志气，增添与违法犯罪行为作斗争的信心。"

然而,"万人鼓掌"是否能为游街示众提供合法性?是否同样意味着托克维尔意义上的一种隐秘的"多数人的暴政"?是否意味着鼓掌者在公民权利上自戕?

虽然我们不能就此论定鼓掌侵权,毕竟,在这里鼓掌本身也是一种公共表达。显而易见的是,这种毫无权利底线的喝彩在心理上为"示众式执法"搭建了一个广阔的舞台。

不可否认,这种召集无数看客参与的"示众式执法"与古代"广场行刑"有着某种相似之处。然而,具体到对违法者个体权利的保护,我们需要的不是公众对游街示众"鼓掌",而是对以侵犯他者权利为代价、借此达到宣扬政绩或异化民众目的的行为进行必要的谴责。

从某种意义上说,通过执法进行"秩序宣讲",是以法律的名义开始,以道德的名义结束。然而,表现在鼓掌围观者面前的所谓"道德正确"并不能代替"法律正确"。

凡略有权利意识的人都会知道,这种"示众式执法"尽管赢取围观者的掌声,却是在公然侵犯被执法者的肖像权、隐私权与人格尊严。而肖像权作为一种具体的人格权,具有专有性,每个公民对其肖像的占有、使用和处分权,都只能归公民自己所有。若非得到公民本人的同意,任何个人或组织都不得对公民肖像进行非法复制、传播与展览,否则就构成侵权。

越是野蛮时代的人,越是认同"游街示众"。回顾历史,我们不难发现,"示众式执法"在人类蒙昧时代早已生根发芽,并随着人类走向更高的文明而渐渐被抛弃。显然,在一个国家走向文明政治之前,这种"示众式执法"主要体现在焚烧异教徒或对不合社会规范者公开行刑与批斗。在此情形下,所谓"政务公开"不过是"残忍公开","教育暴力化"的公开。

生命是人类文明的基础,每个人都应该对生命尽职尽责。无疑,今日中国正在走向法治文明,许多人关于权利的观念有了天翻地覆的变化。令人忧虑的是,这种"示众式执法"仍然时见于我们的日常生活。而"示众式执法"的过程,既使一个公民公然蒙羞,同样令一个正在成长中的公民社会蒙羞。

这个展示权力威严的广场,同样为我们展示了"杀鸡儆猴"的统治密码。执法者居高临下,透过"游街示众"以显达自己的权威,同时通过对"鸡"的"公开处理"达到教育和训诫民众的目的。与此同时,围观的"猴子"则更一厢情愿地相信社会的不健康因素在这种"罪有应得"的过程中被清除或者隔离。

假如我们细心,亦不难发现,在鸡被"示众式执法"的过程中,所谓"被执法者"实际上还应该包括那些围观的"猴子"。作为"示众式执法"的另一端,执法者认定他们是一群需要被权力教化的人,进一步说,台上低头与台下昂首者都是执法对象。所以说,"示众式执法"不仅是体现了执法者独步天下的决心与权威,同样是在以一种莫须有的态度对公众进行了某种"有罪推定"——既非同类,若有违犯,同此下场。问题在于,既然这种侵犯人权的秩序宣示有若"杀鸡儆猴",猴为什么鼓掌?

"网瘾"是如何被发明出来的?

是正在享受自由,还是已罹患疾病,不同的人有不同的理解。不出所料,有关网瘾诊治的标准终于要出台了。专家说每周上网 40 小时以上即可认为是网瘾。和许多人一样,我"被网瘾"了,早在 2009 年,玩网络游戏成瘾被正式纳入精神病诊断范畴。

上网十几年,我也时常想过"信息斋戒"的日子。记得刚上网时,我也算是网民自嘲的半夜上厕所都要检查 E-mail 的人,然而我并不认为这是一种需要医治的病。对于一种新科技,尤其是彻底改变了人们工作、生活与交流方式的传播工具以及随之而来的全新文化体验,人们充满喜悦与好奇,甚至有迷恋之情,本在情理之中。我至今未忘幼年时得到第一支铅笔时的喜悦。我终日握着它,显然不是因为我有拿铅笔的瘾,实则是因为我喜爱而且需要它。

很多人迷恋网络,也是因为需要。事实上,我并不认为网络是最理想的所在。如博尔赫斯所说:"天堂就应该是图书馆的模样。"如果能有那样一个图书馆,又有一群智性的朋友可以交流，我倒是可以不用互联网而终日泡在图书馆里的。而且我敢说，无论是在上网还是泡在图书馆里，对我而言都只是一种文化上的沉浸与享受，而非病理上的成瘾。更重要的是，怎样打发自己的时间，完全是个人自由。

写下《美丽新世界》的赫胥黎曾经感慨："医学已经进步到不再有人健康了。"我想原因不外乎两个：一是科技越来越发达；二是越来越多的人以"发明疾病"为业。这不是说所有的医生都在玩弄病人，操控疾病，但无论你是否愿意承认，地球上的确存在着无数"疾病发明家"，他们将医院变成卖场，将医药当作唯利是图而非治病救人的工具，企图实现"地球人都病了"之宏伟目标。人一天天衰老，或因为某种劳累，出现某种不适，本是最自然的事情，然而在"疾病发明家"那里，衰老也是一种病。

当然，发明疾病并非目的，更重要的是推销被发明的偏方。至于效果如何，就全靠广告里异想天开的演示图片或者视频了。今天，影像的发达使传统的医疗试验开始让位于图像处理。

与此相关的是，这一新兴疾病已经带动网瘾治疗产业的异军突起。有消息说，中国的网瘾青少年已经增加到一千三百多万，戒除网瘾已经悄然成为了一项拥有三百多家机构，规模达数十亿元的产业。最让我吃惊的是，有些地方甚至连电击成瘾青少年这样的"矫治集中营"都已经出现。看来我真是有些异想天开了，我原以为这些荒诞行为通过《发条橙》那部电影已经终结了。可怜的是那些孩子，如果没有这些自以为是的心理医生，世界会美好得多。

"每周四十小时！"这个标准不由得让我想起法国作家于

勒·罗曼的一出戏剧。1923年，罗曼创作了三幕剧《柯诺克或医学的胜利》，首演大受欢迎。通常我们会说医生是为人们祛除疾病的，但在罗曼的这出戏剧里，主人公柯诺克却成了去除人们健康的鼻祖。柯诺克是二十世纪初的一名法国医生，他创造了一个只有病患的世界："健康的人都是病人，只是自己还不知道而已。"（多像现在心理医生的话！）柯诺克到一个叫圣莫希斯的乡村行医。当地居民个个身强体壮，根本不必看医生，原来的老医生虽穷困潦倒却也怡然自得。柯诺克来了后，首先要做的就是设法吸引这些活蹦乱跳的居民来诊所。为此，他拉拢村里的老师办几场演讲，向村民夸大微生物的危险；接着又买通村里走报消息的鼓手，公告民众新医生要帮大家免费义诊，以防堵各种疾病大幅传播。

村子里的平静被打破了。当村民们知道自己生活在巨大的危险之中，正遭受各种疾病入侵时，候诊室很快被挤得水泄不通。就这样，无病无痛的村民被柯诺克诊断出大病大症，并被再三叮嘱务必定期回诊，许多人从此卧病在床。根据医嘱，每晚十点都要量一次体温。接下来的情形大家可想而知，整个村子简直成了一间大医院，原本健康的人束手就擒，躺在病床上喝开水，而医生柯诺克、药店老板以及附近开餐馆的都成了有钱人。

柯诺克成了"白衣里的黑心人"的代表人物。然而，这样的故事对于生活在今日的人们并不陌生。搞演讲的老师、被买通的鼓手、别有用心的免费义诊，我们都能在现实生活中找到对应人物。

想想今日大众媒体更是让你欢喜让你忧。欢喜的是，不通过它们你不知道世界原来这么多灾多难啊，这儿火车出轨，那儿火山爆发，相比之下你过得真是幸福安宁；忧愁的是，医药方、媒体与各色代言人合谋，散布虚假与夸大其词的医疗广告，甚至不忘制造恐怖气氛，比如你睡觉打个鼾都可能一命呜呼……就这样害得原本腰缠不多的老百姓人人自危，惶惶不可终日，想不病都难。

补充一下，上面的故事我是在一本名为《发明疾病的人——现代医疗产业如何卖掉我们的健康？》的书里偶然读到的，作者尤格·布雷希是德国《明镜周刊》的医药记者。和他一样，我并不反对医药带来的文明，但反对生命医疗化。至于那些发明"网瘾"的人，还请读读布雷希写在书里的一段话："再造医病互信，每位医生都能贡献一己之力，其实很简单，只需牢记一条医事美德：'别打扰健康的人。'"

二等于多少？

上过我课的学生都会有印象，我的课堂既不提供统一的教材，也不提供标准答案。没有教材，是因为如果学生可以通过教材获取这堂课的知识，我就没有必要站在讲台上既浪费他们的时间，也浪费我自己的时间。毕竟，我还年轻，生命长远，还有更有意义的事在等着我。像我这样有着"不创造，毋宁死"情结的人，怎么可能站在一群渴望求知的学生面前照本宣科？

而且，从我个人的经验出发，我相信大学生已经具有良好的自学能力。而所谓教材，不过是一种辅助性的材料，如果有现成的，学生课下看看即可，不必在课堂上被它牵着鼻子走。做这样的"牛人"，有什么意思呢？更尴尬的是，当我照搬教材，而学生早已预习了教材后面的内容，那他们就成了躲在前面的伏兵了——"嘿，老师，学生在此候你多时。你要讲的我都看了。"这样的生活，没劲透顶。

至于标准答案，更不是我所需要。这和我的真理观念有关。既然我承认自己只能无限接近真理，而不是拥有真理，为何不让自己的课堂更具有开放性？所以，通常情况下我会预设一个议题，和学生一起探讨，努力激发他们的思维，并且强调课堂上所获得的一些答案，既不是标准答案，也不是最后的答案。

我甚至不希望他们多花时间做笔记，如果学生在课上只是忙着做笔记，只能说明他是在做体力劳动，而不是脑力劳动。如果一个学生在听我课的时候，能够就我所提到的某个问题思考到走神，又有什么不好呢？

进一步说，我的课堂永远是思维多于记忆，开放多于封闭。我会为一个概念、一部电影和学生讨论几个小时。概念如"奖励与控制""影像与真实""全景监狱"，电影如《美丽人生》《卢旺达饭店》《天堂五分钟》《肖申克的救赎》《放牛班的春天》《窃听风暴》《浪潮》，等等。由于有很好的互动效果，又受到了我的启发，到下课时，学生们还会为我献上满堂的掌声。对于一个老师来说，还有比这更让他欣慰的事情吗？

说标准答案完全摧毁了中国教育，这话未免言过其实。不过，在很多时候你又不得不承认，标准答案是个不折不扣的祸患。在那里，不仅有对知识的乔装改扮、故作威严，更有对人性的无穷摧折，对光阴的无情浪费。死记硬背的学问，本来就是记忆之学对思维之学的侵袭，更别说那些要求别人写读后感的主观题，竟然也有标准答案。就在几年前，甚至还有好事者琢磨出一个孔子标准像。可叹决定孔子长相的不是父母遗传的基因，而是两千多年后的"标准化"运动。

可怕的是，不容置疑的标准答案一旦被确立，"顺我者昌，逆我者亡"的机制立即被激活。所以，当被问及"雪融化了成什么"时，一个孩子答"春天"，结果被老师判定错，因为标准答案是"水"。这样的标准答案似乎还情有可原，但另一些标准答案注定只能当笑话听。比如,"一个春天的夜晚,一个久别家乡的人,望着皎洁的月光不禁思念起了故乡,于是吟起了一首诗。这首诗是什么?"一个学生答:"举头望明月,低头思故乡。"结果同样被判卷老师打了个叉,标准答案为"春风又绿江南岸,明月何时照我还"。

2009年2月出版的《南方周末》刊登了安徽一名在校高三学生的文章《我被中国教育逼疯了》。在文章结尾,作者用一种近乎控诉的口吻说:"我曾想过自杀,但我不甘心被中国教育折磨死。我恨父亲,但没有真正恨过,我更恨中国教育,是中国的教育让所有亲人只用分数衡量人。"

应该说,学校用分数衡量一个考生是否"达标"以及部分家长望子成龙时的苛严,在今日中国都不是什么新闻,更无所谓"震惊"。人们关心的是,在"万般皆下品,唯有分数高"的鞭打下,挤进大学的所谓成才之道,也完全可能异化为毁才之道。而我在这篇自述中所看到的真相是,一方面,这名学生在拿高分的重压下苦不堪言,以至于"想过自杀";另一方面,在他通向理想的关键时刻,来自家长与社会的过多干涉与单向度评价,又使他长期困顿于"被追杀"的亡命之途。

相信许多人或多或少都做过有关考试的噩梦,总是答不完卷子。这自是因为过去紧张的考试给我们留下了"记忆伤痕"。我这里谈到的"记忆伤痕",实际上有两种解释:一是心理上的创伤,比如考试太多,太紧张;二是方法上的,尤其对于文科生而言,迎合"标准答案"的考试所考察的更多是学生死记硬背的功夫,而非创造力,是记忆之技,而非思维之学。

谈到中国的应试教育,同样深有感悟的是我在中国和欧洲所接触到的两种考试的差别。实话实说，我在国内念大学时，成绩好坏多半决定于我在考前一晚是否强忍悲痛背诵答案；而当我在巴黎大学参加考试时，一门必修课只考一道论述题，而且连续笔试五个小时，写十几页纸。这才是我最需要的考试。二者的区别在于：前者只考我对标准答案是否有过"一夜情"，而后者所考察的则是我若干年来持续思考或者阅读了哪些东西，是我有着怎样的知识积累与思辨能力。

为什么学生的家长与老师不鼓励学生就着自己的兴趣与特长成长？为什么这名学生读自己喜欢的书、思考自己的问题被理解为"不务正业"？为什么许多人在学龄前便被要求参加各种培训班，而且一辈子都在忙着考这考那？传播学者感慨电视媒体大行其道已经使人类失去了童年，其实，那些畸形的、功利主义的教育，各种毫无价值的证书，不仅让人类失去了童年、少年、青年，甚至可能是一生。我常在想，生命是何其短暂，有考证的时间，有对标准答案的时间，何不多给自己一些时间去创造？

生活没有标准答案，考试不是生活的全部，更不是成才者的必由之路。一个人，即使在高考时做了状元，也并不意味着他一定比落榜的人优秀。"偏科"的韩寒当年没有考大学，而是按照自己的方式生活，几年来，他独立的个性、睿智的见解以及远在同龄人之上的担当与澄澈，让多少人赞叹。有人可能会说，韩寒天赋异禀。的确，韩寒与众不同。但在我看来，其最大的不同只在于，许多人只能看到有路牌的路，而韩寒却看到道路边上也是路。

2010年的一个夏日，我与陈志武先生在湖南卫视做节目，谈现在大学生一毕业就着急买房的问题。刚工作就忙着买房，在许多人看来算是标准答案了。为什么年纪轻轻就要买房？事实上，就个人而言，我最幸福的体验也不是三十岁以后在中国买了房，而是我当年把准备在北京买房的钱花在了在巴黎租房读书上。

生活没有标准答案。回首前尘往事，你走你的路，每个人都有自己的运算法则。一起长大的人，未必能一起上学；一起上学的人，未必都能考上大学；都读了大学的人，未必都能立即找到工作；没有立即找到工作的人，未必不能成就一番事业；没有成就一番事业的人，未必一生不幸福……同样是念了哈佛，梭罗毕业不找工作，借把斧头跑到瓦尔登湖畔搭了个木屋，过一种可以试验的生活，而盖茨索性中途辍学，不久就创办了微软公司。

我们的教育不能穷得只剩下标准答案了。一个社会要有共同的底线，所以有了法律和道德，但这并不意味着教育与思考应当唯标准答案马首是瞻。标准答案的背后，是考生的命运，是命题者的权威。当人人不得不向所有貌似客观公允的标准答案低头时，我们真正能够看到的，却是一盘盘"人为刀俎，我为鱼肉"的棋局。而这个被标准答案统治的世界，一个连过程都被标准化的世界，是一个已知的、在某种程度上而言甚至也是死去的世界，一个远离了创造和创造精神的世界。

《哈佛家训》里有一则让兔子游泳的寓言：小兔子是奔跑冠军，可是不会游泳。有人认为这是小兔子的弱点。于是，小兔子的父母和老师就强制它去学游泳。结果兔子耗了大半生的时间也没学会。兔子不仅很疑惑，而且非常痛苦，就差"想自杀"

了。然而谁都知道，兔子是为奔跑而生的，而不是像菲尔普斯一样做条一天到晚游泳的"鱼"。

作者由此感慨现代社会对人的教育的异化——看看我们的四周吧！大多数公司、学校、家庭以及各种机构，都遵循一条不成文的定律：让人们努力改正弱点。君不见，父母师长注意的是孩子成绩最差的一科，而不是最擅长的科目。几乎所有的人都在集中力量解决问题，而不是去发现优势。人人都有这样的想法，那就是只要能改正一个人的缺点，他就会变得更好。然而事实上，许多缺点都是微不足道的。在"完人"标准答案面前，没有哪个不是千疮百孔。

为什么一定要参加一些毫无意义的考试并且获得高分？既然没有谁会"全知全能"，为什么大学拒绝"偏科"的学生？当教育体系成为一套精细的矫正仪，当教育设计"像捕鼠器一样"完全针对人的弱点，而不是发现和激励一个人的优点与特长时，置身其中的人也就成了一头被教育机器不断纠正的猎物。最不幸的是，许多人并不自觉，在此漫长的"纠错"过程中渐渐失去了自我抉择的意志，渐渐磨灭了原本属于自己的才情，荒芜了斗志，辜负了创造。

仔细想来，中国的中小学甚至大学教育，大可以用一个简单的等式来概括，即"1+1=2"。演算由左而右，等号左边是权威，是宿命，是既定的一切；等号右边是唯一的僵死的答案，是一个封闭的世界。

面对如此情景，你难免悲从中来——为什么我从来没有做过这样一道开放的考题，即"2 = ?"。同样是运算，两者的开放性显然完全不同。前者答案只有一个，如果你答的不是2，而是3，就"格杀勿论"。至于后者，答案自是千变万化。你可以说"2 = 1+1"，也可以说"2 = 2×1"，甚至，你还可以别出心裁，说"2 = 20000/10000 + (250 – 250)"，只要你乐意，根据既有的常识，你可以DIY出你最愿意看到的答案。当然，你也可以说与后一种相仿的情形并非从未出现，然而荒诞乃至让人无法忍受的是，当出题者问你2等于多少时，你只能说2等于"1+1"，而不能说等于"0 + 2"。这样的标准答案，如上文中的"春风又绿江南岸，明月何时照我还"，所能制造的恐怕也都是些"标准血案"或"标准冤案"了。

好了，在这里我并不是要讨论数学，不是要讨论哥德巴赫猜想。读者不妨用其他词语代替这里的"2"。比如"正义""理想""幸福"等。我想说的是，在一个标准化的社会，它会抹去差异，填平沟壑，告诉你如何去做是符合正义，合乎理想。如果把运算的过程比作生活的过程，那么生活就只有一个目的，只有一个标准答案。按说，幸福与否是个很私人的问题，但是一个单向度的社会告诉你的却只有一个答案。在过去，变来变去其实答案都是一个，即政治正确，而不是自己结合自己的人性与经验去体悟"什么是幸福"。简单说，"1+1=2"式的教育，没有过程，其迷信的只是一个结果；而探寻"2 = ?"式的教育，却是焕发人的创造力的教育，是可以激发人们回归自身与探寻真理热忱的教育。

我曾经打过一个比方，上大学之前，你可能有一箱子的工具以解决问题，但是过度依赖标准化教育，最后工具箱里只剩下了一件工具。而且，它还可能因为过于陈旧，无法为你解决任何问题。这就像是你在学校配了一把钥匙，你拿着它去社会开锁。不幸的是，原来的那把锁没有了。所以我一直在强调，大学最紧要的不是给学生们分一把钥匙，而是给学生一套配钥匙的方法，即培养学生的思维能力，包括提出问题与解决问题的能力。

原谅我用一则悲剧为本文收尾。2009年11月26日，上海海事大学女研究生杨元元在宿舍的卫生间用两条系在一起的毛巾自杀身亡。而她生前的悲叹是："为什么知识不能改变命运？"可怜这个学生，至死都没有明白，其实她的绝望，她的不能改变命运，与知识何干？

"0魔"[*]

这篇文章我想聊聊"0魔",也就是阿拉伯数字里的"0"。有没有可能让"1=2"?为此,上课的时候我和学生们一起探讨了以下这段证明。

令:$x=1$,

因:$x=x$,

两边取平方:$x^2=x^2$,

两边同时减去x^2:$x^2-x^2=x^2-x^2$,

因式分解:$x(x-x)=(x+x)(x-x)$,

消去公因式$(x-x)$:$x=(x+x)$,

即$x=2x$,

因为$x=1$,所以最后得出$1=2$。

略通数学者立即检查出了该运算中的荒谬。当等式两边出现$(x-x)$也就是"0"值的时候,接下来的运算中与"0"相乘者已经不能全身而退了。因为凡是被"0"乘过的都将归"0"。

---

[*] 此文系本版新增。

也是这个原因，数学运算特别规定"0"不能作为除数出现。否则，根据乘除互逆关系，被除数就只能是"0"，而不会是其他任何数。

之所以称之为"0魔"，是因为我看到了"0"这个数字有着足够大的魔力。就像上文所展示的，稍不留心它便可能摧毁已经建立起来的逻辑体系。

"0"最早是一个东方的概念。据说刚传到西方时，尚未开化的西方对"0"是充满恐惧的。罗马数字里没有"0"。早在一千多年前，当罗马有学者在印度计数法中看到"0"这个符号时试图推而广之。下场却是他因此惹怒了罗马教廷，受了拶刑，几个手指被夹得都握不住笔。教廷的理由很简单，神圣的数是上帝创造的，而在罗马上帝创造的数里没有"0"，谁用"0"谁就是在亵渎上帝。

后来的事情广为人知，有"0"参战的阿拉伯数字军团所向披靡，不仅淘汰了罗马数字，还成为了通行世界的数字符号。

与"0魔"有关的另一件事是我看过的一个搞笑视频。某人心算神速，即便有若干多位数相乘，他都得心应手。镜头里计算者专心致志从左一直算到右，当最后一个乘数出现并且显示为"0"时，整个画风立即变得荒诞起来。无论前面有多少个多位数，算得多精准，只要后面有一个"0"作为乘数出现，大家都会明白最后答案为"0"。比如出现这样的等式：

$123 \times 234 \times 345 \times 456 \times 567 \times 678 \times 789 \times 8910 \times 91011 \times \cdots\cdots \times 0 = 0$

这一切像不像人生奋斗终于空梦一场？若是站在墓地上回望，无论你我掐着计算器或者钟表度过多么精准而繁忙的一生，最后都不过是应了《好了歌》里那句"终朝只恨聚无多，及到多时眼闭了"。

就算必须面对大"0魔",人总还是会或坚强或麻木地活下去。而人之所以并不畏惧生命尽头的那个大"0魔",或许还有一个重要原因,即在死亡来临之前我们早已身经百战,因为无数小"0魔"的洗礼贯穿了我们一生。从主观感受来说,我们都是自己生命中最后死去的那个人。很多人选择主动离开这个世界,恐怕多半也是因为他生命里重要的东西已消逝得差不多了。

只有死在凝结永恒,活着的都在变化。早在先秦时期,名家惠施便提出了"日方中方睨,物方生方死"的著名论断,所谓太阳刚升到正中就开始西斜,事物刚产生就趋于死亡。具体到人类自身,无论身体还是精神,各位又何尝不是每天都死一点点?我们每天都很忙啊,送往迎来,时刻都在参加自己的葬礼。生命中任何人、事物的离去,都可能是一个自我的消亡。

在人神交流的传说里,有些时候上帝会以"0魔"的形式存在,所以有了半途而废的通天塔以及随处可见的被烈火或洪水毁灭的城市。同样,"0"的发明既已为科学扫除了计算上的障碍,而将来科学会不会导致整个人类文明的清零,类似担心也并不完全是杞人忧天。回到日常生活,心理学所谓的"近因效应"(Recency effect))里也有"0魔"现身。所以我们看到,那些再好的亲情、友情和爱情,可能因为新近发生的某件不合心意的事或者并不重要的冲突一笔勾销。原因有很多,比如近因刺激强度更大、新我掌权等。可怕的是"0魔"乱舞,这种与死本能相关的否定性激情可能会萦绕我们的一生。

回顾我在上面谈到的两则数学运算:一个归于荒谬,一个归于虚无。当然，在人心的四则运算中"0魔"并不必然进入乘除。毕竟此外还有加减，其运算结果是"任何数加上'0'或减去'0'得任何数"。若将世界比作"0魔"，一个人能避乘除而就加减，也就做到了六祖惠能所说的"本来无一物，何处惹尘埃"。

有学者认为，"0"的概念之所以在印度产生并得以发展是因为印度宗教中有"空（无）"和"绝对无"的哲学思想。在我看来，这个周而复始的圆更像是暗藏了世界运行的秘密，"0"像车轮一样维持着这个世界的运转。如果没有死亡，又如何迎来新生？

相较无处不在的"0"，人的出现让我想起二进制中的"1"。正是层出不穷的"1"与层出不穷的"0"一起构成了纷繁复杂的人类世界。至于我们自己，每日也是在无数的肯定（1）与否定（0）之间编排各自的一生。

这世上没有比"0"更神奇的数字了，它既表示"没有"却又真实存在。这一切像极了我们可供回望的一生。我们迟早都会告别人世从此由"1"归"0"，但我们仍会以"0"的方式继续存在于寂寥的宇宙之中。

幻灭是人生的开始[*]

最近又回了一趟江西老家。对于不断回到故乡我也是有些不安的。其间与一江西籍作家聊天，我们不约而同地谈到，不断回到故乡也意味着"故乡的死亡"，似乎只有远离故乡，才可能拥有故乡之幻象。

抽空看了张艺谋的电影《一秒钟》。影片分几条线索讲述了幻象与实体之间的关系。作为极富想象力的人类，谁能逃离对幻象的迷恋？更别说，幻象常常不只是幻象，还是实体本身。这不仅体现在我们时刻生活在种种幻象的包围之中，而且，一旦失去了某段爱情或者机会，人就难免像得了幻肢症一样日夜疼痛。

和很多观众一样，《一秒钟》唤醒了我有关童年的一些回忆。可以说，那时候我生活中最神秘的事物除了夏夜头顶上的星河，就是水稻田边的露天电影了。它们一个为我拓展天上的事，一个为我拓展人间的事。若干年后，当我回想起那些露天

---

[*] 此文系本版新增。

电影时，恍惚之间，仿佛看一幅幅悬挂着的星空。如果拒绝诗意，当然你也可以将屏幕想象成一块硕大的白色兽皮，只是被裁剪得方方正正地挂在墙上。

必须承认，小时候的我只是一架接受信息的机器，仅以本能之躯，被动地跟着各种剧情走。虽然那时生活中也有忧愁，但精神活动基本上只是条件反射。每日活在一个表象的世界里，对于影像中的光怪陆离，基本上没什么理解。甚至，对人世间的悲欢离合、生老病死，我也都是木然的。

想起祖父过世那年，我不到十岁。按当地风俗，出殡时作为长孙的我坐在祖父的棺材上，被几个"八仙"抬到坟地。很难想象，一路上我居然没有一滴眼泪（是不是有点像《局外人》开篇默尔索的麻木不仁？）。如今回想起当时懵懂木讷的情状，觉得和接受一群大人手忙脚乱地教我骑自行车仿佛没什么两样。

直到十二三岁的时候，内心对人和世界渐渐有了些朦胧的爱意。为此，我写了一首月亮与爱的短诗。如果没有记错，我是坐在村中最大那棵树的树根上完成的。多年以后，我甚至听到了灵魂呱呱坠地的声音。我猜想自己以前是没有灵魂的，我的灵魂并非与生俱来的，而是在那个想象中的月夜偶然捡到的。算是"后天得来的先天"。

太阳教人合群，月亮教人独处。这是我所理解的日月造化。或许可以说，正是从那样的一个月夜开始，我无意间捡到的一粒灵魂的种子，因之才慢慢有了昨日之我与今日之我。

大概也是在我开始写诗的那年，有一天晚上做数学题时突然想念起爷爷来。虽然只有很短的几分钟，但对我而言却是一个标志性的精神事件。那大概也算是我初尝幻灭的滋味，我想起爷爷,但他已经不在了。

由此推想,我灵魂之破土而出,可能源于生命中有两个变化:一是开始知道自己想要什么(关于爱);二是意识到自己的生活中失去了什么(关于死亡)。

想起不久前偶然读到诗人威斯坦·奥登的一篇文字,其中两段话让我印象尤其深刻。

一段话是关于数学家的——"数学家的命真好!只有他的同行才能评论他,而且评论的标准又是那么高,他的同事或对手如若真能赢得名声,那也是当之无愧的。"

我这辈子与数学研究这个行当无缘,是一件非常遗憾的事情,否则我的生活将会无比简单。而意义世界常常让人无所适从,所以有的人将某一种意义视为真理去侍奉,像打"清一色"一样拒绝一切杂牌。而我无法接受这种思想上的偷懒。如果是研究数学,直接有货真价实的真理可以追求,又何乐不为?

另一段话恰巧也是有关神秘性的。奥登说:"每一个有独创性的天才,是艺术家也好,是科学家也好,都有点像一个赌徒或巫师,身上总要带三分神秘色彩。"

相信每个人的生命都另有神秘,与此相关的常见问题是我的灵魂来自何方。同样让我不明白为什么在那一年会爱上了诗歌,沿着这条小径,渐渐爱上了由无数意象构建的隐喻世界,甚至包括深藏其中的苦难。

而现实中的苦难也是真实存在的,包括贫穷、饥荒、疾病甚至死亡等。与此同时,还有一种苦难生长于人的内心。换言之,苦难有两种:一种是来自客观世界的苦难,一种是来自主观世界的苦难。在前一种苦难中,人是客观世界的附庸,必须接受。如果不能接受，那就改变事实，比如消灭上述扰乱、贫穷等。这在很大程度上需要来自群体的努力。而在主观苦难中，主观世界同样是意义世界，如何面对这种苦难则主要取决于个人内心的决断和意义的赋予。

之所以写这篇文章，是因为昨日午睡醒来时脑子突然有一个声音——"我唯一真实的苦难，是对世情与人情的巨大失望。"这也的确是我过去甚至此刻正在经历的。而如果从一开始就不抱任何希望，视世事与人情如风云草木，也就不会受那么多无谓的苦难（如果信奉"痛苦的深度就是人生的深度"，当然也可以躺在苦海之上晒太阳）。

后来我知道这个想法其实庄子早在"山木篇"里表达过了。相关典故是，如果一艘空船向你的船靠过来，你不会感到恼怒；但是如果上面有个人，你可能就会大发雷霆了。按庄子的说法，为什么不一视同仁地视之为无人的"虚舟"呢？

我并不否认每个人都是自我世界的中心，如太阳之于整个太阳系。当太阳没有了光芒，整个太阳系也就陷入了永久的黑暗。人固然是要抱着希望生活的，只是同时也要清楚这样的一个事实——真正欺骗我们的不是生活，而是我们对生活的期望。或者说是我们有关生活的幻象。

你以为越过那座山冈就可以触摸星空，却不承想最终坠入了草泽。事实上，山冈、星空与草泽都没有欺骗你。欺骗你的是你所营造的未来的幻象。

我们注定无处可逃。

离开各种体制吗？包括制度、语言、习俗甚至各种人类关系。就像平克·弗洛伊德（Pink Floyd）在《迷墙》（*Pink Floyd:*

The Wall）中所说的："在荒原上嚎叫的我们，不过是墙上的某块砖。"同样，这里的"我们"又是谁以及我又如何逃离我们？

寄希望于个人奋斗吗？当你穿透所有阶层，会发现每个阶层都有自己深沉的无望。很多人并不是喜欢孤独，而只是不喜欢失望。故而将失望的幻象压制于萌芽以前。不幸是，随着岁月的流逝，对他人甚至自己都会失望。而当死亡来临，所有幻象与实体到最后更是消失得无踪无影。或许，无望才是生活的真相。这样一来，能将我们从生活的深渊里拯救出来的，反倒是东坡先生慨叹的"心似已灰之木，身如不系之舟"。一个人只有死透了，才能重新活过来。从此就可以怀着无望之心，走到人群里去。

如何顺着本性生活，可以参照威廉·巴勒斯（William S. Burroughs）对猫的论述："猫不提供服务，猫只提供它本身。"回想我过去三十年间的写作，何尝不是这个状态？依我之见，存在即本质。正如写诗的意义，首先在于写诗本身。它虽然营造幻象，却又是高于其他一切幻象的。

想起曾经看过的一个短视频。飞机上，一名女子希望邻座男子给她的小女儿换座位眺望一下窗外。按常理人们通常会答应的。然而男子却拒绝了，理由是如果我不同意换座位，你的女儿可能学到的更多。这是一个非常耐人寻味的小故事，它甚至让我想到了"幻灭要趁早"。

这一日清晨，匆匆写下以上文字。当尘埃落定，变成泥土，它让我更清晰地看到幻灭不是人生的结束，而是人生的开始。正如草木如其所是，既不失望，也不盼望。草木只悄悄地生长，挡不住的是春去秋来。

什么是财务自由的本质？[*]

有些事情并不能决定于一个人的意志或奋斗，比如集体的政治自由。而有些自由却可能直接通过个人奋斗解决，比如自己的时间自由、身心自由或财务自由等。前提是，这个社会能在较大程度上保障公民的自由，不至于日日挑雪填井，终于空欢喜一场。

一个人最好的状态当然是既有时间自由、身心自由，同时又有财务自由。而事实上，很多时候为了一种自由我们不得不牺牲其他自由。这是所有人的逆境。比如，为接近或实现财务自由，我们将时间自由与身心自由都抛弃了。或者，只是为了身心自由，而不得不过上某种穷困潦倒的生活。结果可能是，作为物质的人少了物质的支撑，最后连身心自由都一起失去了。

在消费主义大行其道的今天，时人谈论最多也最焦虑的当属财务自由。何谓财务自由（Financial freedom）？通常的解释是指人无须为生活开销而努力为钱工作的状态。甚至，有人还

---

[*] 此文系本版新增。

画出了一个简单而枯燥的公式：财务自由＝被动收入＞花销。

所谓被动收入，也就是你什么都不用做，钱就能够进到你的口袋里。理论上，一个人有了财务自由，也就更接近于时间自由和身心自由。现实是我们总有赚不够的钱，而且在心理上最好还能翻倍。有一万想两万，一百万想两百万，一千万想两千万，一亿想两亿。总之，无论有多少钱最后都会回到那个计数的起点一，幸福阈值会不断提高。

当每日继续被大量的事情填满，想一想有多久没有悠闲地下一局棋，读一本书，看一次落日，做一次漫无目的的远行。

最近几日返乡，见了一些朋友，也让我对财务自由有了更多思考。

首先，我承认有绝对的"财务奴役"存在。比如，最基本生活保障的缺失。如果一个人连最基本的生存权都守不住，却说自己拥有财务自由，这显然是有些自欺欺人了。

而接下来我更想说的是，在满足基本衣食住行、生老病死等绝对需求之外，人们经常讨论的财务自由更多可能只是一个相对概念。

在个体层面，我们难免会以自己在所处群体中的财富地位来衡量是否拥有财务自由。比如生活在年收入一万的人群当中，一个年收入十万的人会感觉自己在财务上是相对自由的，因为他明显比他人多出了九万。而他在年收入百万的人群中，则会有一种相对剥夺感，财务也不自由，因为不吃不喝也赶不上人家。这种比较，正如罗素在《幸福之路》中批评的，很多人将"生存竞争"转换为"成功竞争"。在这种竞争中，人们担心的不是不知道明天的早餐在哪里，而是能不能比邻居吃得更好。

在日常生活讨论中，财务自由甚至被直接换算成了购买力。在一个只能买自行车的世界里，如果你有买摩托车的欲望并且有能力自我满足，你会感受到相对财务自由的存在。而如果继续向上看，情形就变得不一样了。

问题在于，既然欲望攀比永无止境，人就不可能有所谓的财务自由。随之而来糟糕的是，这种攀比可能会让人丢掉自己最想要的人生，而时刻受困于对他人生活的拙劣模仿。当一个人不知道自己要什么时，就会选择他人有的自己也要有。

既然是否拥有财务自由不应成为众人争相攀比的数字游戏，那么财务自由的本质是什么？

在此，我宁愿将真正的财务自由指向人生的责任，而非各种欲望能否得到满足，甚至也不是自由本身。回想过去的生活，我上大学甚至交不起基本学费，那时候自然是没有财务自由的。而毕业以后，经过几年的努力，同时做几份兼职，慢慢积累了可供自费留学的资金。虽然不能同时购买别墅，但我可以说自己是有财务自由的。

背后的逻辑是，买别墅并非我的人生责任，而出国留学，渴望在理性与视界上有所拓展，却是我当年的人生责任。更别说，理想需要一个个实现，有多少财务自由，就先去做多少事情。如果我等着挣足一生可用的全部财富，然后再去享受自由，那我真的是什么都错过了。所以我说现实中很多人的焦虑是害怕明天下雨，所以不敢走在今天的阳光里。如果你能为自己安排出三五年时间，譬如心无旁骛地写作，无论成功与否，这已经是生活或你对自己的报答了。试想这世界上那么多有钱有势的人，有几个人可以过这种奢侈的生活？梭罗当年去瓦尔登湖畔栖居，也不是为了成功，而是担心临死前后悔自己没有真正活过。

随着经济的发展，如今有许多人积累了大量甚至巨额财富，表面上他们都很有钱，然而其中有些人也并不能完全说自己真正拥有了财务自由。一个重要原因就是他们找不到与这些钱财匹配的人生责任。谁会把自己在银行里存了很多钱却并不用它当作人生责任呢？就好像一个人四肢健全，却天天躺在床上，没有想去的地方。表面上他的确有行动自由，实际上却又和没有行动自由一样。

财务自由不是说你赚了一堆钱就有了自由，而是你在完成人生职责时不受金钱之困，正好可以用上它们。中国人常说钱财乃身外之物，其实钱财也可能成为身内之物。如果你愿意将钱财花在自己的人生责任上，而不只是存在银行或者购买一些无用之物上面。

许多人知道这样一个道理——追求财务自由并非人生目的，而只是手段。当一个人对自己的人生的职责有非常清晰的认识，他就会知道自己为什么要去赚钱，或者为什么不去赚钱。

本文丝毫没有教人安贫乐道的意思。之所以有上述想法，也和最近回老家的某些经历有关。有时候想，假如我一直在乡下生活，在满足基本生活的前提下，如果我的人生责任就是写诗，而我尚有足够的钱去购买诗集，不时和旧雨新知饮酒谈诗，虽然我并不富有，但我相信自己也是在一定程度上具有财务自由的。除此之外，如果我还有足够的闲暇与身心自由，我相信我会是幸福的。

而我当年之所以走出乡村，并非不喜欢乡村，也不是简单地想赚钱，而是为了担起人生的职责，将一个受贫困伤害过的家族从贫困中救出来。世事难料，当我重新捡起另一个人生的职责时，已经六七年后的事情了。想到这一点，我突然意识到，真正难以周全的可能不是如何获得财务自由，而是如何面对人生的诸种职责。换句话说，财务自由的本质是财务责任。当然如何自由自在地生活，这也是一种人生责任。

人是什么单位？

在计划经济盛行的时代，中国人多生活在单位文化里。陌生人见面，或是办点什么大事小情，难免会被问及"是什么单位的"。单位无所不在，正因为此，当刘震云将单位文化描述成"一地鸡毛"时，引起无数人的共鸣。

我曾说，一人即一国，每个人都有属于自己的疆土，它区别于自己所属的疆土。同样，区别于"你属于某个单位"，每个人更应该回答的是"自己是什么单位"，"人是什么单位"。

为此，我还在思想国网站上提问，并得到了一些答案。

有说："人生而自由，却无往不在单位之中"，"因为我们担心不被别人承认和赞赏，担心自己在别人的眼里成为一个失败者，害怕自己脱离单位之后就会成为一株无所依靠的小草，甚至连生存也难以为继，我们都需要可以乘凉的大树"。

有说："我是思考的单位。"我思故我在，思考创造社会价值，一切的人类智慧成果都是从思考中得来，没有思考，人类就不会进步，没有思考，人类也无法继续生存。

前者，"人生而自由，却无往不在单位之中"，道出了人类的困境或者人性的弱点。我曾经论述人与动物的根本区别在于人会制造并更换工具。之所以要更换工具，是因为任何工具在被交付使用时，同样会通过"具体使用方法""奴役"人。比如说，汽车的方向盘发明了，司机的手就被绑在方向盘上，不可能一边开车，一边翻看《猫和老鼠》。单位同样是人类制造出来的工具，在意识到单位可以并可能像工具般更换以前，人所受到的这种"奴役"几乎是一辈子的事。

后者，"人是思考的单位"，这也是民主得以实现的前提。正因为人人都能思考，都在思考，都"各怀鬼胎"，民主作为利益协调器才成为可能和必要。

然而，以上回答仍停留于从政治学或社会学意义上阐述人的功用，而没有从哲学意义上触摸到人的本质。我以为，一个人若要真正解放自己的心灵，就必须在时间与空间上对人之内涵拨云见日。故而我关于"人是什么单位"的回答是"人是时间单位"，"人是时间的尺度"。

为什么"人是时间单位"？且不说"时间就是生命"，我们不妨找些其他论据。比如，为什么我们介绍"思想家胡适"时，会在他的名字后面加上一段时间——胡适（1891—1962）？道理很简单，人是生命，有生卒年月，人归根到底是一段时间。没有时间，就没有生命。我们在时间中获得生命。

那么，胡适是不是地理（空间）单位呢？不是。胡适籍贯绩溪，长在上海，学在美国，死在台湾。显然，我们不能在"思想家胡适"后面加上"绩溪—上海—美国—台北"这样一条地理尾巴。因为这些标注既不完整也不正确。一方面，它会遗漏其他许多地理信息；另一方面，任何地方都不属于胡适。真正属于他的，只是他曾经生活过的七十余年。

理解人是时间单位，而非空间单位，非"属于某个单位"的单位十分重要。即使你穷尽有生之年仍不能像凡·高那样获得死后的哀名，或者像华盛顿一样收获永恒的荣耀，但是，它至少可以使你不至于沦为一个狭隘的民族主义者或只知按部就班被动奉献（工作）的螺丝钉。"我是单位"，"我是时间单位"，"我是时间的尺度"，在此基础上，我们关于生命意义的挖掘，并非忠诚于地理与环境，而是忠诚于我们自己的一生（这段时间）——正是通过这段时间我们参与并见证一个时代。所以，一个写作者，应该站在自己的生命本身，站在一个时代的立场上表达自己的心声，而非生在中国便只为中国人表达，到了美国便只为美国人说话。正因为此，历史上那些真正留下丰功伟绩并值得后世怀念的人，其所创造的，多是"划时代意义"，而非"划地理意义"，或"划种族意义""划单位意义"。那些真正推动人类进步者，就在于将自己归属于时间并拥有属于自己的时间。他们站在时间而不是空间的维度，做一个世界公民，辛勤劳动、实现一生。即使如中国某院士所言"不幸生在中国"者，亦没有理由为自己所处的空间感到羞耻，每个人只对自己的时间负责，并因其拥有的时间创造荣耀。

人应该爱时间，而不是爱空间。时间之爱是面向个体的，是绝对的，那是我们唯一的存在；而空间之爱则是相对的，是面向公众的，是通过物质或精神的契约才得以实现的。一个人，如果生于猪圈，便说自己"热爱猪圈"，这种"爱猪圈主义"显然不是一种高尚的情感。必要的时候，我们甚至可以断定这是一种"以地理限制或屠杀时间"、灭绝人类未来与希望的庸俗的情感。正因为此，我愿意以更广阔的视角将我所热爱之国视为时间之国，一种立于时间维度上的精神与思想之国，而绝非空间意义上的逆来顺受，或与生俱来的"嫁鸡随鸡"式的地理与政治之热爱。

所以我说，人应该为时间耕耘，而非为空间疲于奔命。一个人无论占有多少疆土，如果不能在时间上做自己的主人，其所拥有的仍不过是贫困一生。真正壮美的生命，是做时间之王，而非做空间之王（或者奴仆）。以生命与时间的名义，每个人作为其所生息的时代中的一员，不应该停留于寻找地理意义上的与生俱来的归属，而应忠诚于自己一生的光阴，不断创造并享有属于自己的幸福时光。

条件即逆境

　　无论是谈判，还是谈恋爱，人多爱讲条件。这不是因为人世故，而是因为人必须生活在一定的条件之中。值得思考的是，当人们缺乏某些条件时，会真切地感受到自己身处逆境之中，而当他们充分享用这些条件时，却往往忽略条件给自己带来的麻烦。这种麻烦，就是本文将要谈到的"条件即逆境"。

　　一条鱼，在鱼缸里自由自在地游啊游，也许它并不知道自己身处逆境之中，但是我们知道。鱼缸为鱼提供了生存条件，也为它划定了生活的边界。而且，这个鱼缸随时可能会被打破，如果主人疏忽，没几天水还会变质。简单说，鱼在获得鱼缸这一生存条件时，同时也获得了必须仰仗鱼缸之条件而生活的逆境。

　　人也一样，条件无处不有，逆境也无处不在。不是么？没房子的时候，你总想有一个房子。可一旦有了房子，你可能大部分时间都宅在家里，哪儿也不想去，更不愿迁徙，与世界交往的机会越来越少。屋顶为你遮挡了夜晚的阵雨，但也为你遮挡了正午的阳光。汽车被发明，是人为自己制造的条件，但汽油短缺同样让我们举步维艰；电视被发明，你可以随时观看，但你必须坐在电视机的前面而不是后面；自行车被发明，你可以拿它当代步工具，但你骑行时必须把手放在车把上。这些都是条件带来的逆境。一个富家子弟，从小过着锦衣玉食的生活，但是这种条件也可能成为一种逆境，使他永远失去了底层成长的经验以及由贫穷到富有的奋斗过程。

条件并不止于这些有形的工具，还包括无形的工具，比如制度。人类不断地为自己创造制度的条件时，也不断将自己抛进制度的逆境之中，从一个逆境转移到另一个逆境。就像影片《心慌方》（Cube）一样，你打开一个房间，只意味着进入了一处新的逆境。如果承认世界上没有尽善尽美的制度，就不难理解所谓"解放"更像是在不同的监狱之间转移人民，区别只在于有的逆境是深不可测的地牢，有的逆境是"天鹅绒监狱"，有的逆境是正常的民居。即使是民居，也有民居的局限。美国司法不可谓不完备，但它对辛普森束手无策。

不过，尽管逆境无所不在，但是人仍是自由的。因为人可以选择，可以比较此处的逆境与彼处的逆境的区别，可以比较现在的逆境与过去的逆境的优劣，从而寻求改善。

法国漫画家菲利浦·格吕克曾经讲过一句耐人寻味的话："过去有比现在更多的未来。"在我看来，这句话已经接近真理。就一个人来说，在他小的时候都有千万种选择机会，长大以后，可以选择或者变动的机会越来越少，而当他已经别无选择或不做选择时，他的生命或者生活就衰老了。不管人类曾经遭遇多少逆境，但还是走到了今天，没有老去，正在于人类可以选择，可以不断地以选择救济选择，不断地超越过去的种种逆境。

同样的道理，无论是我们的人生，还是我们栖身的制度，最可怕的是停止生长，别无选择，永远一成不变。

法国前文化部长、作家安德烈·马尔罗曾以小说《人的命运》（*La Condition Humaine*）扬名。在他看来，人是世界上唯一预先知道自己要死的动物，人要根据各自的生活态度和条件做出自己的反应，这种反应就是不断地"行动"，从而证实自己的存在和价值。思想家汉娜·阿伦特曾在《人的条件》（*The Human Condition*）一书中将"劳动""工作"以及"行动"作为人的三种基本条件，指出行动与积极生活的意义。

除了积极生活、不断选择，还有什么更好的方式让我们超越无穷无尽的逆境？在我看来，人类的光明前景，并不在于人类长生不死，而在于人不断地超拔于逆境之上。人类加之于自身的真正善良，就在于即使"天塌下来"也要积极生活。这种朴素的"在逆境中求生"，成为人的全部生活与信仰的来源。正是逆境的永恒，造就了人的永恒；正是条件的无常，造就了人的圆满。

人心如何照耀？*

每个人的生命中都会有一些灰暗的日子。在猎物繁多的人世，我们是避开了多少灾祸才换来所谓"岁月静好"的幻觉。体内各种怪物的谋反，身外无数他者的陷阱，死本能的召唤，人性的幽暗以及随时摧毁一间幸福咖啡馆的伟大而神秘的偶然性，各种猝不及防的从天堂到地狱的跳伞……

2022年初夏，凭着一时的灵感，我在《寒山》之后抽空拍摄并剪辑了诗歌短片《冷月》。这是一个心境相对忧郁的短片。然而正是这短短几天的沉浸，将我从生活的灰暗中拯救出来。在短片结尾，我还特别写上了"致忧郁赤诚的灵魂"。毋庸讳言，这行字给了我莫大安慰。那一刻，我听到一个清晰的声音——无论在生活中经历了多大风雨，我内心的明月仍在。本质上说，这轮明月是支撑我走完一生的自我意义系统或者说意义之核。如果它黯淡了，我过往与未来的人生都将失去光亮。

和许多人一样，我的生命里充满了有关月亮的记忆。我甚

---

* 此文系本版新增。

至认为，在年少尚不知美为何物时我是没有灵魂的，直到有个夜晚我写下生平第一首诗，在月光如雪的田野里捡到自己的灵魂。自此我不仅有了独一无二的灵魂，还能在最抑郁的时候，尽力保持内心的明亮。曾经有一个夜晚，我被满床的月光惊醒。当时想，在明月当头的夜晚离开这个世界是美好的。当然，在有生之年能够一边望月一边写作也是美好的。

除了上述内在的光亮，我的生活同样受益于来自文学与艺术的照耀。我从不讳言在人生关键时期一次次得到文艺的拯救。这一年走在生活的低谷，加上新冠疫情断绝国内外交通等原因，偶尔散步时甚至会和路边偶遇的刺猬吟诵东坡先生的"谁见幽人独往来"——所幸，这世上还有文艺之美。

年少时想当摄影师，最终还是选择了文字。一旦苦闷无告，最近这些日子我会驾车去河边或者海边拍点风景，辅之文字剪成"燃烧的荆棘"（Le Buisson Ardent）系列短视频。我试着在文学与艺术的怀抱里获得庇护与喘息。那里不仅藏着我的半生风雪，更栖息着我与生俱来的对美的激情以及对感性生活的恒久热忱。

理性给生命以围墙和护栏，而感性给生命以桥梁和道路。人生天地间，相信生命给予我的最大馈赠并非思如泉涌的理性之光，而是时常令人长夜难捱的感性之美。或许正因为此，这些年来我在写作中一直试图捍卫的是自己的感性，甚至必要的忧郁——那些来自个人经验的热情与痛苦。在这露水般短暂的浮世，为什么人生却要多灾多难？我们走了很远的路，都是在九死一生中相逢，我们相亲相爱，然后鞠着躬互相告别。如果我们身上有神明，我相信这些神明一定是生长于感性的。

不久前去附近的大河边拍片。我看见自己不仅是一根会思考的芦苇，而且是一根深情的芦苇。就在此前，我正迷惑于生命中的苦难究竟有何目的。直到后来确定所有苦难都没有目的——只有当我们赋予苦难意义的时候，苦难才会彰显它的目的。所以我要说，尽情"物化"你所遭遇到的苦难吧，让它变成船、变成风、变成海浪、变成灯塔带你去你想去的地方，而不是让它成为你命运的主人，对你颐指气使、发号施令。

人心是要互相照耀的，我断定自己会继续深情地走过去的路。之所以说《冷月》无意间缓解了我的忧郁，同样与里面的两句对白有关。一是"一个人若是学会了仰望，何处不是月明？"二是"你看，月亮没有心灵，但是每天依旧照耀大地"。在对自我的态度上，二者一实一虚，本质上是两种能力。前者是不断从外面的世界寻找光亮的能力，而后者是继续守卫自己光亮的能力。

回到时代本身，在消费主义、功利主义与个人主义等争相交错的大背景下，我们都难免有被物化的可能，即所谓人的客体化与非人化。如果注定会被他者物化，我希望自己是电影《肖申克的救赎》里的那把锤子，对人多少有些用处。或者，如果运气足够好，就学做天上的那轮月亮。毕竟，是它给了我涉世之初的大美，也是它告诉了我在艰难时刻人心如何照耀。

预言的囚徒

萨缪尔森·亨廷顿先生走了。一个在美国乃至世界响当当的学者，在他八十一岁的时候离开了人世。

在哈佛执教五十余载，人们会记住亨廷顿的许多美德。有文章说，亨廷顿大部分的学术灵感来源于课堂之上。而且与许多教授不同，亨廷顿更看重为本科生上课。在他看来，研究生的脑子里已经塞进了太多的术语和条条框框，不大敢于挑战教授的观点，而本科生则少有这些束缚，只要你不限制他们，他们完全可以天马行空。所以在课堂上，亨廷顿会留出许多时间倾听学生们的讨论与发言。这种鼓励思想碰撞的开放式教育有利于人才的培育是显而易见的。

至于他的学术著作或者政治评论，最具代表性者莫过于"文明冲突论"。只是，该学说与亨廷顿的开放性课堂相比，似乎完全走到了另一个极端。从1993年开始，亨廷顿发表系列文章，讲述后冷战时期的暴力冲突并非出于各国在意识形态上的分歧，而是不同文明之间的文化及宗教差异所造成。该观点立即引起了广泛关注。"九一一事件"之后，许多原本反对他的人也转而称赞他神机妙算。

十几年来有关"文明冲突论"的批评文章也早已经汗牛充栋。人类既会毁于对过去的彻底遗忘，也会死于对未来的无端想象（或者恐惧）。所谓命名即创造，想象即诞生，"俄狄浦斯悲剧"很好地展示了那些可能导致"自我实现"的"消极预言"将如何影响人的命运。正是这个导果为因的"消极预言"，导致了"（弑父）悲剧的诞生"。

二十世纪九十年代，《圣经密码》（The Bible Code）曾在西方流行。据说通过循环抽取字母，有人借助计算机在《圣经》中找到了"拉宾—遇刺""萨达姆—飞毛腿"等"预言密码"。显然，这不过是场文字游戏。如有反对者指出，整本《圣经》希伯来文有几十万个字母，至少可发生百亿种字母组合，所谓"密码"不过是断章取义的巧合。

作为语言的动物与预言的囚徒，人类不仅习惯于在典籍中附会自身的命运，而且不断创造新预言引领未来。所以，当一些密码信徒着手在《圣经》中寻找"拉登"与"九一一事件"的蛛丝马迹时，亨廷顿像个有远见的巫师为继续推销"文明冲突论"乐此不疲。

社会学家托马斯夫妇在《美国的儿童》一书谈到："如果人们将情境定义为真实的，它们在结果上就是真实的。"基于这句话，社会学家罗伯特·默顿将其概括为所谓的"托马斯定理"，并据此提出了"自我实现预言"一说。关于这个理论，中国有不少老话更容易理解。比如算命先生说的"心诚则灵"——这个花招使算命者的责任完全转移到被算命者身上。又比如"怕鬼鬼上身"——如果一个人整天提心吊胆，怀疑周围有鬼，那么他迟早就会被存在于心里的鬼活活吓死。

预言如何自我实现？比如一家银行，尽管资产流动相对畅通、经营状况良好，但是一旦有足够多的储户相信了它已无力偿还存款的谣言，就会导致越来越多的储户疯狂挤兑，并最终导致该银行破产。同理，假如某个地方的报纸电台说当地明天要闹油荒，而且大家信以为真，今晚都去加油站排队加满油，那明天当地就真的要闹油荒了。这时候你不得不相信，恐惧不仅是人类的精神导师，而且指导着人类具体入微的生活。

有个笑话同样解释了这种因果倒置：一名推销员来到乡下，对当地人说，你们得买个防毒面具。当地人不明白，说空气这样清新，要它干什么？没多久，附近盖起了个工厂，许多有毒气体从大烟囱里冒了出来。于是大家找推销员买防毒面具，称赞他的预言准。当问到冒烟的工厂生产什么时，推销员说，就是生产防毒面具的。

那些具有概括性的理论，在"综述"世界的过程中通常都会犯简单化的错误。一个著名的说法是如果你手里只有一把锤子，你看到所有的问题都是钉子。一旦"文明冲突论"成为人们分析世界、对号入座的工具，那么发生在所谓不同"文明体系"下的冲突都可以用"文明的冲突"来解释了。更糟糕的是，当人们把对现实预言性的描述当成现实本身，原本没有冲突的国家或文明开始枕戈待旦，它不仅掩盖了弱肉强食的政治，还帮别有用心者招兵买马。当偶发事件变成蓄谋已久的阴谋，潘多拉魔盒将从此打开，冤冤相报、恶性循环。人类诸多苦难便是这样层层"解释"与"预言"出来的。几度将人类推向灭绝边缘的军备竞赛不正是在不断地预言中完成武力升级？

不同的文明是否能够和平相处？记得有一年在广州出差，

看着满大街拥堵的汽车，我脑子里突然有了一个奇怪的念头：中国的汽车车牌，也许是融合世界几大文明的最经典范例。假设现在有这样一个广州车牌——"粤ABC123"。在这里，首先"粤"是一个汉字，属于中华文明，在某种程度上说也代表着东方文明。"ABC"是字母，它来自于欧美，属于西方文明。至于车牌后的数字"123"，众所周知，这是阿拉伯数字，源于印度与早期阿拉伯文化对世界的贡献，属于印度文明和伊斯兰文明。它们不是相处得很好么？如果你不去用"文明冲突论""诅咒"它们，不惹是生非地对字母、数字或汉字中的任何一方说坏话，找它们"潜在的敌人"，它们就会相安无事和睦相处。

古往今来，人类只有一个文明，即人类文明，任何文明不过是其中一个分支，或者源流。如果在不同文明之间有冲突，也只是"不文明的冲突"。对于世界来说，最重要的是在不断的融合中消除"不文明"，而非将这个完整的世界像切西瓜一样分成两半，然后指着东边一半西瓜说，西边那半是你们的敌人。明眼人知道，如果这里真有"文明的冲突"，那也是发生在西瓜与握西瓜刀的那只手之间。

文章结尾，有必要补充一下我刚刚知道亨廷顿先生去世消息时的第一感受。不瞒您说，当时我首先想到的是——人世间最真实而最恒久的"冲突"，是在人的生与死之间，而绝不是文明之间。

补记：对于最后一段的感慨，几年后我看《权力的游戏》，最喜欢的也是剧中凛冬将至的设定，毕竟死亡与变异才是人类最需要共同面对的命运。

人类为什么迷醉于暴力？

2007年7月24日，广州市番禺区发生了一件不幸的事，一名女子在自家别墅内被谋财害命。歹徒的暴行令人发指，当地一家报纸对这起凶杀案的报道同样让我震惊。

想必是为了给读者带来视觉冲击，该报特意为《千万富婆番禺别墅遭砍脖》一文制作了两张三维图片模拟凶案现场。一幅是歹徒举刀朝女子的脖子上砍去，另一幅则是该女子倒在地板上，血从裂开的脖子与被捅破的腹部流到了地板上的情景。如此精雕细刻，只为衬托新闻里记者道听途说的一行字——"据知情者说，谭某的腹部和脖子上各被砍一刀。"

和往常一样，对于这种为取悦部分读者而还原或制造的血腥场景，我本能地充满了厌恶，我感受到媒体对自由的滥用。然而，另一方面，却又不得不承认，对血腥与暴力的喂养是今日中外许多媒体共同追求的东西，而它们背后亦有着强大的文化与心理的支撑。

人类为什么迷醉于暴力？传播学家弗林特在《报纸的良知》中为我们转述了一件趣事，这是他从新闻协会的某位高官那里听来的：有十位牧师拜访一位主编，抗议他在头版尽登些鸡毛蒜皮的小事，忽略更有意义的大事。这位主编的回答是："这间屋有两扇门。如果我告诉你，一分钟之后，埃利奥特校长会从左边的门进来，詹姆斯·J.杰弗里斯（美国重量级拳王）会从右边的门进来，你们当中的九个人会看着右边的门。"

这位官员由此娓娓道来：获得世界冠军的拳击手要比一位大学校长有吸引力，是因为冠军拳手唤醒了我们内心的原始欲望。美国的文明和文化仍然比较新，上面的油彩还没干呢——"仅仅几个世纪之前，我们的祖先还是野人，每个人都为保护自己的女人、孩子和食物在和同伴打仗。"

不可否认，正是出于对观众"血腥审美"的某种迎合，许多大众媒体更热衷于描述死亡的过程与场面，而不是探究死亡发生的原因与意义。有些时候，甚至死亡的人数也是不重要的，比如，对于电视媒体来说，"鲨鱼杀人"就要比"椰子杀人"更能吸引观众，因为它更刺激、扣人心弦，即使统计表明掉下来的椰子每年在全球范围内导致的死亡人数是由于鲨鱼袭击而死亡的人数的15倍也无济于事。

有这么一个笑话：布什与鲍威尔出席记者招待会，CNN（美国有线电视新闻网）记者："噢，见到你们真是我的荣幸。尊敬的总统先生，有什么大事要发生吗？"布什说："我们准备枪杀四千万伊拉克人和一个修自行车的。"CNN记者："一个修自行车的？！为什么要杀死一个修自行车的？"布什转身拍拍鲍威尔的肩膀："看吧，我都说没有人会关心那四千万伊拉克人！"

这是一个意味深长的笑话，它在一定程度上揭露了现在传媒在关注公共新闻时的顾此失彼，轻重难分。

为什么伊拉克战争爆发时，许多人团坐在电视机前评头品足、兴奋异常？此时此刻，我们的心是否早已飞到了古罗马的斗兽场？至少，在那里我们可以轻而易举地找到一样相似之物——隐秘的嗜血的欲望。

角斗场上，角斗士你死我活的打斗，臣民歇斯底里的喊叫以及帝王为收获民心而上下翻动的拇指，为我们见证了世界上最古老的"面包与马戏"、最精致的"以死娱民"。有关这项"娱民政策"的最经典的旁白，莫过于影片《角斗士》里的那句著名台词："罗马的脉搏，不是长老院里的云石，而是竞技场上的黄沙。"

2004年夏天，我是背着这句台词走进罗马古城的，曾经旌旗猎猎的斗兽场此时早已倒在一片乱石之中，只剩下空空荡荡的"半壁残酷"。然而，必须承认的是，在世界许多地方，由此衍生出的血腥屠戮并未完全销声匿迹。至少，从表面上看，西班牙的斗牛表演仍在不停地揭开这道野蛮的伤口。或许是感受到了随之而来的疼痛与耻辱，在今天的欧洲大街上，我们不时会看到一些赤手空拳、赤身裸体的反抗者，他们将自己打扮成头上长角的"牛人"，在众目睽睽之下，一边抖动着胸前的"猛牛酸酸乳"，一边高喊"要做爱，不要斗牛"的口号。之所以裸体，是因为他们相信"斗牛是残酷的"这一真相是赤裸裸的。

据说，几年前北京曾有意引进美式斗牛和西班牙式斗牛，在郊区建立一座亚洲最大、拥有数千座席的斗牛场。这一无底线的拿来主义受到了许多有识之士的反对，因为"心理健全的人不应当以虐待动物为乐，一个文明的社会也不应当容许残害动物的现象存在"。事实上，时至今日，由于遭受种种道义上的压力,甚至连西班牙政府也在考虑建设"无斗牛城市"。反对者同样认为,这种把少数人的快乐建立在动物痛苦之上的血淋淋场面,与中国文化不符,更别说奥运在即。

不过,拒绝引进斗牛场并不意味着中国就没有类似的文化传播。相信许多人和我一样以为,角斗场本是大众传媒最早的源头或者形式。关于这一点,那些喜欢在电视里观看拳击比赛的人会有更直接的印象。由于中国没有建立起必要的影视分级制度,在某种意义上说,电视已经变成了现代版"不设防的斗兽场"。打开电视,闭上眼睛,只需用耳朵去听,相信没多久你便会抓到那句哭哭啼啼、歇斯底里的台词:"我要报仇!"

马斯洛说,思想史就是一部说人性坏话的历史。这一点似乎同样表现在媒体的动机层次上,只有灾难、惊心动魄的突发事件才值得关注,生活的光明面因此被忽视了。生活被简化成一场决斗、一场零和游戏,一方是征服者,另一方是被征服者。一方大获全胜,另一方就一败涂地,就像那个躺在三维图片里的可怜的女人,她"栩栩如生"地倒在地上,倒在"传媒角斗场"里。

当报纸、电视与网络沉醉于这种对罪恶的描摹,新闻便成了人们每天必须经过的"杀人橱窗",其对暴力与血腥的过度渲染使人们渐渐失去了同情心,变得麻木迟钝。阅读竟然使人丢失了心灵,使灵魂失去了庙宇,这是多么吊诡而失败的现实!或许,这也是若干年来我一直喜欢鹿桥《未央歌》的最真实的原因——她不仅呵护了战争时期的爱情,更呵护了困顿中的人心。

谈到新闻自由,最后需要补充的是卡尔·波普尔的一点忧虑。在二十世纪九十年代，卡尔·波普尔在《二十世纪的教训》一书中说，新闻媒体是唯一没有受到监督的力量，它因此必须接受审查，否则有可能造就第二个希特勒。这位早在二十世纪四十年代便以《开放的社会及其敌人》一书扬名的坚定自由派人士，在二十世纪九十年代中期接受意大利记者采访时反复强调媒体审查的必要，这让他的志同道合者觉得匪夷所思。紧随其后，法国著名社会学家皮埃尔·布尔迪厄在《关于电视》中对新闻记者在政经力量面前表现出的"自律"与默契表示了担忧。当然，两位学者主张的媒体审查，不是让政府来管媒体，而是寄希望于社会监督与行业自律。

虽自由无以言说

2005年的一天，我有机会和旅法华裔画家司徒立先生聊天，谈到西方社会存在的某种危机时，司徒先生说欧洲有可能面对一次"大沉沦"。理由是多方面的，比如说目前欧洲价值混乱，什么都可以做，也可能意味着什么都不能做。然而才起了个话头，司徒先生便摇起头来，一脸苦闷。我便问司徒先生何故欲言又止。司徒先生说："我不说全是因为爱。"你知道，在中国许多价值不是像西方那样泛滥，而是基本没有，它们不在一个讨论的层面上。

司徒先生这番话相信会引起许多身在欧美的海外华人的共鸣。我们看到了西方一些弊病，有时很不愿去张扬，甚至懒得去提及它，因为东西方政治与社会所具有的某种差距；因为中国转型急需外部环境的推动；因为每个时代都有自己的当务之急；因为我们精力有限；因为这是一个从无到有的过程。上述诸种原因会让我们对民主自由表现的某种消极的东西网开一面。虽然我们从不放过一切观察与思考的机会，然而在中文领域或者面对公众发言时又不得不谨慎小心。

关于这种"我不说全是因为爱"的自由悖论，在我与旅法政治评论家陈彦先生交流时也深有体会。大概是在2004年夏天的时候，陈彦先生在香港《明报》月刊的专栏上发表了一篇关于法国思想家戈歇（Marcel Gauchet）批评民主的文字。在这篇名为《强大的民主与脆弱的民主》的文章中，陈先生谈到了西方民主的某些弊病。今天西方民主面临的危机，不是别的，正是由民主战胜极权主义后产生的精神虚无感和意义失落感衍生而来的。在戈歇看来，极权主义的失败意味着民主的强大，然而强大的民主伴随的是利己主义的膨胀，是私域对公域的蚕食，是个体对公权的不信任。这固然可以看作是前一阶段民主社会反极权惯性的延续，但民主要能够生存，要能够在没有上帝的条件下自立，却必须获得新的正当性的来源。公共精神，集体认同，社会责任感就必须获得再造和加强。在文章结尾陈先生写道："民主在历史上成功地战胜了对手，目前需要面对的是民主制度内部演变的挑战，而这一挑战将促使民主走向更高的形式。"

从文章内容看，读者可以轻松判断陈先生是坚定拥护民主自由等启蒙价值的。然而即使这样一篇客观文字，在和我交流时陈先生仍不无忧虑："现在这种文章很难写。"原因大致和上文司徒立先生一样，因为中国的民主自由与西方完全不在一个层面上，囿于对中国未来的期望与关爱，关于民主及其衍生物的批评时常无法展开。

由于这种差距与对国内民主进程的关爱，海外学者不得不经常面对这个"虽自由无以言说"的悖论。我们能否抛开东西方的差距毫无顾忌地表达？某些别有用心的"左派"会不会借题发挥而"自由派"人士会不会因此认为他们多了一个理论上的敌人？简而言之，这种忧虑就是担心大家努力齐心向前推动的事业最后被搅了浑水，徒耗了精力与脑力。

近百年来，无数国人为"民族大义"与"民主大义"披肝沥胆、舍生忘死，但是我们同样应该看到，追求民主不能只停留在民主这个概念上，而应该在认同民主价值的基础上更进一步——民主并不是终极目的，民主的目的是保障人权，以此建构并保卫一个自由、公正与繁荣的社会。换句话说，民主是形式，是工具，人权才是根本。人权的内涵因此高于或优先于一切形式的民主，即使人权过多地依赖于民主制度的有效保障。不以人权为目标的民主很有可能滑向暴民政治或一部分人专制，即"狼战"或"一群狼对另一群狼的审判"。

民主代表着一种精神取向，更是形式与工具，人权是其至关重要的内容诉求。当一个国家的人民极度关心民主、渴望民主，甚至神化民主时，多半是因为当地人权还没有得到充分有效的保障。然而，仅有民主概念是不够的，一个没有独立思维训练与历史记忆的社会，民主仍不过是水上的浮萍，没有根基。虽然我们可以说，这是一个属于大多数人的世界，但从本质上讲，此所谓大多数者，亦未必能真正拥有自己的权利。"文革"时期，似乎每个人都可以通过告密兴风作浪，暗领风骚，但是从本质上说他们都是互相剥夺权利者，而不是让渡权利者。前者意味着每个人的权利缩小，接近于零，而后者权利让渡则意味着全社会分享权利，多多益善。关于后者，我们可以将欧盟建设视为在民主基础上的权利共享。民主是一种基于平等的自由，每个欧盟国家在平等自愿的基础上开放国界，不但没有使一个国家失去国界或疆土，而且将它们拓展到了整个欧洲。当我们将缪勒·莱尔错觉图谱置换于政治空间，不难推断出即使是那些足不出户者，边界上空没有遮蔽的大地也会显得更加辽阔宽广。对于各国民众而言，他不必唯本国领袖马首是瞻，而是在自由、民主精神指引下以对话开疆拓土，共享文明政治，同吟欢乐颂。

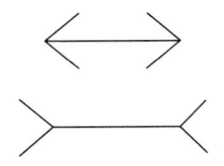

缪勒－莱尔错觉（Müller–Lyer illusion）

几何图形错觉的一种，1889年提出。它指的是两条原本等长的线条因两端箭头的朝向不同而看起来箭头朝内的线条比箭头朝外的线条要短些的现象。

巴黎大学传播学教授斯费兹先生经常向他的学生转述美国某管理大师的经典隐喻——波音747飞机之所以最安全是因为它装有四个发动机而且彼此独立，一个发动机出了故障，备用发动机能立即启动。在我看来，民主之伟大在于人们能以由无数发动机组成的群体意识守住社会底线。其前提是社会大多数成员能相对独立，不被变相劫持与操纵，或受制于其中一台发动机是否运行良好。否则，它将与专制主义殊途同归，如萨达姆一样零票反对而当选，枪杆子里出假民主。当然，有什么样的人民便有什么样的政府，当年希特勒高比分出线，远非简单归咎于民主制度的某种不完善。解构"民主"二字,"民"是主体,"主"是程序,决定民主走向的是做主的人民,而不是作为程序的民主,公民教育与宪政训练因此成为决定民主成败的关键。

回到上文,为什么许多人绕开对民主的批评?或许我们可以设喻击穿谜底。当你面对一个快要饿死的人时,如果你滔滔不绝地和他讲肥胖症的种种坏处与危险,人们不说你脑子有问题,至少也是不知道轻重缓急,在时间上颠三倒四。明白这个道理,我们就有理由说,社会科学领域的自由言说,是要讲求时间顺序的。为了确保你的公正立场,必须明确两点:其一,在天下黎民骨瘦如柴时,不要把肥胖症的危险当作你参与社会运动的主要知识或工具;同时,也不要试图建立或论证一个所谓"世界上从来没有胖人"的理论去歪曲事实。其二,你必须念念不忘的,也是当下最紧要去做的事,就是让食不果腹者能尽快得到粮食。

几年来,我在巴黎见证了无数游行、示威、罢工等维护民权的社会运动,虽然这些运动对社会生活造成不便甚至些许紧张,然而它们并非可以作为主要抨击或讨伐的对象。譬如说前不久我见证的巴黎中学生抗议教育改革的示威,许多学生上街,共和广场热闹非凡。和往常不同的是,这次趁着混乱来了许多郊区的孩子,他们成群结队,跑到游行队伍里进行抢劫,甚至对一些孩子大打出手。就在我对此场面进行拍照时,一群孩子趁乱夺走了我的数码相机。虽然我为失去了几百张照片懊恼不已,但是我并不因此否定中学生们的政治诉求以及这场社会运动的意义。与此截然相反的是,我会因为在大街上见证更多的社会真相而心怀感恩。

法国大街的游行队伍里不乏自私、褊狭与坐吃山空者。如我的同学雅恩（Yann）所说，政府难为，现在有许多法国人希望不工作、不学习、多休息，而幸福可以像阳光里的灰尘一样从天上掉下来，而且永远掉下来。但是，抛开这些消极因素，我们更应看到宪政生活与公民适时维权对于一个社会长治久安的好处——它可以避免富强者不至于贪多"玩火"，而贫弱者亦不至于发展到"非自焚不足以表达"的地步。毋庸讳言，国内政治与社会生活尚有许多可以自我改进或向西方社会学习的地方。在这个大转型时代，许多层面更需要一个从无到有的过程。在此基础上，我相信，一个批评者能否做到生逢其时，就在于他的言说与参与是否适逢其时，恰到好处。惟其如此，他的言说才可能是自由而且有效的。如有朋友所说，在斯巴达时代，我们必须赞美雅典。

然而，在我内心亦不得不时时警醒于自己的赞美变得毫无条件，沦落到完美主义与一厢情愿。我之所以保持这种"模棱两不可"的态度，是因为罗曼·罗兰的《莫斯科日记》不啻是我的一个心病。当然，我不像国内某些"自由派精英"一样以"天下第一良心勇气"的道德戾气对逝者进行缺席宣判，将罗兰视为"一个懦夫"和"没有立场的人"，以此毫无宽容的"自由精神"为自己的"独立人格"锦上添花。在我看来，罗兰当年所谓的"五十年沉默"多半是出于一种关爱，一种对人类共有的美好前程的无限期许，他或许是一厢情愿的，但这不足以降低他的人格。

令人烦恼的是这种大爱有时会让人进退失据、左右为难，因为我们的目力局限于我们的经历与我们的时代。当历史翻过这一页时，过往的有些痴迷不免令人难堪。一个探求智慧并参与社会的写作者因此不得不时时面对心底的追问：什么时候我们能够置身事外不再被爱恨左右可以自由言说？怎样言说才能确保你没有偏袒或虽有偏袒却更接近客观真实？

床上爱国主义

二十世纪九十年代的王府井曾经搞过这么一个行为艺术：大约两百多位观众围在一个由画廊改造而成的"猪圈"周围，赏玩一只印着西文字母的公猪"强奸"另一只印有汉字的母猪。据说，惊世骇俗的行为艺术家想借此表现"文化强奸"这一为后殖民主义论者津津乐道的宏大命题。

应该说，这是一次十分牵强附会的强奸。公猪和母猪都很无辜，因为这里所有的文化象征，都是行为艺术家们一厢情愿操办的。观众看到的"猪圈"里的一幕，不过是家猪世界里的日常生活，既谈不上谁强奸谁，也谈不上谁服务谁。如果读者诸君一定要找个凶手出来，我觉得应该找那位行为艺术家，是他以隐喻的手法，欺负了这双可怜的小猪儿，即使不算强奸，至少也是聚众猥亵。

许多人都在骂章子怡，可章子怡的确是个了不起的女子。在巴黎，我印象最深的，就是经常能看到关于她的电影海报及报道。"神五"上天不久，巴黎某杂志封面便是用了章子怡在《卧虎藏龙》里的扮相，足踏火箭，差一厘米就飞到了杂志顶部；著名的《巴黎竞赛报》也曾经拿章子怡当过封面，一个"大"红人，在半空中跃进，很像当年样板戏里的红色娘子军。

章子怡之所以受到攻击，是因为她在好莱坞电影《艺伎回忆录》中有了"丑事"——她饰演的日本艺伎"小百合"竟然堂而皇之被日本男演员渡边谦饰演的富商压在床上。网上真真假假的剧照，让一些爱国的网民出离愤怒了。他们分明感觉到章子怡那轻盈的肉身有伤中国沉重的"国体"。他们看到被压迫的不是章子怡，而是亲爱的祖国！若不就此开除章子怡的国籍，"非得找个地洞钻下去"！我们发现，网上无休无止的谩骂，正在污名化"爱国"这一词语。

旅美历史学家唐德刚先生写过一本名为《战争与爱情》的小说，叙述抗日战争时期普通中国人的命运沉浮，里面讲到了另一种爱国——"床上爱国主义"。唐德刚说，日本妓女举世有名，建妓院也是日本人的拿手好戏。当时沦陷区有专为日本人服务的皇军慰安所，日本妓女以一当十，如狼似虎。但是，皇军需要慰安妇时，一切都是免费供应。所以，为了赚点外快，日本妓女时常偷偷越界，要与华民俱乐一番。于是，"华民为向日本天皇泄愤、雪耻，也不惜作阿Q、开洋荤、出重价。这次张老参虽然足足花了三十块银元，终能在一个日本女人身上抗日救国了一番"。

如此一来，既可以爱国，保持一点民族自尊心，又可以尽情享受，可谓两全其美。虽然张老参们不能像那些才子佳人一样代表中国的良心，至少也要代表中国的肾，把自己当成"国体"，覆盖并进入另一具"国体"，在享乐中杀敌——像《大宅门》的白景琦说的那样，"看前面黑洞洞，定是那贼巢穴，待我冲将前去，杀他个干干净净"。

当然，这种可以用次数来计算的爱国未免有些滑稽，经不住推敲。遥想当年郭沫若、周作人等君，定然不是出于什么爱国的伟大目的才娶了日本太太。鲁迅和周作人家里闹出的那点纠纷，自然也不是因为鲁迅当日想爱国，周作人不肯。归根到底，将一个人的性爱与他是否有爱国情操扯在一起，风马牛不相及。

2006年的一天，我采访法国思想家吉尔·德拉诺瓦（Gil Delannoi）先生，我们不约而同谈到"替罪羊"问题——为什么那么多自称"爱国"的人，都热衷于寻找替罪羊？为什么中国人对自己的同胞不宽容？在我看来，最大的原因就是"寻找替罪羊"式的"爱国"是个只赚不赔的买卖。理由如下：

其一，在国家面临危机时，"爱国者"会竭尽全力从外部或内部寻找敌人，认定他们是所有罪恶的根源，将自己的责任一笔勾销，以此维护所谓的民族自尊与国家荣誉。

其二，单方面地赋予某些人以"爱国"责任，然后监督他们是否爱国或叛国。在这种逻辑下，自己永远是爱国的，别人永远是被指责的对象。指责别人越多，自己就越爱国，越有成绩。指责或控诉别人因此成为一种既有利可图，又无风险的事情。正是因为上述第二种逻辑，使章子怡一夜之间成为"民族罪人"。事实上，"爱国者"们所谓"爱国"，并不是因为自己做了有益于国家的事情，而是因为他们认定别人"有罪"。

在我看来，章子怡说到底不过是个有着自己梦想的邻家女孩，一个依靠个人奋斗获得了成功的普通的电影演员。她只是共和国的一个公民，既不属于国家，也不属于人民，只属于她自己。章子怡的肉体与中国的"国体"毫无关系。

  国家与尊严，从来不是空洞之物，都不应该超越于个体之上。无论爱国，还是爱民族，要互相爱惜，归根到底是要爱国民，要在自由、进步、宽容等价值观的指引之下，尊重个体的成长与选择。正如富兰克林所说，"哪里有自由，哪里就是我的祖国"。我相信，我们让祖国有尊严的最好方式，就是不要把"自由"从同胞身边拿走。

国界与自由

2010年初,我在日内瓦有过一次短暂停留,对日内瓦有了点浮光掠影的印象。日内瓦城区并不大,从规模上看很像是中国的一些中小城市。最让我惊讶的是在日内瓦城里能看到清澈见底的湖水,看到天鹅。虽然很小我便在书上读到"天鹅湖"这个词,但在现实中见到天鹅湖却是平生第一次。待明亮的阳光从云底钻出来,照在湖面和几近环城的雪山之上,你真的会心生忌妒——为什么有些人会出生在这样的美丽城市、世外桃源?

想起我在日内瓦大街上寻访卢梭故居时,看到他内室的墙上端端正正地写着"L'homme est né libre, et partout il est dans les fers"(人生而自由,却无往不在枷锁之中),我便不由感慨:虽说人生而平等,但这世间的不平等实在太多了。

又记得,托克维尔在《论美国的民主》中谈到决定一个国家形态的有三个要素,包括环境、法制、民情。其作用是法制优于环境,民情优于法制。美国的民情源于新英格兰乡村自治的民主精神,正是这种植根于美国建国初期的民主意识影响了美国未来的民主建设。仔细想来，这三个要素又何尝不是纠缠在一起。环境的好坏，法制的有无，同样会深深地影响民情。至少我认为，瑞士无与伦比的自然风光，给人带来的内心的安宁，在瑞士成为永久中立国方面起到了非常重要的作用。因为大家相信，战争不会让这里变得更美好。在此意义上，瑞士的国界的确起到了保护国民的作用。至少在人类疯癫的二十世纪，它是一道防火墙。

然而日内瓦湖并非简单的、让人避世退隐的江湖。事实上，这一片靠山近湖、看似远离尘嚣的土地，在欧洲乃至世界历史上一直发挥着极其重要的影响。在过去，它是人们逃避战乱的自由之邦，而现在又成为人类超国界合作的典范之城。

关于前者，你可以轻而易举地想到一些与这座城市相关的人和事。

比如，1803年，法国思想家圣西门为号召社会变革而在巴黎发表《一位日内瓦居民给当代人的信》，一是因为该文是此前一年他住在日内瓦时写的；另一方面，作者直接以"日内瓦居民"自命，同样表明日内瓦在当时已经具有了一种特殊内涵。

十九世纪英国的两位"被赶出了国土"的诗人雪莱与拜伦也曾经在日内瓦湖畔游荡。他们一起拜访过历史学家吉本的故居，为此雪莱还不无诗意地形容其时的观感："他们领我们看了吉本完成《罗马帝国衰亡史》时住的房子，还有老洋槐树遮蔽下的露台——吉本写到作品的最后一行时，就是在这里久久地凝视着勃朗峰。"而雪莱的妻子玛丽写鬼故事的灵感，正是得益于几位才子佳人当年的相遇。据说当时大家是在拜伦的提议下，各自讲鬼故事，一直讲得天昏地暗、飞沙走石，雪莱也近乎发疯。后来，玛丽就因为小说《弗兰肯斯坦》扬名。

同样值得一提的是罗曼·罗兰。在结束第一次婚姻后，罗兰深居简出，十年间只顾埋头写作《约翰·克利斯朵夫》。待第一次世界大战爆发，罗兰因为反战而被法国人骂为"卖国贼"。1915年11月，罗兰获诺奖却遭到法国政府反对。几年后他离开法国，从此在瑞士"隐居"十几年，但他从未停止写反战文章，《甘地传》一书即在此时完成。所谓"跨国归隐"，对于许多有济世理想的人来说，不过是找一个可以自由表达的容身之所。

世界也在悄悄变化。在日内瓦的时候我抽空去了一趟附近的乡村，并在一个叫埃尔芒斯（Hermance）的千年古村做了短暂的停留。一位老太太向我诉说了她的幸运，因为生活在这么美丽的一个地方。望着阳光下远处的雪山与平静的湖水，我们甚至不约而同地说道："天堂的景象也不过如此吧！"

从近千年前在这里建立第一个庇护所以来，尽管埃尔芒斯始终没有发展成一座大城市，至今也不过五百多人，但当你看到村庄完整地保留着数百年前的教堂与墓地，看到被严格保护的私产与古堡遗迹以及周边未被污染的湖光山色，你真有信心说这个村庄将永远留存。更耐人寻味的是，曾经为抢夺这个村庄及周边地区而打得头破血流的一个个封建领主早已灰飞烟灭，而两个法语国家也不再兵戎相见，并且开放了边界。

埃尔芒斯正好位于法国和瑞士边界，一度归属于法国。1815年瑞士成为永久中立国，从此告别战争，转年该村318人连同土地也都并入了瑞士。

说到国界，几年前，我曾经看过一部名为《送信到哥本哈根》的丹麦电影，印象最深的恐怕还是集中营里也有人性之美以及那位瑞士老太太闯关时的机智幽默了。老太太想把在路上遇到的一个从集中营里逃出来的保加利亚小男孩带进瑞士（过境去哥本哈根），在边检站他们受到了边防人员的盘问。就在边防人员执意要看"孙子"的证件时，老太太风趣地说："不能通融一下吗？他只是到贵国来一下，推翻了政府后马上就走。"边防人员听完也很识趣，不仅不再索要孩子的证件，还同样风趣地朝这孩子回了一句："好啊，年轻人，推翻政府后别忘了给我涨工资！"

有意思的是，在过去，为了自由人们筑起了国界，同样为了自由又想方设法从一个国家逃到另一个国家。而现在，随着欧盟的建设和对国家意义的再认识，欧洲国家渐渐褪去了它画地为牢或各自为战的本性。埃尔芒斯村东边，那条窄窄的界河也已经没有了卫兵，只剩下潺潺流水，只需轻身一跃，你便可以从一个国家跳到另一个国家。

那一刻，我更在想：国界这人造之物，既为人类的自由而生，也将为人类的自由而死。

历史与心灵

地球是圆的,到处是奇形怪状的人们。
终于,我从西方回到东方。
而整个世界,正在走向 A4 纸。

——《A4 纸的统治》

艺术会死吗?[*]

人皆有自己的艺术史。年少时听了什么音乐,看了什么绘画,读了什么诗歌,遇着了怎样的建筑与风景,渐渐有了某种审美倾向,后又因何机缘发生了改变……有些人甚至直接参与了具体艺术作品的生与死。或创造、毁灭;或欣赏、传播。无数变量叠加,便有了波澜壮阔的人类艺术史。

而任何有关艺术史的书籍,就算是贡布里希与艾黎·福尔这样的大家,终究逃不过"举例证明、望例生义"的宿命。我们无法获得全部的材料或史实,这是横亘在所有被记录历史与真实历史之间的一道深渊。任何严肃的学者,都不会不为此感到诚惶诚恐。

像个虔诚的艺术家,艾黎·福尔以文字的方式向读者呈现其艺术品《Histoire de L'art》(《艺术史》)。我敢说,这是位极尽诚意的作者。在1921年的新版序言里他曾如此自陈不断修正作品时的心境:"过去陈述的那些观点,今天看来实在难以相信它

---

[*] 此文系本版新增。

们确曾是我写下的东西。"在风格上，此前有人甚至批评他的作品并非冷静的艺术史，而是旨在赞美艺术的诗篇。

上述困境与批评或许无关紧要。虽然艺术史写作拜赐于作者所获得的材料，但其寻找意义大于追求真理，实属"主观完成客观"的过程。如何理解你所抵达的有限事物，是其至要一环。

艾黎·福尔的博学让他的艺术史写作具有某种"人类文明史"的气质。就阅读体验而言，我宁愿将其作品更名为"艺术与心灵"。书中提到的人物与画作，让我常有时空倒错之感。若干年间，尤其是在欧洲不同场馆观看各类油画时的情景纷至沓来。从凡·高、莫奈、雷诺阿、达利，到委拉斯开兹、戈雅、勃鲁盖尔、莫迪里阿尼……每棵大树背后都是一片森林。只是，相较于世人津津乐道的落魄者的蓬头垢面与成功者的灯红酒绿，更让我着迷的是艺术家内心的焦灼。它恰恰是最容易被忽略的。就像凡·高所言，每个人心中都有一团火，而路过者却只看到了烟。

不进步的艺术

艺术并不只是描述，而且召唤。理想的状态是科学家开拓客观世界，艺术家护卫主观世界。前者寻找并接近真理，后者创造并赋予意义。前者发现，后者发明，两者合而为一构成我们所栖居的世界。不同的是，真理栖居于某种必然性；而意义栖居于一万种可能性以上，艺术也因此注定是宽阔而诗意的。

艺术是人类的发明，而客观真理你寻与不寻它都在那里。如果真理是 1，就不会变成 0 或者 2，只能是你曾经误以为是 0

或者2。而人类只能发现真理并适应它,却不能发明。我们只能做真理的附庸,否则就难免接受真理之惩罚。既然万有引力是真实的,在悬崖边上徒手倒立就是危险的。

艾黎·福尔大概同样认同艺术乃关乎意义而非真理。显然他不是一个艺术进步论者,所以认为"风格是对进步的否定",一种风格只能被替代而不能被超越。所谓"美学进步"也只是社会哲学家给普通人设下的诱饵,其唯一目的在于动员。

这种替代并非得益于真理的青睐,而是基于时代的消长。既然任何风格的作品本是和谐曲线上的一点,不同时代的艺术家也只是时间线条上的芸芸众生。

艺术不会进步,只会拓展。每颗星星都有自己的位置,并由此构成了我们面前的宇宙。或许可说,我们日夜雕琢的灵魂才是世间最独一无二的艺术。在灰烬色的画布上,艺术家总是同时描绘时代与个人的噩梦。为什么艾黎·福尔会在戈雅身上看到了另一个华托、莎士比亚、伏尔泰、葛饰北斋或但丁?没理由相信戈雅是他人化身,他只能如其所是。而那些让人似曾相识的东西,可能是许多艺术家都曾拥有的。

非进步论同样适合有关"现代艺术之父"的争论。在印象主义狂飙突进时,塞尚自况落伍者,闲云野鹤的他甚至懒得在作品上签名,而后来的艺术史家们却视之为"现代艺术之父"。有持不同意见者,如电影《至爱凡·高》将这无限哀荣给了《星空》的主人。

谁是"现代艺术之父",首先涉及个人对"现代艺术"的理解。若重立体主义自然会想到塞尚,若将表现主义视为现代艺术之精华,则可能想到凡·高。甚至,有人可能还会想到杜尚,这位"现代艺术的守护神"。就像宗教改革后新教徒直接与上帝对话，杜尚以后有关艺术的律法被搁置，艺术家"大权旁落"，艺术不仅失去了边界，甚至不需要额外创造——你相信是艺术什么就是艺术。

此外是对"现代艺术之父"的理解。我震撼于凡·高扭动的线条与充满旋涡的星空，也热爱塞尚色彩的富足与形式的充盈，并宁愿相信"现代艺术之父"是一个复数。否则，就传承而言，谁又是"现代艺术的祖父"？谁又来断言"古代艺术之父"？为何肖维特洞穴三四万年前的动物壁画，放在现代艺术展品之中也并不突兀？

我曾在伦敦一面墙壁上读到华特·席格写在一百年前的一句话，一时感慨良多。其大意是世上没有什么清晰可辨的所谓现代艺术或古代艺术，因为人类历史是一条不曾中断的河流。那些流淌在下游与上游的水，又有哪个堪称更加进步？当我们谈论一条河流的意义时，只会感叹它的源远流长以及因其弯曲哺育了更多的生灵。当百川入海，如何分辨哪一滴水来自上游与下游？

神秘的东方

艾黎·福尔曾特别谈到中国艺术，当时这个国家正向世界打开大门。他感叹东方有一种"神圣的神秘"，同时批评"无忧无虑，无梦无幻"的中国画家们以深沉的利己性为自己配诗作画，"城市的骚动没有波及他们"。在画纸上，除却山间流水与畜群的嘶叫，听不到他们任何声音。

若值青春年少，我会以满腔热血附和上述批评。如今则认为它们难免有苛责或督战的成分。好比莫奈的《日出》系列，美还不够吗，为何还额外要求它们有力量在协和广场上引起一场骚乱？

艾黎·福尔所谓在中国艺术中感受到的"知觉休憩的重量"，这也未尝不是艺术的功能。我曾远离东方美学之"无我"，待阅历渐多，有了充分沉淀则另有思量。就像读柳宗元"千山鸟飞绝"的《江雪》，没有谁确知"蓑笠翁"所指何人，然而似乎又是所有人。与此映衬的是"藏头诗"里的"千万孤独"。东方艺术中的"无我"，又何尝不是一切"我"？

若有幸品读范宽《溪山行旅图》里穿行于如巨碑峰峦下的赶路人，或许艾黎·福尔对东方会另有解释。古时中国画家没有还原或复制物境的激情，他们更想描绘的是心境。其实这也是艾黎·福尔赞美马蒂斯的理由——借绘画建立自己的宇宙，完全排除客体的真情实感或诱人景色的吸引力。而马蒂斯深受东方艺术的影响。

各种艺术流派，在不同的土地上生根发芽。到处是远离潮流的人们，他们有自己的方向，他们也都走在自己所能抵达的世界的中心，随时欢迎来自远方的客人。

艺术是对幻觉的成全

论及罗丹时，艾黎·福尔感叹："没有一座历史性的纪念碑是从上而下建筑起来的。"然而人类需要幻觉，像需要空气一样需要幻觉，以幻觉承载实体。所谓人类悲喜并不相通，或只在于我们不能互相看到对方的幻觉。

无幻觉则无创造。艾黎·福尔对德拉克洛瓦赞赏有加，也是因为后者无与伦比的幻觉。正如哈姆雷特的梦幻给果壳中的肉身带来了无限的空间与情感，德拉克洛瓦甚至认为自己身上最现实的东西是他所创造的幻境。

艺术何为？艺术是对幻觉的成全。基此坚实的幻觉，艺术才会成为"一个人的宗教"。而皮格马利翁效应与其说是有关预言实现的故事，不如说是个有关幻觉如何进入实体的双重寓言，即幻觉变成艺术，艺术成就实体。

幻觉常是创造性之源。若无幻觉参与，在罗丹面前大理石就永远是大理石，更不会藏着思想者、天使以及被禁锢的情欲；画家们也不会像怀春少年与发情野兽一样在画布上寻找情侣，甚至昭示悲怆的命运。

在客观世界，人如何找回主体性？表面上幻觉带给艺术的是对事物与事实的扭曲。为此，柏拉图担心绘画与诗歌蛊惑民众，使后者远离真理。而今艺术家们最该担心的应是自己不小心做了原型的奴隶。或者说，艺术的价值不在于忠实的复制，而在于以最适当的方式逃离死气沉沉的客观与原型。无论是凡·高、马蒂斯还是塞尚，他们都是通过对原型的扭曲与背叛创造了前所未有的美。

人类为何需要艺术？因为艺术可以满足人的审美激情，构建人的想象之维，提供意义的丰富性，并完成对人的主体性的扶持。一切艺术的完成，都是人赋予事物意义的完成。人是因为有了艺术之维才真正成为了多维动物。区别于束手就擒的真理世界，在艺术世界里人是想象中的上帝的上帝，是地上的诸神。他们可以像小说家与艺术家一样安排世界，并照见自己无羁的灵魂。

在宗教与科学之间

穿行在欧洲各大博物馆的游客，通常都会看到大量宗教题材作品，其中不乏杰出者。就我个人审美体验，有时也难免为其题材单一而感到遗憾。好比一群人分配资源，一个人得到太多，其他人就会饱受匮乏之苦。这种压倒性繁荣似乎也意味着艺术在一定程度上变成了宗教的附庸，缩略为《圣经》的插图。当然，从艺术史更宏大角度看，亦可理解为每个时代各有特征。艺术的丰富性不仅立在空间上，还会写在时间里。

盛极一时的宗教既成就艺术也可能压制艺术，在艾黎·福尔看来是因为宗教与艺术分属两种激情。就像"忠孝不能两全"，艺术家同样会在艺术激情与宗教激情对立时艰难选择，于是便有了桑德罗·波提切利的悲剧。按说宗教本应属于意义的范畴，当它变成昭然若揭的真理写在宗教的教科书里，天堂从此失去了神秘，在那里，想象也在一定程度被禁止了。

和许多法国人文学者一样，艾黎·福尔将科学放在人类的目标之下，"科学只能为虚构的精神大厦提供新的武器和材料"，而艺术也不必接受科学的宰制。艺术虽然包括几何图形，但无固定形状。若都去遵守塞尚所谓"大自然的一切都归结于锥体、圆柱体以及球体"，其结果必然是"置绘画于死地"。

真正让艾黎·福尔担心的是科学蜕变为一种宗教。这已不是简单的"工业泛神论"，而是科学在裁决一切价值。在探讨艺术前景的同时,艾黎·福尔同时在问,当科学不再是活生生的存在,而是蜕变为一种脱离了感官与心智的唯理主义和"僵化的宗教",它会不会变成了"墓茔中的一盏灯"?

艺术会死吗?

有关艺术即将终结的讨论由来已久,就像福柯宣告"人之死"。黑格尔对艺术终结的推理是,当艺术的感性成分越来越少,而观念成分越来越大,艺术将并入而且消失于哲学王国。问题是,理性如何可能压倒性地战胜感性?这方面听听休谟、叔本华与尼采的反对声音就可以了。而且,艺术史进程不同于科学史进程,它不会借进步主义贯穿某种单一性,而是逐步走向"文无第一"的丰富性。

而这才也是杜尚"小便池"的意义。如果说现实中的小便池最终会面临容纳人体排泄物的某种结局,那么作为艺术品的"泉"则意味着传统艺术走向更广阔的丰富性的开端。此后,艺术不仅决定于作品形式,更决定于创作者意图和受众的理解。

1906年,在《艺术的人性价值》一文中,艾黎·福尔这样谈到科学与艺术的功能:"人类的理想主义追求除了适应其生存环境外别无终极目的可言。"在某种意义上说,科学安顿的是人沉重的身体,艺术安顿的是人自由的灵魂。

时至今日,科学正在驱逐人的主体性。当药物开始代替文字与色彩,芯片可以操纵大脑,AI(人工智能)与无限猴子定律能够绘制出人类历史上所有的作品,艺术的危机将不在于艺术家们纷纷丢掉饭碗或所谓艺术边界的消失,而在于艺术不得不面对两种现实：一是人在 AI 算法面前失去想象力；二是艺术正在远离人性。

如果承认艺术诞生于给人类带来存在感的某种肉体或精神上的痛苦，那么就算 AI 带来所谓的艺术的春天，也一定是"死亡与情欲各显其能"的悲剧性的春天。想象有那么一天，由各种算法批量生产的画作像大自然一样包围我们，并且成为人类艺术史上巨大的变量吧。而这一切难免让我想起艾黎·福尔在二十世纪初看到德国与美国拥抱各种庞然大物时的忧虑——"一个巨大的谜正在形成，任何人也不知道它会将我们引向何方。"

伊卡洛斯之梦[*]

几年前有一次去雅典看艺术展，不巧当天好几家美术馆都关了门。于是四处东奔西走，无意间我路过据说曾经关押过哲学家苏格拉底的那座监狱。监狱藏在山坡里，从外面看上去有点像几个窑洞。记得那天下着大雨，里面乏善可陈，我在监狱外面站了好一会儿，临走前还从地上捡了块石子，将它放进外墙上的窟窿里，仿佛要给先贤捎去今世不知所以的暗语，然后就冒着雨离开了。

相较于古希腊哲人及其现实思想，我更有热情关注的是那个时代的神话。在诸多感兴趣的悲剧人物中，除了普罗米修斯、俄耳甫斯、俄狄浦斯、西西弗斯、坦塔罗斯和奥德赛等，还有伊卡洛斯。

伊卡洛斯的父亲是建筑师代达罗斯。代达罗斯曾因杀人负罪逃到克里特岛。受克里特岛国王米洛斯之邀，他建造了一个迷宫，却不承想将自己和儿子最后也困在了岛上，因为陆路与

---

[*] 此文系本版新增。

水路都被米洛斯给封住了。为了不在孤岛上虚度余生,代达罗斯想到了带儿子"升维逃生"。

这是古希腊神话里非常著名的一个故事。在奥维德的《变形记》里,代达罗斯说:"虽然他把海陆的道路堵死,天空还有路,我何不升天而去。米洛斯控制了一切,他却并不能控制天空。"

为此代达罗斯用封蜡和羽毛做了两对翅膀,好让父子俩可以一起逃离克里特岛。出发前,代达罗斯特别嘱咐儿子不要飞太高,以免翅膀上的封蜡被阳光融化;也不要飞得太低,否则翅膀沾上海水会变得过于沉重飞不起来。然而一旦起飞了,很快伊卡洛斯完全忘记了父亲的忠告。当他飞得离太阳越来越近,翅膀上的封蜡悄悄融化,紧接着羽毛一片片落下,没过多久这个少年就因为失去翅膀坠海身亡。

耐人寻味的是安德烈·纪德的小说《忒修斯》里的细节。建造迷宫的代达罗斯对忒修斯坦陈,这世上就没有狱卒能防住执意要逃去的人,也没有大胆和决心跨越不过去的高墙深沟,要想把人留在迷宫,最好的办法绝不是使其不能,而是使其不愿意出去。

……于是我提供燃料,保持炉火日夜不熄。炉中飘逸出来的浓烟,不仅作用于意志,还令人昏昏欲睡,能制造一种令人销魂的迷醉,让人产生种种惬意的错觉,引导大脑徒劳地活跃,沉迷于欢畅的幻觉中;我讲'徒劳地活跃',就因为除了想象的东西毫无结果,只是经历了一场虚幻,或者一场不连贯、不合逻辑也不坚定的思辨。呼吸这种烟雾的人,反应各不相同,每人头脑都开始紊乱,可以这么说吧,每人都迷失在各自的迷宫里。

伊卡洛斯也曾深陷在这个现实的迷宫里，所幸他从父亲那里获得了想飞的翅膀。只是由于飞得太高，很快陷落在另一个理想的迷宫里。虽说自由在高处，但此高处并非没有极限。

在所有关于伊卡洛斯坠海的悲剧演绎中，给我印象最深的画作来自我喜欢的尼德兰画家勃鲁盖尔。在那幅名为《有伊卡洛斯坠落的风景》(Landscape with the Fall of Icarus)的伟大多点透视作品里，悲剧人物伊卡洛斯完全没有落在画面的中心。撞满眼帘的是被扔弃的宝剑与钱袋、正在腐烂的死尸、继续耕作的犁铧、不问世事的钓鱼者、仰头望天的牧羊人以及各奔东西的航船……若不仔细，我们甚至不容易发现伊卡洛斯两条腿V字形地露在水面上，看起来更像一个人在水中嬉戏。尤其对于边上的那个钓鱼者来说，一切就像鲁迅所说的"人类的悲欢并不相通，我只觉得他们吵闹"。

生离死别本是世间最寻常不过的事，同样耐人寻味的是勃鲁盖尔这幅作品的名字也波澜不惊地归于"风景"二字。二十世纪三十年代，英国诗人W. H. 奥登正是在看了勃鲁盖尔的画作后写了《美术馆》这首诗。

> 万物是如何悠闲地从灾难中转身，扶犁者或许
> 听到落水的声音，荒弃的呼喊，
> 但这对他不是什么大的歉收，太阳必定照见
> 那白腿正消逝在碧海；那华贵精巧的大船
> 也一定看到有奇事发生，一个男孩自天空陷落，
> 而大船有自己的去处，继续寂静的航程。

如一滴无名的雨水落入大海，在伊卡洛斯之后，太阳照常升起。不是死亡没有希望，而是死亡失去意义。森林不因一片叶子的飘落而哭泣，世界不为一个人的毁灭而停止运转。如此没有存在感的世界难免让人感到残酷，这不就是"天地不仁，以万物为刍狗"吗？在"人对人是上帝，人对人是狼"（Homo homini Deus，Homo homini lupus）之外，勃鲁盖尔的画作似乎在揭示世间另一个古老的真相，即"人对人是刍狗"。

更为残酷者，有朝一日整个人类的消亡可能也不过是宇宙的一道风景。我猜想人类注定会带着科技轰轰烈烈走向末路，只是对此浩瀚宇宙而言，不知将来那些看风景者究竟是谁。

在诗人奥登所处的年代，生命被漠视甚至残害无疑是人类的耻辱。然而近百年后的一种奇怪体验是，在我凝视勃鲁盖尔的那幅画时，并不为此漠然感到十分悲伤。就像今日互联网上铺天盖地的悲剧，当你见怪不怪，变得麻木了，慢慢地一切死亡仿佛都是窗外的秋日风景。甚至，在今日大众传媒的语境下，我还会时常想起苏珊·桑塔格写在《旁观他人之痛苦》中的警告，当一个人的死亡被大规模地旁观或者施虐，为此我偶尔会觉得一个人能悄无声息地死去对自己反倒是一种慈悲。

能带人逃离的不是艺术，而是艺术的心灵。如果有一天我寂静地死去，那么诗人费尔南多·佩索阿的《当春天来临》会给我莫大的安慰。就像他说的，我死之后花朵会照常开放，这个世界的真实并不仰仗我，想到我的死属于没有任何重要性的、无关痛痒的事情，这让我感到非常幸福。当然，我也希望自己是带着某种无声的希望离开这个世界的。

如果我知道我明天将死去，

而春天是明天之后的某天，

我将死得幸福，因为春天是明天之后的某天。

同属英年早逝，伊卡洛斯之死让我想起那喀索斯。

十六岁的时候，那喀索斯已经长成了天下第一美男子。某日他在水中发现了一张英俊的脸并且为之深深着迷。水是大自然送给人类的镜子，可以帮助人看清自身，然而那喀索斯并不知道那是自己的影子。当他伸手去触摸的时候，那个影子就消失了。于是他只能安静地趴在水边看自己的影子，终日茶饭不思，直至憔悴而死。苏格拉底的名言是"认识你自己"，而神对那喀索斯的诅咒却是"不要认识你自己"。那喀索斯大概是人类故事里第一个死在镜子里的人。更准确说，他是死在自我的幻象之中。

死于幻象本是人类的宿命。当然，如果一个人相信幻象是真实的，那么就不能完全否定他是死于某种真实。或许宗教、文学、艺术甚至包括哲学等，其起源无不与人类的自恋情结有关。它们是一些镜子，在那里随处可见的都是人类的倒影。在那喀索斯身上我们甚至能够观照整个人类的命运。粘在伊卡洛斯身上的那对想象的翅膀同样被当作艺术的化身。如果放宽视界，前述一切亦可归类于更大的艺术的范畴。本着相同的逻辑，宗教又何尝不是一种关乎拯救的艺术？人类正是借助各种艺术一次次超拔于现实的泥泞之上。

简单说，人类既已为自身发明创造了无数镜子，亦必将深陷其中。表面上看宗教是人跟自己的分裂，实际上却是一种

"借镜自救"。在基督教里上帝与人表现为两个极端。据路德维希·费尔巴哈写在《基督教的本质》里的分析,为了使上帝富有,人就必须赤贫;为了使上帝成为一切,人就成了无。但是表面上失去的那一切都保存在上帝那里。人怎样思维、怎样主张,他的上帝也就怎样思维和主张;人有多大的价值,他的上帝也就有这么大的价值。

费尔巴哈认为宗教是人类的心灵之梦。在我看来,无论宗教还是梦,它们都是真实存在的。而宗教的出现所指向的,与其说是人类的虚无,不如说是人类崇高的自恋——任何宗教背后都有两个企图:一是对宇宙奥秘与世界知识的总体性解释,包括人从哪里来,到哪里去,这是理性之谵妄;二是想象出一个身外圣物将自己拯救,这是感性之自怜。

如果说伊卡洛斯死于对外部美好世界的追逐,那喀索斯则是死于对自我的凝视。当人类开始自我凝视的时候,人类的文明进程就开始了。自私的基因与追求意义的本性不会让人类否定自我。借着上帝这面镜子,人将自我与世界的想象推至某种极限。重要的是,这个上帝必须是为人类服务的,只有以拯救人类为目的的上帝才是全知全能的。为此费尔巴哈断定,人是上帝的准则与本质,"一位没有人的上帝,就不是上帝"。

有一点是可以肯定的,人类的梦想不应该以摧毁自身为手段或目的。如果说渴望不断上升的伊卡洛斯是人类自由精神的某种化身,其飞天之举面向的同样可能是月亮,而不一定是太阳,就像中国古代神话故事里的嫦娥一样。为此,我曾经简单地画了一幅伊卡洛斯之梦,并且将之命名为《月亮上的伊卡洛斯》。想象在另一个世界里,睿智的伊卡洛斯不仅躲避了烈日令他沉落的厄运,还靠着父辈给他的翅膀飞上了月球。为寄托寓意,后来我决定将这幅插画用在新版《自由在高处》的封面上。

一只蚂蚁被人用圆珠笔画了圈困住了,它只能在这个"自杀怪圈"里打转,直至精疲力竭。而如果你给蚂蚁一根枝条,它就会顺着枝条爬出那个怪圈。这样的时候,我们不再嘲笑蚂蚁是二维动物——这是维度的胜利。而"自由在高处"的本质,也是在平庸的生活或者逆境之中,仍有另一个精神或者时间的维度。就像法国著名诗人兰波所谓"生活在他处"(La vie est ailleurs),自由同样需要其他维度藏身。在此意义上,当然我也可以说"La liberté est ailleurs"(自由在他处)。而我之所以赞美苏东坡,除了因为他内在的深情与千山万壑,更因为他的生命里有一个永远不被磨灭的向上的维度。试问"明月几时有,把酒问青天"感动了古往今来多少中国人?从此在精神上又有多少人不是想象中的那轮明月的后裔?

作为意义动物,每个人在自己或他人建立的迷宫里生活。一个变化是,二十世纪以来传统的想象世界与意义世界在不断坍塌,而一座前所未有的技术迷宫已经被今天的代达罗斯们建成。它不仅让人不想逃离,而且让人无法逃离。具体到人们爱恨交加的互联网,里面除了精神引诱,如今更有物理层面的囚禁——购物、支付、社交、出行许可渐渐变得不可或缺。它浩瀚无边,同时又让你每日不得不龟缩在果壳中的宇宙。

一切都是技术性的。这也意味着除了在技术上实现这个世界不再需要其他想象力。一个悲剧现实是,古罗马斗兽场式的围观结构培养了数以亿计的旁观者,人们沉迷于每日被信息投喂的"可怜的舒适"、服务式的"驯化"。对于个人来说,从前私生活是人生的避难所，现在则成为随时可以推上前台的角斗场。无底洞浏览模式同时将每个人推向信息的深渊。

在这个超饱和的时代，一边是各种生离死别的超饱和刺激，一边是生活斗志与想象力的枯萎，尤其是年轻的宅男宅女，他们足不出户便已经在手机里看够了世相。一切越来越像斯坦利·库布里克电影《发条橙》里的"厌恶疗法"，各种软件铺天盖地的推送信息正在腐蚀人的生活与心灵。尼尔·波兹曼曾经感叹，当成人世界在孩子面前变得一览无余，伴随电视到来的是"童年的消逝"。如今互联网上随处可见的生离死别与超饱和的幻起幻灭带来的可能是"生活的消逝"。

同样严重的是，今日世界在科技的不断揭秘、越界或者裹挟下，不仅人类过去的神话在破灭，甚至人身上的神性也正消失殆尽，取而代之的是一堆堆理性务实的电子数据与目标的天堂。我猜想人类是借着自己区别于万物的想象力与神性走进文明世界的，而我们正在丢失这种想象力与神性。当内在的神性被驱逐，过去宏大崇高的意义之镜碎落一地。而庸俗的个人主义或自恋主义正在矮化为查尔斯·泰勒嘲讽的一个人标榜自己有3732根头发。谁有能力在自己身上克服时代之病？"人生不过如此"的空虚在无数按键上弥漫，多少人在寂静的狂欢中苦挨时日。今日的伊卡洛斯，独自徜徉在父辈为自己建造的迷宫里，再也不望天空一眼。就像有人感慨的某种悲伤的结局——大多数人至死不会张开内心的翅膀，他们忘记了自己与生俱来的万贯财富，却一贫如洗地过完一生。

读大学的时候我经常为想象中的世界喝到醉眼蒙眬。记得某日和一个老乡讨论天堂之有无。他说，人类的太空飞船都已经登上月球，天堂是不存在的。我反问他，你能把飞船开进我想象的世界里去吗？我心中的天堂不是宗教意义的，而在于我试图守护的精神世界。它必须是有想象力甚至具有某种神性的。而且，即使是从纯哲学意义上说，每个人都是这世上最大的谜团。以感官的名义，我们都是开天辟地者。当我来到这个世界，这个世界便因我新生了一个宇宙。

回望人类的文明演进，有些朴素的原始思维时常令我动容。在那些被称为蛮荒的古代，人类幻想自己居于宇宙中央，带着不断轮回的生命与使命日出而作，日落而息。山间有神仙和四季，家里有祖先和儿女，心中有永恒的价值与深情。而现在人们信奉的只有自己创造的层出不穷的工具。钟表取代了时间，观看取代了思考，令人上瘾的各种玩物占据了闲适的灵魂。

没想到几年前在希腊的短暂旅行勾起我这么多思绪，先写到这里吧。过去几十年间，我做过无数有关飞翔的梦。很多时候，我甚至还会在醒来之后画下梦中飞翔的种种。遗憾这些年来越来越少了。我知道自己这一生困顿在无数的迷宫里。此刻，坐在长安街边的高楼里，我尤其想自问的是：在时间广袤的绵延中，我既已拥有一颗现代人的头脑，能否继续且永葆一颗古人的心灵？

人为什么做梦?[*]

夜半醒来,全无睡意。炎热的夏天,索性坐起来和自己说梦。

年轻时内心安宁,醒后回想刚刚做过的梦,它们通常清澈见底。即便不是每个细节都一清二楚,却也活灵活现。由于经常梦见美景与飞翔,我特别准备了一个本子,偶尔会将梦里最有意思的内容逐帧记录下来。

毫不夸张,过往岁月我所见过的最绚烂的景致是在梦里。2022年端午节,有缘重读《离骚》。我该为这一天的即兴安排感到庆幸,正是借助《离骚》及相关释读,我理解了中国历史上的诗人时间以及自己身体里那些始于远古的神性与崇高。

而屈原想象中"朝发轫于天津兮,夕余至乎西极。凤皇翼其承旗兮,高翱翔之翼翼"之类的登天与壮阔,事实上我在梦里也是隐隐约约领略过的。二十多年前的一个夜晚,我曾经在梦里飞天,不断攀升,直至伸手触摸到蓝宝石般的天庭。这个

---

[*] 此文系本版新增。

场景我至死不忘,每每想起内心都会觉得无比甜蜜。几年前写的《致云雀》那首短诗,在某种程度上说也是对那个梦的回忆。

遗憾的是最近这些年,类似美景在我的梦里变得越来越稀缺,飞翔的次数似乎也少了。更糟糕的是很多梦境变得影影绰绰,模糊不清,醒后甚至难以打捞。究其原因,一个最大的可能大概在于我沾染了一种恶习——每天醒来,不是将新做好的梦扶上马车送一程,而是愚蠢地在第一时间摸索并点亮枕边的手机。

一种可怜的慌慌张张,醒来如遇沉沦,势必要抓住最后一根救命稻草。

而实际上却是我在梦之池塘里扔下一块巨石,以至于醒后只看得见现实不断扩散的涟漪,泛起的污泥,梦里发生的事情却都浊不见底,什么也不记得了。就算绞尽脑汁,没有一个片段可以按图索骥。这样的时候,我会感到沮丧。就像小时候在老屋外的竹床上睡过了点,醒来时邻村当晚的露天电影早已经演完了。

文明是群体的梦幻,梦是一个人的现实。梦不是超现实,而是现实的一部分,尽管它是诗意的——一种不以征服为目的的游牧状态——但折射的却是存在之困与存在之思。就精神层面而言,梦本无所谓孰高孰低。事实上我并不奢求美梦,无论遇见的是大地繁花四起还是满江满河的浮木断舸,我所重视者乃是一尘不染或无人知晓的梦之经验本身。而生活无外乎将梦里梦外的经验不断压缩,使之成为宝贵但屈指可数的记忆片段,供我们在河边、在炉火旁、在墓畔回望。

印象中一觉无梦到天明通常会被认为是身体好的表现。心神无扰固然好，不过于我而言则可能是另一种糟糕。多像是度过了没有精神生活的一生，该体验同样会让我在醒后因为想不起任何事物而直抵虚无。与此寂寥相比，我更喜欢自己灵魂深处车水马龙的夜晚，各归其所的漫游、偶尔的落寞与缱绻、无声的喧哗。又或许做梦就像是在此岸望见彼岸的烟火，反之亦然。

在极其偶然的情况下我同样会做噩梦。记得年幼时生病，被高烧折磨得迷迷糊糊，为此梦见过难以描述的恐怖景象，大概是一群人在赤色的火影里挤挤搡搡地走路。严格说这也不算什么噩梦，只是现实中的大火烧到梦里去了。此时恶的不是梦，而是现实。

马尔克斯在《百年孤独》里说，"过去都是假的，回忆没有归路，春天总是一去不返，最疯狂执着的爱情也终究是过眼云烟"。当这些云烟飘忽起来的时候，我还会做离散之梦。不过，它们带给我的往往更多是安慰。毕竟现实中失去的能在梦里重现，可以说是为我完成了某种人情或戏剧意义上的探望与定格。我们生命中的很多美好事物，就是在类似渐行渐远的梦里被体面安葬的。

所谓"大都好物不坚牢，彩云易散琉璃脆"。如果你常在梦里看到过往，那意味着你接近了这样一个真理——现实总是比梦速朽。而另一方面，梦往往比现实提前降临。梦就是这样一位仁慈的女神，她既在不经意间昭示未来，又在失意之时为我们收拾残局。

想起上大学时曾经印过一个诗文集，其中有句话是"一夜无梦，何异于小死一回？"无论如何，我是庆幸自己这一生多梦缠身的。经常做梦的人不会一贫如洗地度过一生，因为他们不仅自备了无与伦比的平行世界，还拥有非我莫属的隐秘经验。

可恶的是，正如我今日突然意识到的，手机以及里面那些蠢蠢欲动的妖魔鬼怪，不仅让我时常晚睡，挤占我醒来后的"天堂一分钟"，甚至还侵入并试图销毁我在若干平行世界里的一草一木包括所有证物。我的苏醒不再是诗人特朗斯特罗姆笔下的"从梦里向梦外跳伞"，而是像个五花大绑的歹徒突然被带回现实的审讯室里并且所有的大灯都亮了。

当我把以上段落分享给我善于思考的一位学生，她随之而来的感想是——有时候真觉得需要成为并恪守"成年人"的身份是一种剥夺，生命的历程就是一场又一场对灵的剥夺。我相信她所谓的"灵"同样与每个人身上的那些不由自主的梦有关。而成长，在无数人那里无非是今我对昔我的剿杀，是"后来者掌权"带来的改朝换代与血流成河。

在人生浩大的戏剧里，利用夜半醒来与上午的这点破碎时间，草草记录以上沉思，大概我也是想郑重其事地在自己与梦之间建立起某种仪式。我承诺要捍卫自己经常做梦的福气与能力，并且让今生所有的梦在我的一生中都平起平坐。

回到本文最初拟定的题目，如果考虑到人在生物性上的复杂，我承认自己是无法回答"人为什么做梦"的。既然人是意义动物，就不得不说人在本质上也似一架幻觉机器。无论白天的价值观还是晚上的梦，都是由此产生。只不过梦在身体里浮现的时候显得比其他事物更诚实易见更接近本质。悲观地说，一切都是"不由自主的人，做着不由自主的梦"。否则，我们为什么会无缘无故地爱上一个人，无缘无故地受着情欲的驱使，在寒冷的冬天做着有关春天的梦？

然而，即便如此这一切并不能否认人具有某种超越性。尤其是在一些本能之外需要选择的事情上。正因为此，从精神上说梦不仅可以成为每个人消极自由的一部分，更是无数灵魂与自我的避难所。

与此同时，在更广阔的世界里，另一种危险正在发生，而且比手机干扰我的梦要严重得多。那就是科学家们对梦境的干涉。为了让梦臣服并服务于人，借助梦境增强设备与必要的手段，这帮疯子试图将我们与生俱来的梦替换成一定数量的欢乐剂。就这样，在标准化的幸福面前，每个忧愁的人都有病，而梦与忧愁是需要被维修的。殊不知，如果梦可以被操控与改造，人这躯壳里还将剩下什么？当按下一个按键就可以更新人的意义系统，当梦变成一盘盘内容确定的录像带，可以像时钟一样钉在墙上，人生终于被缩略为一次次精确的无意义的转圈。

有生之年，我享受每天不被他人染指的梦境，包括梦里的恍惚与不确定性，这与生命中有多少欢乐和痛苦无关。写这篇文章，我无意探究每个人爱吹怎样的风，爱做怎样的梦，但相信在整个世界走向"幸福的A4纸"之标准化统治时，梦依旧代表着人类最后的高原、尊贵的自由与可能的丰富性。这些年我常常感叹"人的消逝"，但就像前面提到的，相信在人类来临以前、消失以后，这世上就一直并且会继续飘荡着梦的神秘与神秘的梦。

人以幻象为食[*]

很久没有更新思想国。几天前有读者催促，发现又是半年过去。半年间偶尔收到平台删除几年前旧文的消息，也都懒得打开继续往下看。今日醒来，忽然想起《约翰·克利斯朵夫》。回想往事，巧合的是在我并不漫长的岁月里，发生在克利斯朵夫身上的许多事情似乎都已亲身经历。

一个人想要播撒阳光，首先得心里有阳光。我时常感恩《约翰·克利斯朵夫》中的某些篇章尤其是《燃烧的荆棘》将我从失落与沉沦中一次次救起。理想的社会与伴侣、有尊严的生活和可告慰平生的创造……在人性起落不明的光辉与幽暗中，我们每日以幻象为食，饥饱冷暖唯有自知。

而生命也注定是一段悲欣交集的旅程，这世上再没有比人类更虚无缥缈的动物。当我策马离乡，饱经风霜，同样担心的是，一旦不再以幻象为食，一切坚固的东西就都烟消云散了。毕竟，仅仅依靠粮食，人是无法安度一生的。

---

[*] 此文系本版新增。

如果倒着走可以回到从前，相信很多人愿意回到生命里最光辉的那一天，然后让时间停下来。想起过去总是希望能成就"最好的自己"，并为此努力写作，尽心尽力地生活与爱。待经历与见证的事多了，对生命和人的境遇有了更多切肤之痛，才知道没有谁能够成为自己，而只能是成为自己微不足道的一部分。

在无数的可能性中，我是如此浩瀚，我将如何成为我？所谓弱水三千，不仅对应世界也对应自身，每个人都只能从世界从自身各取一瓢饮。就像以前在诗里写到的——你是你的沧海一粟，你是你万千可能之一种。

由此出发，没有谁是穷尽自我地活过，一切对生命意义的探寻从本质上说都不过是蜻蜓点水。白驹过隙不只是时间过得飞快，还因为白驹只过一次。所以当我脑子里开始回荡"快来看我啊，我转瞬即逝"时，会立即想起《百年孤独》里奥雷里亚诺第二的著名口头禅——"让一让，母牛们，生命短暂啊！"

一个残酷的推衍是，若以无限除有限，在无穷大的可能性中，我们努力活出来的具体的确定性其意义接近于零。由可能性的龙种活成确定性的跳蚤，这不是人世的荒诞，而是每个人的现实。所以，当你我借着"众生即我，我即众生"的幻象，可以在他人身上看到自己的命运时，又或多或少收获了一种"可能性的安慰"。

问题在于为什么要那么多可能性？殊不知，追求无限性与追求永生一样都可能是对生命的稀释与亵渎，就像波普艺术中的重复会消解一切事物的意义。在此意义上，人似乎注定只能片面地活着，以唯一之身心，侧立于自我世界的长廊里。

过去这些年，我自知在不断的自我驯化中丢掉了一些"宝贵的野蛮"，比如必要的愤怒、必要的不宽容、必要的嫉恶如仇。我怀念曾经那个大碗喝酒、快意平生的自我，甚至在久石让美轮美奂的音乐声中羡慕过菊次郎的惹是生非与一事无成。当我感叹自己"十年磨一剑，终于将剑磨成了剑柄"，其时内心是悲伤的。在此无意夸耀那些难以言说的慈悲，只是说我看到自己在唯一的道路上几乎卸去了所有盔甲，同时换上了虚无缥缈的意义之袍。

而且，每个人只能走在唯一的道路上，他不能在"人往低处走"的同时又"人往高处走"。除非像孤独的佩索阿一样做到"命名即创造，想象即诞生"，可以借着不同的笔名穿梭在许多自我的幻象之中。除了想象，没有什么可以让我们成为"完整的人"。

承认并接受自我的有限性并不让我感到沮丧，真正的焦虑恐怕还是越来越难以抗拒自己对这个工具理性至上的世界的疏离。仅有哥白尼是不够的，这世界还需要苏东坡。相较于感性，理性与科学并不能真正让人感到幸福。

在这个由大众传媒和消费主义垒起的空虚时代，许多古老的价值正被弃如敝屣。《最后的晚餐》没有了耶稣也没有了门徒，只剩下五颜六色的食物；而月亮上只有先下手为强的矿产，同时消隐了月桂和嫦娥。生活在大地上的人们每天走马灯式忙碌，时刻惦记着唾手可得的财富与精打细算的快乐。那些可以守卫精神世界的幻象仿佛集体消失了，当人开始像商品一样彻底地被物化与称量，否定一个人的内心就像海浪抹去沙滩上的一张脸。

　　当一切悲喜都变成了风景和表演,这不由得让我想起几十年前英国诗人 Stevie Smith 笔下的那声哀叹,它可以很好地概括今日景观社会的痛楚——"我这一生实在离岸太远 / 以至于求救时都像是在挥手告别。"(I was much too far out all my life/And not waving but drowning)

以河为界的正义

在官方备战奥运、积极"反恐"的同时，2008年以来，越来越多的暴力事件引起社会关注。以云南为例，7月21日早晨，昆明市分别发生两起由定时炸弹引起的公共汽车爆炸案，共造成二人死亡十四人受伤。此前的7月14日晚，文山县也发生一个村民用水果刀连捅十人，造成一死九伤的惨剧。

无论如何，所有针对平民的暴力行为都应该受到强烈谴责。然而，更要追问的是，为什么有人会如此残忍，竟将罪恶的"惩罚"之手伸向与其素昧平生、素无冤仇的平民？

以复仇为主题的"残忍的戏剧"并非只在中国上演。今日世界，各式各样的仇恨，如种族仇恨、民族仇恨、政治仇恨、宗教仇恨、阶级仇恨、家族仇恨等引起的悲剧从未停歇。然而，无论是个人、家族与社会之间的报复，还是一个国家针对另一个国家的恐怖，如战争，都足以令人胆战心惊。因为恶恶相加不会变成善，从人类共同体的角度来说，自相残杀说到底是人类在自杀。

记得在《仇恨的本质》一书中，美国作家小拉什·多兹尔将仇恨比作"人类头脑中的核武器"。这的确是个精彩的概括。且不说人类历史上因仇恨造成的悲剧多如牛毛，我们同样有理由相信，就在世界笼罩在沉沉核战争阴影之下的上一世纪里，仇恨这个人类"头脑中的核武器"才是核战阴影的真正"造影者"。

人类学家列维·斯特劳斯曾经指出人类有"二分的本能"。该本能或许可以帮助我们解释为什么小孩子在看电视时会不断地追问大人谁是好人，谁是坏蛋。至于成人世界，同样没有忘记将好与坏、上帝与魔鬼等二分法推到极端，甚至直接用到了社会运动之上。只可惜在多数情况下，人类只有极端的天赋，却无极端的资本。所谓"上帝欲使其灭亡，必先使其疯狂"。当人们试图挤进天堂时，却发现自己已经一脚踏过了地狱的门槛。

与此同时，作为一种"地盘性动物"兼"意义性动物"，人还分出了"我国"——实话实说，我一直十分反感一些人做天下文章时言必称"我国"而非"中国"，一则这种立场可能不够客观，二则这些人的文章仿佛永远是只给中国人看的内参，而非公开出版物——与外国，分出了本国人与外国人、本地人与外地人、东方人与西方人、南方人与北方人以及此岸和彼岸等。可怕的是，两者一旦对立起来，这种区分难免会走向帕斯卡在《思想录》里感慨的"以河为界的荒诞正义"——杀死同岸的人是凶手，但如果被杀死的人来自对岸，杀人者便成了奋勇杀敌的大英雄。这也是有些报复社会者会被人称作"暴徒"，又被另一些人捧为"好汉"之原因所在。归根到底，就在于社会中间横亘着一条长河。而这条河，在仇恨泛滥之时足以淹没一切。

进一步说，只要愿意，这种"二分的本能"随时可以将这个世界像切西瓜一样切成两半，分出"我们"和"他们"。这种"我们—他们"的模式所导致的必然是"我们好，他们坏"这样的"以河为界的荒诞正义"。当然，真正荒诞的是现实本身——难道人类有史以来所取得的进步，就是为了创造诸如国家、民族、文明等各自为战的意义系统，以意义驱逐人性，驱逐人基本的自然权利，从此将人分区隔离并监视居住？

如果理解了这种"以河为界的正义"的荒诞，就不难解释一个人或者一个团体在遭受某种"不公正"时何以会报复全社会。显然，只要作恶者愿意，仇恨的本能以及后天习得的"意义感"可以将他或者他们反对的所有人都发配到"非正义"的河对岸去，忘记后者原本和他或者他们一样，都是在河边相亲相爱、生儿育女、背诵诗歌、建造房屋的普通人。

如何摒弃这种仇恨？我相信，最有效的方式还是回到人的共有权利本身，建立一个以维护人的基本权利为正义的意义系统，并将所有的"他们"都纳入"我们"当中，而不是把"他们"驱赶到河的对岸去"合法杀戮"。

同样是在《仇恨的本质》一书里，小拉什·多兹尔向读者引述了一个意味深长的故事：一名年轻士兵由于在战斗中没有开枪而被送上了军事法庭。这个士兵坦率地承认，指挥官的确命令他见到敌人就开枪。"那么，你为什么不开枪呢？"有人问。"可是我根本没有看见敌人呀，"士兵解释道，"我看到的只是人。"

"我看到的只是人。"这句话当可以像亨利·梭罗所说的"我们首先是人，然后才是公民"一样值得铭记。

假如我改《西游记》

有一年采访"哲学乌鸦"黎鸣老先生,他和我这样谈到四大名著:

中国人的四大名著是中华民族的"四大绝望"。《三国演义》说明了中国所有极权专制统治者的伪善、残忍、凶狠。以曹操的名言为证:"宁可我负天下人,不可天下人负我。"这是中国人普遍对极权专制统治者的深深的绝望。《水浒传》说明了中国所有的官僚无不贪赃枉法,在中国这个"人"的世界,竟然毫无真理、正义可言。唯一的生存之路只能是"打家劫舍",唯一的快乐也只能是"大碗喝酒,大块吃肉,大秤分金银"。这是中国人普遍对一切文武官僚的深深的绝望。《西游记》说明了极乐世界在西方,而在中土,代表百姓的精明的猴子却被埋在了"五指山"下,并不得不被戴上"紧箍咒",让他们的"头脑"无法进行思维,逼迫他们遁入"空门"。这是中国人普遍对未来希望的深深的绝望。《红楼梦》说明了两千多年来中国文人的理想

"洞房花烛夜，金榜题名时"的可笑，尽管这个所谓的"理想"是如此浅薄，如此低俗，如此缺乏智慧。但即使如此，它也只能是一场温柔的幻梦，一场"红楼梦"。这是中国人普遍对自己长期历史以来的生命价值、生存意义的深深的绝望。

虽然并不完全同意黎鸣先生的具体表述，但是他将四大名著归为"四大绝望"的思路却不失为分析中国传统文化的一条非常好的路径。而且，就我个人的偏好而言，四大名著也远不是哺育文明的经典。至少，它们不是我心目中的好书，《红楼梦》或可除外。

从《三十六计》到《三国演义》，生活在这片土地上的人们曾经经受了多少阴谋诡计！而这些阴谋诡计又通过书籍影响并教会了一代又一代的人——与人斗其乐无穷。尽管有浩如烟海的典籍，但像《吕氏春秋》那样有思想有眼光的好书真是少得可怜，而在文学作品中，那些主人公的灵魂是多么粗糙啊！至于我自己所受的熏陶，毫不夸张地说，在我人生成长的初年，我在国内没有读到过一本堪称陶冶我心、助我成人的作品。所谓名著，概括特征不外乎八个字："少儿不宜，成人没有。"直到有一天，我读到了《约翰·克利斯朵夫》，正是这本书让我在人生的危难之际脱胎换骨。

那么，是不是这些小说都不成气候便可以扔掉了呢？也不是。正如胡适先生当年所说，我们还是可以由着整理国故，并借鉴外来文化的精华，完成文明的再造的。而这方面，胡适先生也做了些尝试。其中最有意义的一次，就是改写《西游记》。

早在二十世纪二十年代，胡适曾和鲁迅说过，《西游记》的第八十一难即书中第九十九回，未免太寒碜了，应该大改一下才能衬得住一部大书。不过，虽有此心，却因为无此闲暇，一拖就是十年。直到1934年，胡适终于腾出几天时间，努力写了六千余字，把《西游记》第八十一难重写了一遍，并将它发表在当年7月的《学文月刊》上。

胡适改写的《西游记》第九十九回是"观音点簿添一难，唐僧割肉度群魔"，仅从题目中便可以得知，胡适改写的是唐僧如何割舍肉身以超度妖魔鬼怪的故事。短短一节，写尽了慈悲、宽恕和牺牲精神，为地藏菩萨之"地狱不空，誓不成佛"作下完美注解：

> 唐僧在半空中看了那几万个哀号的鬼魂，听了那惨惨凄凄的哭声，他的恐惧之心已完全化作慈悲不忍之心。他想到今天说过的白兔舍身的故事，想到佛家"无量慈悲"的教训，想到此身本是四大偶然和合，原无足系念。他主意已定，便自定心神，在石磴上举起双手，要大众鬼魂安静下来。
>
> 唐僧徐徐开言道："列位朋友！贫僧上西天取经，一路上听得纷纷传说：'吃得唐僧一块肉，可以延寿长生。'非是贫僧舍不得这副臭皮囊，一来，贫僧实不敢相信这几根骨头，一包血肉，真个会有延年长命的神效；二来，贫僧奉命求经，经未求得，不敢轻易舍生。如今贫僧已求得大乘经典，有小徒三人可以赍送回大唐流布。今天难得列位朋友全在此地，这一副臭皮囊既承列位见爱，自当布施大

众。惟愿各山洞主，各地魔王，各路冤魂，受此微薄布施，均得早早脱离地狱苦厄，超升天界，同登极乐！"

随后，唐僧给弟子们写了信，要他们把经带回，广度众生。然后取出戒刀，不断割身上的肉给群魔吃。群魔被唐僧的大慈悲感动了，相互之间非常礼让，每个只吃一小口，所以妖魔鬼怪虽众，却全都吃到了唐僧肉。最后唐僧把身上割得下的肉都割剔下来了，只剩得一个头颅，一只右手没有割。说也奇怪，唐僧看见这几万饿鬼吃得起劲，嚼得有味，他心里只觉得快活，毫不觉得痛苦。就在此时，忽听得半空中一声"善哉！是真菩萨行也！"唐僧抬起头来，只见世界大放光明，一切鬼魂都不见了，唐僧此时也出定了。东方满天的红霞，太阳快起来了。他伸手摸腿上身上，全不见割剔的痕迹……

关于改写《西游记》，我是相信胡适的判断的。就好像如果没有宽恕，《基督山伯爵》就只能是一部普通的侠盗小说；没有胡适的"唐僧割肉度群魔"这一节，《西游记》同样愧为经典。事实上，也正是对这种牺牲精神的推崇，胡适认为："谋个人灵魂的超度，希冀天堂的快乐，那都是自私自利的宗教。尽力于社会，谋人群的幸福，那才是真宗教。"在胡适眼里，这些宗教只是谋求个人灵魂超度的自私自利者，因为他们只为了追求自我精神的圆满，而未能担当任何社会责任。在我看来，如果一个人一生的目的只是为了死后能够进入天堂，那他这一生，也只是"不争人权争鬼权"的一生。

有意思的是，在我整理虚云老和尚的一些资料时，发现有一个说法，耶稣曾经隐匿三载，在印度学习佛法，受《阿弥陀经》的点化。先不论此说真伪，可以肯定的是，人类精神相通，世界上大的宗教，都是要教人自救与救人的。若非如此，定然是丢失了根本。难怪李敖在其小说《上山·上山·爱》中借主人公之口说出这样的话："真正的佛门信徒，当知真正的功德绝不在盖庙敛财等谋求小集团的利益上，正相反的，真正的功德乃在舍弃这些，以利苍生。……今天的所谓佛教徒，他们不知真正的佛教不在盖庙建寺，而在大悲救世；真正的和尚不在古刹梵音，而在为生灵请命。"李敖在书中同时谈到："那些自以为等到自己先成佛道再回头救人的人，其实是救不了人的，那些人啊，其实只是伪君子、假和尚、冒牌菩萨罢了。"我们常说不要绝望，其实"适度绝望"也未必都是一件坏事。一个人因为绝望于某些事情，无所欲求，反而能有所作为，这也并非无中生有。那些积极入世的宗教，主张"以出世的心情，做入世的事业"，何尝不是"以绝望的心境，做有希望的事情"，或者说是"以解脱之心，谋解放之事"？

遗憾的是，中国出版界至今仍未出过一本胡适先生增补的《西游记》。而在互联网上，人们已经将孙悟空降妖伏魔的故事简化为一个定理——"没后台的妖精就地正法，有后台的妖精都被接走了。"

胡适先生的努力足以让《西游记》成为经典。读者如果不嫌我小题大做，我也愿意追加一点尝试，为孙悟空横空出世提点建议：孙悟空不是从石头里蹦出来的，而是自己拿个锤子凿出来的，是一个将自己一点点铸造成器的"self-made man"（自我成就者）。

如此一来,在这部小说里,从孙悟空到唐僧,成人与成佛的答案就都有了。这样的《西游记》怎可能不是一部伟大的作品呢?舍此,《西游记》在我心目中仍不过是一部关于一个癞和尚和他的一群保镖的"西天历险记"。

曼德拉的光辉岁月

首先说，一切个人传记都是"断章取义"的。当然这未必是坏事。曼德拉愿意以"Long Walk to Freedom"为主题来回溯自己的一生，既是为了在书面上为自己的人格赋予意义，也是在表明他对自由的态度——追求自由，是他生死以之的志业。

早先读《漫漫自由路》的时候，我也注意到网上有一些关于曼德拉的负面评价，比如他脑子里还有些国家主义的东西，作为总统不懂市场经济，等等。批评者感叹曼德拉在破除种族隔离政策和促进族群和解方面光彩照人，其他细节被世人有意无意地忽略了。

不过依我之见，上述细节即便是事实，历史也会将它们慢慢淡忘。世人乐于铭记的还是那个作为最大意义存在的曼德拉。正如乔治·华盛顿虽然曾经有过不光彩的蓄奴经历，但这些并不影响美国人将他尊为国父。没有谁是完人，英雄、圣人、伟人都不是。你我肉身凡胎所能企及的"完人"高度，也不过是尽量做个能完成自己某一天命的人。前提是，你还要知道自己有何天命，并且身体力行。

或许每个人都有自己的天命，只是绝大多数人都辜负了自己的天命。从这个角度而言，他们不是死在人生的结尾，而是死在人生的中途。曼德拉的幸运在于他很早就发现了自己的天命，并且坚持到了人生最后。曼德拉的天命就在于让四分五裂的南非走向团结与自由。对于这样一个人物，了解他的优点远比缺点更重要，因为他的某些缺点广泛地存在于同时代人物当中，而他在完成天命时所具有的良知勇气在同时代却屈指可数。

在回忆自己的童年生活时，曼德拉曾谈到自己并非生来就渴望自由，因为他生下来就是自由的。那时候他可以在家里自由地奔跑，在村旁的小河里自由地游泳，在星光下自由地烤玉米，在牛背上自由地歌唱。这些都是符合人之本性的。但是随着年岁的增长，他发现生活中的不自由越来越多。换句话说，这种不自由感是从他的生活经验中慢慢生长出来的。而当他意识到"不仅我的自由被剥夺，像我一样的每个人的自由都被剥夺了"的时候，他开始担负自己的天命，开始从一个胆怯的青年变成了一个勇敢的青年，从一个遵纪守法的律师变成了一个"罪犯"，从一个热爱家庭的丈夫转变成了一个无家可归的人，从一个热爱生活的人转变成了一个"修道士"。

曼德拉的传奇主要集中在两段人生，一是为反对种族隔离而坐了二十七年牢，二是当选总统后致力于推动南非族群和解。这两段人生在本质上一以贯之，都是避免一个国家处在事实的分裂之中。作为新南非的领导者，曼德拉更希望建立起一套制度，使一伙人压迫另一伙人的悲剧永远不再发生，希望太阳永远照耀在"这个辉煌的人类成就之上"。

监禁，这一剥夺人类自由的刑罚，比起直接戕害身体的刑罚貌似进步。米歇尔·福柯将监禁视为精神的刑罚，其作用主要在于规训，在于摧毁人的意志。然而曼德拉不仅没有被驯服，反而在二十七年后破茧而出。曾经关押过他十八年的罗本岛监狱如今早已列入"世界文化遗产"，并被人称为"曼德拉学校"。正是在那些漫长而寂寞的监禁岁月里，曼德拉更好地理解了自由和奴役。

一方面，他从对自己的自由的渴望变成了对所有的、不论黑人或白人的自由的渴望；另一方面，正像被压迫者的亲身感受一样，压迫者必须得到解放，因为剥夺别人自由的人才是真正可恨的囚犯，他们被锁在幽暗人性的铁窗背后。两种解放所针对的，都是被束缚的人性。曼德拉洞悉人性中被遮蔽的光亮。他相信每个人的内心深处都存在着仁慈和慷慨。他相信没有一个人由于他的肤色、背景或宗教而天生仇恨另一个人。既然恨是后天学来的，那么爱也一定可以通过后天学习获得，而且爱在人类的心中比恨来得更自然。

对自由的理解让曼德拉彻底变得仁慈，也更好地认识了自己的天命。"当我走出监狱的时候，解放被压迫者和压迫者双方就成了我的使命。有人说，这个使命已经完成了，但是我认为，情况并非如此。事实上，我们还没有自由，我们仅仅是获得了要自由的自由，获得了不被压迫的权利……获得自由不仅仅是摆脱自己身上的枷锁，更是尊重和增加别人的自由的一种生活方式。我们献身于自由的考验才刚刚开始。"

回想人类历史中的无数革命与苦难，这段话尤其显得意味深长。笔者相信，真正伟大的革命，不在于摆脱自己身上的枷锁，翻身做主人，而在于让这个国家从此不生产奴隶。获得自由的人，同样要经受自由的考验，才能真正拥有自由。

在《漫漫自由路》中，我们可以轻而易举地找到一些与曼德拉精神有关的词汇：勇敢、仁慈以及心怀希望。这些品质也并非与生俱来的。曼德拉的一生，都在试图走向真自由。如曼德拉说："我知道，勇敢并不是不畏惧，而是战胜了畏惧。我记不清我自己有多少次感到畏惧，但是我把这种畏惧藏在了勇敢的面具后面。勇敢的人并不是感觉不到畏惧的人，而是征服了畏惧的人。"关于这一点，我读马丁·路德·金的传记时也深有体会。这是一种在恐惧面前让自己免于恐惧的自由。

曼德拉曾经在法庭上念完自己四个小时的稿子，然后静静等待死刑判决。但只要活下来，哪怕在监狱里，也要积极生活——哲学意义上，我们谁又不是在狱中求存呢？在此，我愿意将他的狱中生活概括为"小处安身，大处立命"。在曼德拉身上，读者不难发现《肖申克的救赎》里主人公的影子：坚守心中的维度，不被监狱体制化，与恶周旋同时坚守底线，相信人性中的善，从小处着手改变自己的生活。这方面，曼德拉和狱友们不仅一度争取到了《经济学人》杂志，还给自己开辟了网球场。甚至，曼德拉还在罗本岛监狱为自己争取到了一块菜地。1982年，曼德拉被转移到波尔斯摩尔监狱后，有了更大的菜园，近九百株植物让他变成了一个"菜农"。菜园种植成了曼德拉在狱中最愉快的消遣，也是他"逃避周围单调乏味的混凝土世界的一种方式"。这些植物的荣发生长除了给予他耐心和时间感，还有其他意义。曼德拉很快注意到，当狱警吃了囚犯种的番茄后，举起皮鞭的手不再那么有力了。

历史上任何直接针对人性的改造都以失败告终，真正伟大而有希望的变革是将人性置于美好的关系（制度）之中，让人性之恶得到规避，让人性之善得到弘扬。所以说，不是人坏，是关系（制度）坏。但这并不意味着在坏的关系（制度）彻底改变之前，人必定甘于束缚而无所作为。若真如此，新关系（制度）也必然无从建立。

曼德拉谙熟这个"小处安身"的道理，正如他意识到在任何囚犯的生活中，最重要的人物不是司法部部长、监狱管理局局长，甚至也不是监狱长，而是负责其监禁区的狱警。前者会以不合规定（制度）为由拒绝给你一条毯子，但走廊内的那名狱警可能会二话不说，立即到仓库里给你拿条毯子。这样的交往在曼德拉眼里意义非凡，狱警身上那些若隐若现的人性光辉，可能仅仅是一秒钟，却是人性永不熄灭的火种。另一方面，曼德拉的"与敌人对话"，所谓"设法教育所有的人，甚至包括我们的敌人"，早在监狱里就开始了。

当然，上述权宜之计和细碎的希望并不能掩饰苦难本身，肩负天命者还必须于"大处立命"，融入时代的洪流。熟悉南非转型历史的人知道，南非最终能够平稳转型，仍决定于那是一个敌友双方都是英雄辈出的时代。这一合力，远非曼德拉一人所能完成。除了大主教图图、流亡律师奥比·萨克斯，更有白人政府时期的当政者德克勒克。人势已有，时势同样重要。如果没有东欧剧变，苏联无力支持非国大，一直拒绝对话的非国大能否与南非白人政府走上谈判桌？如果德克勒克是个铁血的独裁者，曼德拉又是否可以平安走出监狱？

从这些方面说，曼德拉和南非是幸运的。1993年，放下权柄的德克勒克与走出监狱的曼德拉同时获颁诺贝尔和平奖，彰显转型时期当政者与反对派联手推进的积极意义。相较于曼德拉，许多人并不熟悉德克勒克也获过诺奖，大概是因为前者的人生实在过于传奇，以至于闪现在德克勒克身上的人性光辉被部分遮蔽了。对此，图图大主教在《没有宽恕就没有未来》中有较为公允的评价——德克勒克当时的言行为他带来的巨大功绩，是无论如何都无法抹杀的。"如果他没有做出他已做的一切，我们就会经历许多人预测的、使南非在劫难逃的血腥屠杀。"当然，幸运同样给了德克勒克。如果德克勒克遇到的是个一心复仇，誓死让白人以血还血、以牙还牙的人，他又将如何作为？

2013年12月5日，曼德拉在约翰内斯堡走完了他九十五年的人生历程。曾经有人问他，希望世人如何纪念他，他的回答是："我希望在我的墓志铭上写一句话：埋葬在这里的是已经尽了自己职责的人。"

为自己尽责，在我看来就是"以己任为天下"，就是"以不负自己之天命而不负世界"。曼德拉的上述遗言让我想起刻在伦敦西敏寺地下无名墓碑上的文字：

当我年轻的时候，我的想象力从没有受到过限制，我梦想改变这个世界。

当我成熟以后，我发现我不能改变这个世界，我将目光缩短了些，决定只改变我的国家。

当我进入暮年后，我发现我不能改变我的国家，我的最后愿望仅仅是改变一下我的家庭。但是，这也不可能。

当我躺在床上，行将就木时，我突然意识到：如果一开始我仅仅去改变我自己，然后作为一个榜样，我可能改变我的家庭；在家人的帮助和鼓励下，我可能为国家做一些事情。然后谁知道呢？我甚至可能改变这个世界。

据说这是块改变了曼德拉一生的墓碑。几十年前，他因为看到这篇碑文而茅塞顿开，从此放弃了急功近利、以暴易暴的思维，努力于让自己成为亲友和同胞眼中的榜样。几十年后，他终于因为改变并坚持那个最好的自己而改变了他的国家。我不确定这段传闻是否属实，但我知道2014年3月西敏寺宣布将为曼德拉安放纪念石，因为这位黑人的确改变了世界。

曼德拉是一个传说，他将以意义曼德拉的形式在世界流传。2013年初，我在美国开始第二次为期一月的旅行。为更好地了解这个国家的非暴力抗争史，我横穿大陆，多次搭乘夜间巴士赶往下一座小城。在那次孤独的旅程中，伴我最多的歌声是黄家驹为曼德拉出狱而写的《光辉岁月》。有个晚上，当大巴穿行至一片雪地山林时，耳畔正好传来"今天只有残留的躯壳，迎接光辉岁月，风雨中抱紧自由"，一时竟至热泪盈眶。

一个来自东方的游子，在美国的风雪中怀想起远在非洲的曼德拉，这是一幅怎样穿透黑夜的人类精神交流图景？我们总是盼着自由来临的时候，将迎来光辉岁月，其实光辉岁月并非只在将来，更在我们承受并拒绝苦难之时。

没有宽恕就没有未来

每个国家在其转型的过程中都会有些灵魂式的人物。南非何其幸运！1991年，白人作家纳丁·戈迪默女士因为反种族隔离作品《七月的人民》获诺贝尔文学奖。1993年，黑白双星曼德拉和他的政治对手德克勒克作为促进族群和解的典范，一起走上诺贝尔和平奖领奖台。而在此前近十年的1984年，图图因为反对种族隔离而成为南非首位诺奖获得者，并于1986年成为南非开普敦首位黑人大主教。

几年前我在台湾旅行，在书店里偶然读到图图大主教的《没有宽恕就没有未来》(*No Future Without Forgiveness*)，一时感慨万千。我一直以为，中国最缺的不是公民教育，而是人的教育——它包括生命意义、自我价值、爱与同情、信仰，当然也包括我们如何在宽恕他人的基础上保全自己。人的教育面对的不是几个简单的群己权界的概念，但它们是所有权利观念的起点。好社会同样不会从天而降，它需要有针对人与制度的双重建设。而我有幸在图图大主教的书里看到了这种双重努力。

《没有宽恕就没有未来》着重探讨了"真相与和解委员会"

（Truth and Reconciliation Commission）的历史使命。这同时是一本悲欣交集的书，很多细节让我读后一直难以释怀。

书中讲到一个悲哀至极的故事，并由此质问——为什么那个开普敦年轻人被处死并就地焚烧后，杀害他的四个人竟然能够一边翻动火堆里的尸体，一边坐在旁边心安理得地吃烧烤？他们如何回到家里拥抱自己的妻子，参加孩子的生日聚会？

至于喜极而泣的故事，尤其值得一提的是图图大主教第一次去古古乐图参与投票时的感受：

期盼已久的时刻终于到来了，我折好手中的选票，投进了票箱。啊！我忍不住叫了出来："好啊！"我感到晕眩，如同坠入情网的一刹那，天空变得更蓝更美了。我看到人人都焕然一新，如同脱胎换骨一般。我自己也脱胎换骨了。简直像梦境一样。我们真担心会被从梦境中唤醒，睁开眼时又回到了种族隔离的严酷现实中。有人说出了这种梦境的特性，他告诉妻子："亲爱的，不要叫醒我。我喜欢这梦。"

这是一种令人欢笑又禁不住流泪的感觉，它让我们欢欣雀跃，手舞足蹈，又让我们不敢相信这一切真的发生了，害怕这一切会烟消云散。这可能正是第二次世界大战盟军彻底打败纳粹和日本人后胜利者在欧洲胜利日和抗日胜利日的感受，人们从村庄、乡镇、城市冲上街头，和互不相识的陌生人拥抱、亲吻。这就是我们的感受。

南非民主化与种族隔离政策的废除让被压迫的黑人实现了

他们政治上的"南非梦"。然而,对于这个国家来说接下来最紧要的是文化和心理上的重建,是选择怎样的方式完成族群之间、受害者与加害者之间的宽恕与和解,是如何让南非从种族隔离的伤害中复原而不至于冤冤相报。图图大主教的忧心忡忡是真实的,他担心新生的南非因为受害者对加害者的清算重新倒在废墟里。如果仇恨和清算注定只能将新南非变成新废墟,那么宽恕就不仅不是软弱,而且另有广阔前途。

图图的忧虑及其远见,与曼德拉不谋而合。曼德拉后来在他的自传《漫漫自由路》中,也特别回忆到自己走出监狱并当选南非首位黑人总统后的心路历程——南非绝不能撕裂,重演一群人对另一群人的战争。你若真心热爱自由,就必须在拯救受害者的同时,也拯救加害者。因为在一种罪恶的制度下,加害者是另一种意义上的囚徒。

当我们感叹"人们只记得恨是爱的邻居,却忘记了爱也是恨的邻居"时,转型期的南非黑人精英厌倦了冤冤相报,选择了爱与和解。在这个已然千疮百孔的国家,他们试图以明辨是非取代你死我活的黑白分明。经过漫长的讨论,南非最终没有选择纽伦堡审判的模式,也没有选择全民遗忘,而是走了第三条道路。依据1995年《促进民族团结与和解法案》,南非成立了真相与和解委员会。

"以真相换自由"让南非因此"避免了纽伦堡审判和一揽子大赦(或全民遗忘)的两个极端"。从1996年开始,在图图的主持下,真相与和解委员会通过当事各方提供证言,就1960—1994年期间南非人权状况还原历史真相,既揭露了种族主义政权虐待黑人的罪恶,也不回避非国大等黑人解放组织的暴力活动曾经迫害反对派、侵犯人权的问题。每个参与迫害行动的人都必须单独提出申请，并接受一个独立小组的审查，由它决定申请人是否符合获得赦免的苛刻条件。"这第三条道路就是赦免具体个人的罪责，以换取对与赦免相关的罪行的完全披露。"用图图的话说，这也是一个胡萝卜加大棒的政策。""以可能获得自由之胡萝卜换取真相，而大棒则是已捉拿归案的将面临长期监禁，仍逍遥法外的则面临着被捕、起诉和牢狱。"

种种质疑也随之而来。一个恶人仅仅因为坦白了自己的罪行就可以溜之大吉？真相与和解委员会的成立是否道德？大赦是否有违正义？这些也都是作者在本书中着重探讨的问题。值得注意的是，图图在书中特别对比了两种司法的区别：

> 在惩罚性司法（Punitive Justice）中，毫无人情味的国家在施行惩罚时几乎不为受害者，更不要说为罪犯着想，但这并不是唯一的司法形式。在非洲的传统法学中还有一种恢复性司法（Restorative Justice）。后者关注的重点不在报复或惩罚，而是本着乌班图（Ubuntu）精神，疗治创伤、恢复平衡、复原破裂的关系。这种司法力图救助的不仅有受害者，也有罪犯，他们应该得到机会重新融入因其行为而被伤害的社会中。

乌班图精神是非洲传统文化的精髓。一个有乌班图精神的人，必定慷慨、好客、友善、关怀他人且常有怜悯之心。在乌班图精神的感召下，人们相信即使种族隔离的支持者，也是其实施并狂热支持的制度的受害者。无论加害者愿意与否，他在实施加害时也必然失去了人性。

促成南非族群和解的另一个关键性人物是大法官萨克斯。作为犹太裔南非白人，有关他的"温柔的复仇"的故事已经广为流传。他反对南非的种族隔离政策，也因此付出巨大的代价。1988年4月7日，早在他流亡的时候，就被南非政府派出的恐怖人员设置的汽车炸弹夺去了一条胳臂和一只眼睛。尽管如此，在就任南非大法官后，他仍是宽恕与和解工作的重要推动者。萨克斯看重真相的价值，相信没有真相就不会有真正的和解。

当年意图谋害他的特务亨利在取消种族隔离政策后，曾经失魂落魄地找到萨克斯。两人虽谈了许多，但萨克斯对亨利说："除非你到真相委员会说出一切，否则我不会与你握手。"事隔多日，两人在一次宴会上偶遇，当亨利表示自己已经前往真相委员会坦白一切，并希望能有机会与萨克斯握手时，萨克斯便立即答应了他。这是一个非常有隐喻的姿势——萨克斯幸存的胳膊没有为失去的胳膊复仇，而是用来握住敌人的手。据说，亨利离开宴会回家后痛哭了两个星期。这个细节不得不让我们重新回到图图对人性与道德的理解——这个世界是有道德存在的，尽管所有证据显示出的，可能是个相反的世界，但邪恶、不公、压迫和谎言，绝不会是世界最后的归宿。

萨克斯在《断臂上的花朵：人生与法律的奇幻炼金术》一书中记录了阿萨尼人民组织案，回答真相与和解委员会是否违宪的问题。南非宪法法院否决了阿萨尼人民组织的质疑，相关结语明确指出应对那些作恶者提供全面性特赦，以换取他们提供有关过去的真相。另一方面，制宪者的选择是为了让国会能够促进"社会的重建"，其过程中有个重要的概念叫作"修复"。

为了达到修复的目的，国家在思考各个冲突的利益的同时，也会考虑那些在过去非常时期中，基本人权受到侵害的受害者与家属的"被忽视的痛"。

事实上，宽恕加害者也并不意味着对受害者的完全忽视。图图认为宽恕在要求受害者放弃向罪犯讨还血债的同时，也有可能解放受害者。所以，"真正的宽恕要了结过去，了结全部的过去，使未来成为可能。我们不能以无法再代表自己说话的人们的名义，冤冤相报"。如果一个人死抱着仇恨不放，他的一生就成了仇恨的奴隶。这种精神上的持久的加害有时并不亚于他曾经受到的伤害。就像我在解读影片《天堂五分钟》时所揭示的，复仇者未必能获得大仇得报时的"五分钟天堂"的快感，却严严实实地将自己的一生推进了装满仇恨的地狱。在此意义上，没有宽恕何止是没有未来，连现在也没有。

需要看到的是，南非的真相与和解委员会着力推进的是全社会政治和解，是对一个错误和悲伤的时代的纠错，而不是对日常刑事案件的是非不分。它要求申请大赦者的行为必须发生在特定期间（在1960年沙佩维尔大屠杀和1994年曼德拉当选为南非第一任民主选举的国家首脑之间），必须具有政治动机。大赦条款是为特定目的进行的临时性安排。南非的司法不会永远照此办理。它只适用于有限时期的特定目的。那些出于个人贪婪而杀人的罪犯没有资格申请大赦。如果行为是执行或代表一个政治组织的命令，则罪犯有资格提出申请。条件是必须如实披露所有与寻求大赦行为相关的事实，并遵守适配原则。这不是说要宽恕一切罪恶，而是对坏制度下人的一种宽恕与救济。

南非的这场"真相与和解"运动，有时候难免会让人觉得它过于浪漫和天真，仿佛一个新的时代到来了，所有旧的罪恶也自动清零、一笔勾销了。受害者因为感情因素对此不能理解，情有可原。另一方面，从理性的角度来看，这种"由清算转为清零"的模式也让那些处于转型期国家的人们心怀忧惧——不是说"不是不报，时候未到"吗，这个可被宽恕的前景会不会鼓励那些带有政治目的的人，借着这种"政治宽恕"进一步胡作非为？对此忧虑，人们当然也可以从另一个角度加以反驳：假如加害者与被害者没有和解的可能，假如德克勒克放下权力的那一刻即意味着将自己送进地狱，他们将如何计算自己的利害，这个国家的历史又将在冤冤相报中倒退与徘徊多少年？

我必须承认，有时候我也会从上述角度来理解"没有宽恕就没有未来"。如果承认制度与文化相关，而后者在很大程度上取决于人的观念，就应该看到没有宽容的观念，绝不会产生可以安放人心的宽容的社会制度。即使这个国家完成政治上的转型，如果没有宽恕与和解来医治社会长年累月的创伤，即使自由已经得到，也将消失在新的漫长的冤冤相报之中。

英雄为何救美

古希腊的时候,有个叫芙丽涅的人体模特,据说是雅典城最美的女人。因为"亵渎神灵",芙丽涅被送上了法庭,她面临的将是死刑判决。关键时刻,辩护人希佩里德斯在众目睽睽之下为她褪去了衣袍,并对在场的所有市民陪审团成员说:"你们忍心让这样美的乳房消失吗?"

这是古典时代有关美与正义的最动人的故事。所谓爱美之心,人皆有之。在肉体之美(芙丽涅)和精神之美(希佩里德斯)的双重感召下,雅典法庭最终宣判芙丽涅无罪。十九世纪法国画家热罗姆曾经为此创作了油画《法庭上的芙丽涅》,场面香艳生动,不愧为世界名画。不过,这个英雄救美的故事实在太过浪漫,以至于让人觉得不真实。据说芙丽涅被释放后,雅典通过法律,禁止被告在法庭上裸露胸部或私处,以免对法官造成影响。

本文将要重点介绍的是另一个英雄救美的故事。它发生在近几十年,而故事的主角正是《断臂上的花朵》一书的作者萨克斯。

1935年，萨克斯出生于约翰内斯堡一个立陶宛犹太裔移民家庭。在父亲的鼓励下，他年少立志，愿投身于人权事业。十七岁，在开普敦大学学习法律期间，曾参与抵制恶法运动（Defiance of Unjust Laws Campaign）。几年后，作为人权律师，萨克斯成为南非当局的眼中钉，并因此被拘禁和刑讯逼供。1966年，出狱后的萨克斯被迫流亡海外。

然而厄运并未因为流亡而结束。1988年4月7日，在莫桑比克从事法律研究的萨克斯惨遭汽车炸弹袭击。虽然大难不死，他却丢掉了一条手臂和一只眼睛。而凶手正是南非当局派来的情治特务。萨克斯在他的自传里生动地回忆了自己醒来时的情景。他像天主教徒在胸前画十字架一样，对自己进行"眼镜、睾丸、钱包、手表"式的检查：

……我的手往下摸，毯子下的我光溜溜的，所以很容易就能摸到我的身体，我的阳具还在！我的老鸡鸡啊！（当时我独自一人，这么说应该无伤大雅吧。）这家伙曾经带给我许多的欢乐与哀愁，我相信往后它也会继续带给我许多欢乐或悲伤。接着检查蛋蛋，一、二，两颗都在！既然在医院中，也许我该称它们为睾丸以示尊重。我弯曲手肘，人又有了欲望是多么的美好，其次就是能做我想做的事情……

萨克斯将自己近乎荒诞的反应归功于他与生俱来的幽默感。但是，这并不等于说他对自己肢体的残缺没有一点悲伤，只是因为他知道空洞的悲伤已经于事无补。既然以推进南非人权状况为自己一生的志业，他对于任何可能付出的代价也早有心理准备：

> 马普托墓园葬满了被南非特务谋杀的人。我们身边已经死了好多人。所以当我在马普托中央医院里暂时苏醒过来时，我感到胜利的喜悦。我活下来了。作为一名自由斗士，你每天都会猜想这一刻什么时候会到来，会是今天吗？会是今晚吗？会是明天吗？我在面对它的时候能保持勇敢吗？它真的到来了，而我活了下来，活了下来，活了下来。

莎士比亚说，懦夫在未死以前，就已经死了好多次，而勇士一生只死一次。萨克斯显然无愧于勇士的荣誉。按说，如此遭遇足以在精神上毁掉一个人，让他从此丢掉初心，陷入复仇主义的深渊。然而，这颗汽车炸弹不但没有摧毁萨克斯，反而使他获得了更加平静而昂扬的生命。

我之所以说这是一个"英雄救美"的故事，是因为我看到许多心地美好的人在此打击下难免以牙还牙，甘于同流合污，与敌同沉。而萨克斯几乎没有做太多的思想斗争便救出了自己。早在第一次被拘捕时，萨克斯就意识到自己与南非白人政权的较量是意志与品格的较量。因为抓捕他的人对他的折磨已无关他手上的信息，而只是想打垮他。"他们的目的在于证明他们比我强大。"然而，即使是作为一个牢笼中的弱者，他也不希望与囚禁他的人互换角色。他必须将自己从复仇的野蛮中救出来，必须呵护好内心高贵的东西。他清楚地知道自己憎恨的是一种坏制度,而不是在这种坏制度中各扮角色的可怜人。作恶者人性的世界已经坍塌,而萨克斯人性的世界还在。那里绿草如茵,繁花似锦。如果他也像敌人那样以剥夺别人的自由为目的,那他就等于爬进敌人的战壕,与他们为伍了。

在《断臂上的花朵》中,萨克斯曾这样重申自己的理想与道义:

> 让所有南非人民都获得自由,远比囚禁、施加酷刑于那些也曾如此对待我们的人,更属有力的复仇。以牙还牙意味着,我们将变成他们的同类,变成帮派分子、骗子和暴徒。虽然为了更加高尚的目的本身没错,但最后我们就会和他们沦为一丘之貉,只比他们更加有权力。我们的灵魂会像他们的灵魂,而我们的凶残也将和他们的凶残无所区别。

虽然肉体之我被迫害者做了减法,但在遭此劫难之后,萨克斯知道如何坚定信念,为精神之我做加法。

> 不管我怎样身受重创,我还是比他们优越——我的行为准则和价值比他们更高尚,我的信仰深度为他们无法企及,我才是真正的人类,我为正义而战、我为自由奋斗,我永远不会变成他们那种样子。某种程度上,慈悲为怀的信念,而非残忍的以暴制暴,赋予我一种道德上的胜利,让我能够坚强地走下去。

"我知道只要我能康复，我的国家也将会康复。"——这是我在萨克斯书里读到的最感动的一句话。我丝毫不认为这是一种狂妄自大，恰恰相反，在这里我听到的是一个人在惊魂初定后立即找回的责任心。对制度之恶不同常人的理解，对同代人苦难命运的广泛同情，对内心美好世界的坚守不移……如果不是这些观念与责任心，萨克斯也不可能绕开冤冤相报的复仇，重新踏上康复南非的道路。

后面有关南非转型的故事，早已广为人知。被囚二十七年的曼德拉在1990年被德克勒克请出监狱。同年，萨克斯回到了阔别了几十年的祖国。四年后，曼德拉当选总统，并指派萨克斯担负新南非的宪法法院大法官。大法官卸任后，萨克斯著书立说，经常去世界各地演讲，分享南非转型经验与宪政成就，帮那些深陷仇恨的国家愈合伤口。

维克多·雨果说过，最高贵的复仇是宽容。一个屡遭来自祖国的恐怖主义袭击的人，没有因此憎恨自己的国家，反而不断要求提升自己的德行，并召唤同类，这在南非并不少见。南非能够平稳转型，正是有赖于那些长年斗争的人彻底放下了心中的仇恨，走向和解。一个渐渐达成的共识是，南非或许需要复仇，但它指向的绝不是人，而是人心中不义的观念与现世不公的制度，包括仇恨本身。关于这一切，读者很容易在曼德拉和图图的宽宏大量中找到共鸣。

新制度将原来的迫害者还原为普通人，曾经的作恶者终于回归内心。新南非无法做到将原来的迫害者统统关进监狱，新南非也不能建立在大规模扩建的监狱之上，而应该奠基于一种全新的观念和制度。以复仇为目的的清算不仅会使新南非国父们的理想显得缺少诚意，而且会让这个国家因为冤冤相报而永无宁日。在此意义上，宽恕不仅具有道义内涵，而且是理想南非必须支付的社会成本。

萨克斯曾在书中谈及自己的理想追求："但若民主能在南非落地生根，那么代表纯洁和殉道的玫瑰与百合花将从我的断臂上开出。"在个人恩怨与理想南非之间，萨克斯选择了后者。这就是他"温柔的复仇"。而且，这种"温柔的复仇"是强而有力的。"我在被监禁时所立下的誓言，现在终于实现了，但不是在意识形态斗争上击败对方，而是升华为一套哲学与情感的圭臬，勾勒出我心中的理想人格、我想要生活于其中的理想国家以及我愿意奉行恪守的理想宪法。"

萨克斯不辱天命。由于恶法和恶政的存在，他曾经由法律的研究者变成了"法律的敌人"，而现在他作为大法官成为新南非法律忠实的捍卫者。在这个犹太裔南非白人的主导下，南非宪法确立了废除死刑，保障同性恋婚姻权利、艾滋病人权利等若干原则，成为"最受世界尊敬的一部宪法"。在萨克斯看来，法律不是冷冰冰的机器，法律必须像人一样拥有灵魂。换句话说，我们不能一味地要求人要有法的精神，却对法缺少人的精神置若罔闻。

写作此文，并不是为萨克斯歌功颂德。我更愿意将他"温柔的复仇"视作人类历史中的宝贵经验。毕竟，从远古的同态复仇到博弈论中的报复平衡，从近现代仇恨煽动下的革命、战争到今日的核威慑，我们可以找出无数例子来证明人类的历史就是一部复仇史。而萨克斯"英雄救美"的意义，在于时刻提醒那些有着远大理想的人如何做到不违初衷，不借口恶人的过错而让自己成为自己所反对的人。

转型期南非的政治精英能放下仇恨，固然有时代整体氛围的影响，但这一切又何尝不是个体选择的堆积。除了从流亡者到大法官的萨克斯，还有甘愿放下手中权力的白人总统德克勒克，主导真相与和解委员会的大主教图图，从监狱里走出来的黑人政治领袖曼德拉……这些新南非的国父们无一不在向世人昭示他们的意义并发问：当世界坍塌之时，个人如何守卫自己心中的世界？在死握权柄与扬言报复之间，交战中的精英该以怎样宽广的心怀去带领受伤的人民？

最后，还是让我们回到芙丽涅的那场审判吧。人类为自己创立思想和制度，同时不得不接受它们的奴役。芙丽涅自法庭平安归来，让世人看到"渎神罪"的弹性，也看到了由此而生的种种悲喜剧——与其说它们来自上帝的威仪与审判，不如说来自人类的自我裁决。当然，这既包括群体对于个体的群裁，也包括个体对群体的审视和自我意义的抉择。

我不得不承认，与希佩里德斯那场古老的英雄救美相比，萨克斯在二十世纪的"温柔的复仇"更让我为之动容。这不是一个简单的自救救他的故事，它还有着关于人生美学的深广内涵。萨克斯用他一生"温柔的复仇"，昭告身怀理想的人如何听从天命的召唤以抵抗不幸的命运。萨克斯是不幸的，他因为追求世界之美而不得不面对身体的残缺。萨克斯又是何等幸运！他没有因为憎恨而失去内心之美。而真正的英雄救美，就是同时对世界之美和内心之美担起责任。

总之，无论是曼德拉、图图，还是萨克斯，他们能够在抗恶的过程中不与恶同沉，都是基于以下思想与信念：作恶者器张于一时，但并不掌控这个世界，包括你高贵的灵魂。作恶者表面不可一世，实际卑微十足，他们唯一能负责的只有自己的罪恶。而你真的可以和他们不一样，因为你另有乾坤，当作恶者负责恶时，你必须负责美。美到作恶者暗淡无光，美到作恶者为自己流泪，美到作恶者为你鼓掌。

天堂五分钟

一个人是否自由，难免与各种心理状态有关。而在种种心理状态中，仇恨是一定会使人不自由的。就像钟表上紧了发条，不走你也得走。而中国当下某些社会文化现象，就是这样时刻不忘为人们上紧宣泄仇恨的发条。

我已经很少看电视，偶尔打开电视机，看到里面在演电视剧，便会不自觉地开始读秒，为了验证我的一个判断——"五分钟内，必有'我要报仇！'之类似台词"。而且，屡试不爽。

这是剧本里的故事，现实生活呢？只要上网转转就知道，直到今天，有多少起灭门惨案，有多少起幼儿园屠婴，有多少人在喊"不杀不足以平民愤！"如果你想回到历史，不用翻太多的书，就知道造反或革命通过"制造敌人的艺术"在这片土地上酝酿了多少仇杀。想看小说？好吧，《水浒传》说了，当年许多人去投奔它，不只是因为热爱自由，还因为那里住着一批好汉，"杀人不眨眼"。

这个社会究竟还有多少仇恨教育与仇恨文化？窗外虽然阳光明媚，一些仇恨的种子依旧分藏于社会的各个角落。而且，随时可能卷土重来，防不胜防。即使你天天盯着电视看，足不出户知天下事，也于事无补，因为《天气预报》都不会告诉你明天谁会丧心病狂抢一辆车，并且理直气壮地冲向街道上的人群。更悲哀的是，面对这样的悲剧，有好事者甚至还会大声叫好。当南非的图图大主教告诫世人"没有宽恕就没有未来"时，我更要说，若没有宽恕，连现在也不会有了。

对复仇者而言，当过去成为他在世上的唯一的神，所谓复仇也更像是一种谵妄，仿佛只要报仇雪恨了，世界就恢复公正了，曾经发生的不幸便没有发生。然而，即使是最愚钝的复仇者也知道这样的想法不过是在自欺欺人。既然复仇并不会让大家的生活美好起来，为什么有那么多人愿意记住仇恨，伺机报复，一毁俱毁？

复仇者究竟是在寻仇，还是在寻欢作乐，这才是本文要思考的问题。在我看来，杀人者不惜一死，旁观者大声叫好，有一个不可忽视的因素，即复仇给他们带来难以言状的快感，满足久违的征服欲望与宣泄。这就是中国人平常说的"快意恩仇"。如岳飞在《满江红》中所写的那样，"壮志饥餐胡虏肉，笑谈渴饮匈奴血"，这种饥渴的背后，或许同样是受着快意的驱使，而非只是为了还我河山。

恨并快乐着。如果说弗洛伊德笔下人的"力比多"本能假设属实，即人有逃避痛苦、寻找快乐的需要，有释放力比多的冲动，那么复仇的原始动力，与其说是为了公正，不如说是为了满足另一种形式的"寻欢作乐"的欲念罢了。

关于这种与寻仇相伴的寻欢作乐的激情，或者"快意恩仇"，我在《天堂五分钟》里找到很好的诠释。这是一部关于宽恕与救赎的英国电影。所谓"天堂五分钟",指的是在杀死仇敌时所获得的像是上了天堂一般的五分钟甜蜜与快感。

《天堂五分钟》讲述的是一个非常简单的有关复仇的故事,灵感来自北爱尔兰的真人真事。1975年的北爱尔兰小镇,当时年仅十七岁的艾利斯特·利特尔加入了恐怖组织——因为"父亲和兄弟被杀死在大街上,我们感觉都需要做些什么"——并在勒根谋杀了另外一名十九岁的天主教徒吉姆·格里芬。随后艾利斯特被捕入狱。在狱中,他意识到自己犯下了天大的错误,并开始悔过自新。若干年后,艾利斯特走出监狱,为了弥补自己的过失,他开始参加一些社会团体,帮助那些被暴力伤害的家庭走出暴力的阴影,重建属于自己的生活。这样的身份有时候让他觉得滑稽,恶是他作的,而且未被饶恕,现在他却变成了一个传教士,"将在自我欺骗中度过一生"。艾利斯特需要一个契机,以完成自己的救赎。

格里芬一家的故事却没有那么简单。谋杀使吉姆的母亲陷入巨大的悲痛,并彻底毁坏了这个家。母亲抓住一个细节不放——吉姆死的时候,只有十一岁的弟弟乔就躲在角落里眼睁睁地目睹这一切发生,却无所作为。母亲近乎病态地将吉姆的死归咎于小儿子,责怪乔没有想办法救哥哥,通知他快跑。就这样,谋杀不仅使乔失去了哥哥,也失去了母爱,失去了他想要的人生。往日的平静生活不复存在,仇恨一日日发酵。余下的事情可想而知,乔把杀死艾利斯特当作他一生中最重要的事情。

三十三年后的一天,机会终于来了。一家电视台的"真相与和解"栏目组邀请乔录制节目,与他面对面的正是当年杀死他哥哥，并且使他失去母爱的枪手艾利斯特。不同的是，艾利斯特是专程为和解而来，对着摄像机，他为自己年轻时的愚蠢与轻狂悔恨不已，杀人是为了"自豪地走进酒吧，所有人起身拍手称好"，而且那时候他愿意去射杀恐怖团体以外的任何人。今日回望，艾利斯特认为社会最应该做的，是阻止人们沉迷于他们所参加组织的宗旨。"一旦你相信那个宗旨，就太晚了。没人能阻止你，叫你改变主意。"

和艾利斯特不同的是，乔来参加这个节目的目的却是伺机复仇，享受将刀子扎进艾利斯特胸膛的"天堂五分钟"。虽然此时的乔早已经成家立业，是两个女儿的父亲。但是他满腔的仇恨同样需要找到一个出口，而最简单不过的事情，就是直接将艾利斯特杀了。

两条线索同时展开，艾利斯特请求宽恕，带着负罪的心情，他害怕给乔多带来任何一点新的伤害，时时嘱咐节目组成员注意保护乔。而乔要复仇，一路上基本都在自言自语，为了排遣无法宣泄的仇恨，也为了得到伺机对其复仇愿望的认同。

不过事态进展并不如他想象的顺利，录制也没有完成。当乔走下楼梯，准备完成他奋力的一击时，被节目组的人拦住了，不是为了阻止他谋杀，而是希望他回到楼上去，再走下来一次，因为刚才摄像师在后退时不小心打了个趔趄。这个小挫折让乔觉得非常无趣，精心酝酿的复仇计划被滑稽的场面一点点瓦解。可生活却不是拍电视片，谁也不能将过去的不幸抹掉，重新彩排一次。而且，这个细节也让乔意识到自己的谋杀将被拍摄下来，更加重了他的不安。也许从这一刻开始，他准备暂时放弃这次谋杀了。当他回到房间准备拍第二遍的时候，负责剧务的女孩和他说起艾利斯特过得并不好,一个人冷冷清清,住在贝尔法斯特的小公寓里,终日被过去的罪行困扰。小女孩还特别强调艾利斯特是一个"好人"。

"好人?!"这个判断让乔难以置信,使他更加恼怒,显然他没有一点准备。另一方面,他又不得不承认,最初他想象的一个主张复仇的道德共同体并不存在。所以,当他从剧务那知道艾利斯特的住址后,匆匆地逃离了拍摄现场。此时,也许他在想"君子报仇,十天未晚"。

没等乔去贝尔法斯特找艾利斯特,接下来,导演将艾利斯特带回三十三年前的凶案现场,这是乔在勒根的老宅子。看得出,这些房子如今已经废弃。艾利斯特叫人捎话给乔,告诉他如果需要可以到这儿来等他。当然,也包括复仇。

乔又一次带上短刀,当妻子哭求他不要再去冒险时,乔把妻子打翻在地:"我要我的天堂五分钟!"在当年自己哥哥死掉的房子里,乔要刺杀艾利斯特,血债血偿。可惜他并没有打过艾利斯特,直到两人抱在一起跌出了二楼窗户。这个细节很值得回味,虽然艾利斯特希望得到乔的谅解,但他并没有跪下来乞求乔的宽恕,也没有任由他殴打,他不忘保护自己。虽有负罪之心,但在请求宽恕方面,艾利斯特也在尽力维护自己的尊严。

二楼不高,摔下来的两人醒过来。艾利斯特倚在墙角,向乔回忆当年射杀吉姆的前后过程,然后告诉他:"忘掉我吧,乔,当你清晨醒来,首先想到的不要是我,而应该是你的女儿。别和她们说我的事,告诉她们你已经杀了我。我会走掉的,永远。我不重要,我什么都不是。回家告诉她们,你的生命为她们而存在。"

乔满脸伤痕,一言不发,颤抖地点上一支烟,默默地离开了。也许,这场打斗让乔得到了足够的发泄。若干天后,乔治好了摔伤,坐在家里陪妻女看电影,当女儿突然转头对他微笑时,他在本片中第一次露出笑容。是的,很不自然,但是属于乔的新生活从那一刻开始了。随后乔参加各种有关心理治疗的集体谈话,告诉大家他的愿望是希望自己的两个女儿有个引以为傲的爸爸。

一个平常的日子,艾利斯特从超市出来,接到一个电话,是乔打来的。电话那头说:"咱们了结了。"乔的电话让艾利斯特如释重负。街上人来人往,他在马路中间蹲了下来,同时抬起头,仰望天空。他杀了一人,也救了两人。一个是乔,一个是他自己。影片在最后走向了宽恕与和解,艾利斯特通过救人完成了自救。

《天堂五分钟》是我非常喜欢的一部电影。我曾在课堂上迫不及待地与学生分享,并就如何修改影片的结尾展开讨论。我提出问题:打来电话的如果是哥哥吉姆,而不是弟弟乔,给这部电影加一点魔幻现实主义的东西,效果会不会更好?理由是,三十三年来,主宰乔的生活的,并不是他自己,而是他那个已经死去的哥哥的幽魂。或者说,在乔的体内,只是他哥哥的死去的生命。而这生命,没有温度,只有寻找"天堂五分钟"的激情。

有个学生受了启发,为影片画上了这样一个句号:在艾利斯特蹲下身子,开始仰望天空的时候,镜头切换到生活的另一角,刚打完电话的乔也站在那里仰望,他对着天空说:"吉姆,我和你也了结了。"我相信这是一个非常精彩的结尾。那天的课上得很精彩，我和学生们就这部影片讨论了近两个小时，激发他们的思维，下课时教室里响起了热烈的掌声。

仇恨让我们不自由，让我们看不到生活的美好颜色。而如果你愿意站在生命的高处，终将收复本该属于你的自由。也是因为拥有这块高地的缘故，在我的课堂上没有一丝关于仇恨的教育。在这里，有的只是思维的乐趣，那才是我要的"天堂五分钟"。

光荣背叛
——从《一九八四》到《窃听风暴》

《窃听风暴》是 2006 年德国最成功的电影，它在有"德国奥斯卡"之称的金萝拉奖评选中获得十一项提名，并获得最佳影片、最佳编剧等七个重要奖项。这也是继《地下》《再见，列宁》《帝国的毁灭》《百万杀人游戏》之后再次惊动世界的欧洲电影。

梁启超曾经感慨："二十四史，二十四家谱也。"与欧洲导演们对人生与历史的思考不同的是，近年来中国的影视导演依然热衷于为帝王修家谱，以至于有人开玩笑说当年满人入关的好处就是为几百年后的清宫剧做贡献。至于电影，更是可歌可泣——若是少了皇上，我们的编剧就会像《十面埋伏》那样"找不着组织"，任凭演员们在风雪里打斗到地久天长，观众仍是不知所云。

应当说，每个国家都有自己的历史以及对历史的思考。今日中国电影之所以乏善可陈，是因为这些影片既没有历史感，也没有任何思维的乐趣可言。影像的躯壳、声色的装修不足以支撑起电影这门思想的艺术。人们习惯于将自己的碌碌无为归咎于环境,然而,多纳斯马克用自己的电影告诉世人——无论境遇如何,若是能积极面对自己的人生,每个人也并非别无选择。好在情形还不至于太让人绝望,诸如《鬼子来了》以及我在整理这部书稿时看到的《让子弹飞》,让我看到当代中国电影的一丝丝光亮。

德国好人

《窃听风暴》的故事发生在二十世纪八十年代,柏林墙倒塌之前。魏斯勒,代号HGWXX/7,是名史塔西(Stasi)军官,审讯和窃听是他的全部生活。在一次聚会上,他嗅到德雷曼身上的异味,于是自告奋勇地在德雷曼家里装满监控设备,开始记录这位"危险作家"的一言一行。正是这次不经意的介入,彻底改变了魏斯勒的命运。

德雷曼是位著名的东德作家,妻子西兰德是名舞台剧演员。德雷曼态度温和、奉公守法,和许多人一样,对于不合理的社会有着出奇的忍耐力与适应能力。他从不大声反抗,对于政府加之他人的迫害,宁愿选择沉默,有时甚至还会为自己的明哲保身沾沾自喜。

德雷曼夫妇表面平静的生活被文艺部长布鲁诺·汉普的出现打破了。所谓"吾爱真理,更爱追求真理的女青年",显然这位自称"热爱文艺"的部长先生更爱以权谋色。笔者曾撰文指出"强奸民意是世间最高境界的色情",对于德雷曼一家来说,部长先生的色情无疑更进一步,这是一种从灵魂到肉体式的介

发乎心灵的诗歌与音乐，会激起人们对爱与美的回忆和向往。文艺的真正价值不在于为社会进步提供解决方案，而在于对想象维度和人性之美的坚定扶持。

入。一方面，布鲁诺·汉普以禁令相威胁来扼杀德雷曼可能的不服从；另一方面，又肆无忌惮地逼迫德雷曼的妻子奉献自己，供其淫乐——"配合得好就可以早点回家"，这是部长先生的口头禅。

西兰德对淫威的屈服触动了魏斯勒心尖上最柔软的部分，以至于他一时忘记了自己的身份，甘愿以无名观众的身份去间接劝诫西兰德不必迎合任何人。从这一刻起，魏斯勒开始了灵魂的还乡之旅。他从德雷曼的书房里捎走了一本布莱希特的诗集，就像是一只飞鸟衔走一根树枝，为自己构筑精神的巢穴。

另一件事更可谓时代之不幸。德雷曼的好友、著名导演艾斯卡在被政府"禁声"七年后终于不堪重负自杀了。德雷曼是在电话里得知这个消息的，当时他握着话筒，陷入了长久的沉默。随后，他坐到钢琴前弹奏艾斯卡送给他的《好人鸣奏曲》，那是不久前过生日时艾斯卡送给他的礼物。悠扬的琴声，让正在公寓顶楼进行监听的魏斯勒悄然落泪。

故事围绕着德雷曼与魏斯勒的心理转变展开。获知妻子对部长淫威的服从以及好友的自杀后，德雷曼终于选择了反抗。很快，他冒险犯难写了一篇揭露东德公民自杀现状的文章在西德杂志上发表。而就在此时，躲在暗处真实地见证了德雷曼夫妇不幸与屈辱的魏斯勒摇身一变成为了他们的保护者。这个原本兢兢业业的史塔西分子，不再忠于自己的上级与其服务的体制，开始想方设法对他所窃听到的、不利于作家的内容进行删改。

有关自杀的文章使得东德安全部门大为光火，他们将怀疑的矛头直接指向了德雷曼。很快，西兰德在审讯室里供出了藏在家中的关键证物——进口打字机。就在这千钧一发的时刻，魏斯勒赶在其他史塔西人员到来前取走了打字机，挽救了德雷曼。

魏斯勒为自己的"窃听失败"付出了代价，原本仕途光明的他被降职，成为了史塔西内部处理邮件安全的底层人员。1989年11月9日，柏林墙倒塌后，魏斯勒成为一个普通的发信工。

阳光满地。一个平常的日子，魏斯勒在一家书店橱窗里发现德雷曼出版的新书《好人奏鸣曲》。翻开书，扉页上写着"献给窃听人员HGWXX/7"。原来，对自己获救百思不得其解的德雷曼通过已经公开的窃听记录了解到当年在暗中保护他的"HGWXX/7"正是魏斯勒。

影片有着一个意味深长的结尾。魏斯勒买下了这本书。当店员问他是否需要包装送人时，魏斯勒说："不，这是送给我自己的。"《好人奏鸣曲》让两位不曾谋面的德国好人有了一种心照不宣的默契。德雷曼因之表达了自己对魏斯勒的感激之情，而魏斯勒也把这本书送给了自己，作为对自己捍卫良知和生活的奖赏。

别人的生活

《窃听风暴》里没有宏大场面，这个中文译名远不如其原意"别人的生活"那样更能为我们展示该片的内涵。"别人的生活"在这里至少有两层含义：其一是对他人生活的闯入；其二是没有自己的生活。

如上所述，文艺部长利用职权，恐吓作家，并且胁迫作家的妻子与其保持每周一次的约会，是对作家夫妇生活的闯入。这种闯入同样表现在魏斯勒对作家家庭生活所进行的二十四小时监听与监视。在没有法律保障的国家，平民的茅屋被当权者视为监舍，他们可以像狱卒一样随时进入，美其名曰执行公务。

不同的是，文艺部长是为了私欲侵占他人的生活，而魏斯勒则更像是出于"公心"抛弃了自己的私人生活。作为一个为党国尽忠的"老光棍"，魏斯勒废寝忘食，把自己的大部分时间都放在了监视与审讯之上，简而言之，用于干扰别人的生活方面，而他自己的私人生活，几乎是一片空白。事实上，正是无数像魏斯勒这样的人贡献自己的生活，才使布鲁诺·汉普那样的大人物可以为所欲为。

今天，我们知道每个人都应该有自己的生活，公权力应当在私宅的门槛前止步。然而，在"暴力战胜了思想，人群战胜了人类"的时代，在政治压倒一切的1984年，像魏斯勒这样的敬业者却以监视和审讯"危险人物"为荣。他们相信，任何人都可能背叛自己的国家，因此任何对政府的不信任都可以成为一个人被捕的理由。当人们被迫在政治的泥沼中求生，生活本是件奢侈的事情。

一九八四

《窃听风暴》的故事从1984年开始叙述，想必不是一种简单的巧合。六十年前，天才作家乔治·奥威尔曾经在其著名的反极权小说《一九八四》里为世人虚拟或者预言了一个"老大哥在看着你"的恐怖世界。

奥威尔为我们揭示了一个靠"双语思想"与"新词"进行极权统治的国度。和魏斯勒所服务的斯塔西一样，主人公温斯顿·史密斯同样为"真理部"卖命。在这里，"战争即和平""自由即奴役""无知即力量"，每个人都被监视，每个人的权利都处于没收的状态。显而易见，这种"双语思想"在当年的东德同样有所表现：一方面政府不遗余力地向民众宣扬民主德国是世界上最美好的国家；另一方面又视国民为潜在的"国家公敌"，必须接受监控。为此，东德设立了"史塔西"这个强大的情报机构，为东德一千八百万人口中的六百多万人建立了秘密档案。也就是说，每三个东德人里面便有一个被监控。

在"线民政治"大行其道的二十世纪八十年代，告密成了东德居民的日常生活。此时，不仅有来自政府的"老大哥在看着你"，还有来自社会的"老大妈在看着你"。不幸的是，社会的分崩离析还体现在"老婆（公）在看着你"。关于这一点，《窃听风暴》的男主角饰演者穆赫可谓感同身受。他的妻子简妮·格罗曼曾经为德国国家安全部门工作，负责监视他和其他演员，仅解密文件便有二百五十四页相关记录。

当历史翻过封闭而阴暗的一页，生活于今天的我们不难理解为什么当年柏林墙东边难以为继。当年的东德政府，将其主要精力放在了社会控制上，而纳税人所谓的"改善生活"，不过是换回了几副质地优良的手铐。

光荣背叛

国家是人之造物，不能凌驾于人的价值之上。然而，极权国家所宣扬的是每个人要为极权而生，为极权而死，做权力的附庸。魏斯勒的"光荣背叛"，揭示了即使是在黑暗年代，生活于"体制内外"的人都有和解的可能。道理是，体制并非最真实的共同体，也非铁板一块，而人类作为共同体的价值与恒常远在任何体制之上。

影片中自杀而死的朋友、应召而来的妓女、布莱希特的诗歌以及《好人奏鸣曲》等，对于魏斯勒的"光荣背叛"来说都是必不可少的精神道具。

自杀前，艾斯卡曾经近乎绝望地对德雷曼说："我再也无法忍受这个毫无人权不让人说话的国家了，这个体制让人发疯，不过可以写出真实的生活……"当魏斯勒沉醉于德雷曼的琴声之时，我们看到，虽然窃听为千夫所指，但是窃听者也因此吊诡地获得了当代人默默反抗极权世界的第一手资料，这在某种意义上使他们成为时代苦难与精神的见证人。

极端的政治让人忘记自己，而性欲却本能地告诉每个人肉体是真实存在的，有关幸福的体验同样不是其他的人或物所能替代。在《一九八四》里面，温斯顿同样在妓女身上寻找自己的人性，而在大洋国里，性欲是思想罪，满意的性交本身便是造反。所以，性欲被污名化，"性欲被视为一种令人恶心的小手术，就像灌肠一样"。

《窃听风暴》中的性爱既是生活中的寻常场景，也是深刻的隐喻。在性方面，魏斯勒可谓空空如也。监听与审讯给他带来的乐趣显然超过了性欲。只有当他目睹了发生在德雷曼夫妇及其周遭的不幸,魏斯勒身上的人性光辉的一面才开始复苏。良心的苏醒同样伴随着性的苏醒。那一夜,魏斯勒找来了妓女,在这里性道德是无关紧要的,重要的是魏斯勒有了自己的私生活,可以自主地支配身体,开始了从肉体到精神上的揭竿而起。

《辛德勒的名单》里有一句话:救了一个人,等于救了全世界!人们赞美忠诚,然而,人类社会的进步,却时常伴随着不断的"光荣背叛",伴随着不断地有人从旧有体制中出走,从而完成个人与社会的自救。为了保护德雷曼,魏斯勒不断地篡改甚至藏匿不利于德雷曼的记录,并支走了他的窃听搭档。魏斯勒背叛了自己忠于党国的原则,对于他来说,生活并非别无选择——他听从自己内心的声音。

有意思的是,在《一九八四》中,作为真理部记录科的科员,温斯顿的工作是修改各种原始资料,从档案到旧报纸,全都根据指示改得面目全非;而在《窃听风暴》中,良心发现的魏斯勒把他所见证的作家的私生活同样改得面目全非。良心发现使魏斯勒完成了对旧体制的反戈一击,效忠党国的秘密警察一夜之间变成了藏身于体制之内的卧底。

文艺何为?

多纳斯马克,一位三十三岁的年轻导演。早在九年前,多纳斯马克便在想一个问题——一个秘密警察如何监听一位名作家的私生活。为此,他对一些前东德的线人与秘密警察进行了走访。多纳斯马克发现,秘密警察是一群把内心情感上了锁的人，他们只讲究原则，情感因素被彻底排除与封存。他们害怕感情会坏了对原则的追求。

在日常的苦难与制度的禁锢面前，诗歌何为？音乐何为？为什么那些创造爱与美的人会成为专制者的眼中钉？《窃听风暴》或多或少地给出了自己的答案。在极端的年代，掌权者通过"新词"推销真理，并用冗长的真理说服民众自己生活在幸福之中。然而，发乎心灵的诗歌与音乐，会激起人们对爱与美的回忆和向往。它们一旦抵达内心，谎言织起的真理大厦顷刻间变得弱不禁风。

怀想自由的人们不会忘记电影《肖申克的救赎》里主人公安迪坐在监狱办公室里播放《费加罗的婚礼》时的感人场景。只在刹那之间，这座狰狞的监狱仿佛变成了一座救赎人心、放飞希望的教堂。"有一种鸟是关不住的，因为它的每一片羽毛都闪着自由的光辉。"合乎人性的音乐可以穿透监狱的铜墙铁壁，打开人心的枷锁；它不用长篇大论，而是用人们凭借直觉便可以感受的美将人们从极权时代虚构的千万种幸福的理由中解救出来。

文艺的真正价值不在于为社会进步提供解决方案，而在于对想象维度和人性之美的坚定扶持。一个社会由封闭走向开放的过程中，那些符合人性的音乐之所以会被当权者视为"靡靡之音"而加以贬斥，正是因为文艺具有招魂的品质。正因为此，在极端的年代，诸如音乐、诗歌和绘画等艺术被纳入到意识形态的范畴加以控制。就像《一九八四》中所创造的"新词"，它不仅为"英社"拥护者提供一种表达世界观和思想习惯的合适手段，而且也是为了使得所有其他思想方式不可能存在。一旦失去了造句能力，不能识别饱含于历史之中的意义，人们便不再有异端的思想。

《窃听风暴》是一部关于自我救赎的电影。作家在反抗中找回了自己，窃听者在光荣背叛中获得了拯救。今天，互联网的发展使人们渐渐熟悉了远程教育，事实上，《窃听风暴》也向人们展示了柏林墙时代远程教育的另一种形态——只要相信人的良知未泯，那么就有可能让被窃听的书斋变成课堂，让窃听者变成入室弟子，让监控记录变成课堂笔记。

帝国的藤蔓

"条条大路通罗马"道尽了罗马昔日的繁华。据说罗马人征战到哪里，就把"大路"修到哪里。野心勃勃的统治者总是通过对各种"道路"资源的占有实现对社会的控制，其目的莫不是为了阻断社会横向的交往，锻造"下面"对"上面"的服从。极权之最，无非是将公共权力与社会权利完全集于政府之手。政府控制了政治、经济、文化以及生活的每个维度，使社会缩减到赤贫与破产的地步。

柏林墙倒塌后，一个偶然的机会，德雷曼从乌诺嘴里得知自己一直处于被监控的状态。回到家里，顺着墙纸和屋角，德雷曼拽出了许多根隐藏多年的电线，此时的他大梦方醒。一个旧的时代结束了，像是为死去的极权时代料理后事。德雷曼将一根根电线攥在了手里，帝国的藤蔓已经干枯，失去了往日的生命。曾几何时，它们盛极一时，以其隐秘却又无所不在的暴戾蔓延到私人生活的每一个角落，为帝国获取收成。从厕所到客厅,从卧室到书房,只要史塔西认为有必要,它们便可以以国家安全的名义占领社会生活的每个角落。

伸进居民卧室的藤蔓,难免让人想起章鱼。在西方,人们通常用章鱼来比拟难以抗拒的恐怖力量。雨果《海上劳工》里的主人公便是被章鱼这"大海里的吸血鬼"缠住拖向大海深处;科幻小说里,章鱼同样被视为人类潜在的敌人——章鱼具有极权的品性,它占有、抓握、吞噬,似乎具有毁灭一切的力量。

从脑袋上直接长出八条腕足,章鱼的身体更像是一个隐喻,为我们展示了极权时代的星状结构——中央控制八方。如雨果所说,章鱼是一团腐烂的肉,是疾病的丑怪化身,它的纠缠便是绞杀,它的接触便是瘫痪。

当史塔西分子接着西兰德的招供去找打字机时,精神几近崩溃的西兰德不顾一切地跑到了街上,被一辆疾驰而来的汽车撞破了脑袋。西兰德的死,无疑是一个时代的悲剧。显而易见,她的真实死因是章鱼的绞杀,是帝国藤蔓的"藤缠树"。

西兰德曾经悲叹:"上帝的眼睛从不向下看。"然而,人的眼泪却向下流。魏斯勒见证了这一切,他跪在西兰德面前……此时此刻,相信许多人都会像魏斯勒一样,在弱者身上看到自己现在与将来的境遇,意识到自己身处人类之中。

为自由而担责

2012年底，我在北京参加一个思想沙龙。与会者多是这些年来在公共领域较为活跃的歌手、导演、商人、网络精英、学者及出版人。那天的活动持续了很长时间，印象最深的是其中有个"中国梦"环节，主持人让最后上台的几位嘉宾谈自己关于中国未来十年的梦想。这样富有时代特征的氛围与场景，对我来说实在太过熟悉。和往常一样，大家集中表达的多是希望自己能够生活在一个既安全又有尊严的国家，那里有成熟的市场经济、公民社会、多元文化、民主政治以及持久保障的人权、法治、自由，等等。

还记得1984年，张明敏唱《我的中国心》时的情景。从中国心到中国梦，跨越三十年。不同的是，中国心是以中国塑造中国人，而中国梦是以梦想塑造中国。前者连接过去，后者面向未来。

美国梦，中国梦

这个环节也让我不禁想起了不久前看到的一份有关美国梦的民调结果。据《今日美国》报道，24%的人认为自己已经实现了美国梦，40%的人相信自己能够实现美国梦，15%的人表示毫无希望，21%的人表示对此并不关心。

什么是美国梦？这个词最初是1931年由美国历史学家詹姆士·亚当斯在他的著作《美国史诗》中提出来的。"每个美国人都应该有机会实现他的美国梦……美国梦不是物质丰裕的梦想"，他继续写道，更是一种"社会秩序，在这种社会中，每一个人都能够以其天赋予能力来获得他的成就，而且他们的成就也能被其他人认可，不论他们出生的环境和地位的偶然境地如何"。

我不知道类似的问卷在中国会得到一个怎样的比例分布，但可以肯定的是，无论是美国梦，还是中国梦，它是有关国家的梦想，更是个人的梦想。而国家的价值，正在于提供一种相对公正的秩序，使身处其中的个人不必为上访和躲避城管浪费时间甚至丢掉性命，而是专心于实现自己的梦想。

今天，越来越多的中国人在谈中国梦，这是中国希望之所在。即使措辞尖刻的言论，也是国家赖以上进的动力。所谓"爱一个国家，先要学会恨它"。这里的"恨"，是"恨铁不成钢"，是理性之爱，是清除坏事物的斗志，更是痛定思痛后的透彻。

你是否实现了中国梦？这个问题很难回答。个人还好，至于这个国家，让我再想想……这是许多人的态度。至于这片土地未来怎样，没有谁准确地预言过。正如过去十几年来我们所见证的,这个国家有太多的变量,也有太多的恒量。有些方面千年不变,有些方面一日千里。

也有人说:"我的中国梦就是在中国多赚点钱,能够早日移民美国实现美国梦。"这不是简单的自我解嘲,而是一些人的真实想法或者生活抉择。伴随着社会的开放,越来越多的人走出国门。不过在国外我也遇到许多华人,他们苦于去留两难:对异国若即若离,对故乡藕断丝连。就像韩素音在《瑰宝》里说的一样:"我的一生将永远在两个相反的方向之间奔跑:离开爱,奔向爱;离开中国,奔向中国。"

无论是准备离开或回到中国的人,还是久居此地的人,都会经常思考这样一个问题。这里的水、空气以及食品的质量问题,什么时候会有所改善?某些不受约束的权力,什么时候能够被关进笼子里?中国会像过去一样从终点又回到起点,在莫比乌斯环[①]上徒劳无功地打转吗?

马斯洛困境

相较于战乱的年代、极端的年代,今天的中国无疑是好时代。从整体上来说,社会也是愈来愈丰富、开放和自由。更重要的是,中国正在迎来一个最关键性的变化,即民众在观念上的脱胎换骨。而这些现代观念也是一个开放社会所必须具备的

---

① 莫比乌斯环是一种单侧、不可定向的曲面。因 A. F. 莫比乌斯(1790—1868)发现而得名。将一条长方形纸条 ABCD 的一端 AB 固定,另一端 DC 扭转半周后,把 AB 和 CD 粘合在一起,得到的曲面就是莫比乌斯环。沿着"8"字形平面画线,会无限循环。

条件。

几个月前,我在德国柏林主持一个"为何我们不能互相理解"的圆桌会议。在与会中西方嘉宾为"中国为何不接受西方人权观念"而吵得面红耳赤时,我终于忍不住打断了他们:"各位女士、先生,请回到现实中来,现在问题的关键不在于'中国'不接受西方人的人权观念,而在于'中国'不接受中国人的人权观念。"当然,我这里说的中国人是个复数,指代某些中国人。同样是体制内的人,他们关于人权的想法也并不一样。

不是吗?尤其是经过百年来的冲撞、反思和演进之后,中国人的人权观念整体上并不亚于世界上任何发达国家。诸如自由、平等、公平、正义、私有财产等,无论来自西方世界,还是来自东方传统,抑或只是来自人心的自觉,当代中国人都已见贤思齐、克绍箕裘、策驽砺钝,使之成为时代精神了。若非如此,为什么会有那么多人敢于公开批评政府?为什么会有那么多维权的案例和钉子户?只是因为他们是刁民吗?

对于我的这个观点,曾在中国留学的法国汉学家潘鸣啸先生在微博上做出了很有意思的回复:"我(二十世纪)七十年代末开始对人权观念感兴趣,是因为发现当时的中国青年,在几乎没有受到任何西方思想影响的情况下,就有很强烈的对自由和人权的愿望。民主墙运动是个例子,还有1980年的基层选举。对我来说,人权观念是从中国来的。"

另一方面,随着公民社会与网络的成长、阶层的板结、贫富分化的加剧,也包括前文提到的观念变化,表现出来的社会冲突越来越多。互联网上,人人举起了话筒,同时又塞上了耳塞。过去听太多了,现在只想说。

当公正与信仰被丢弃，当生命被轻视，暴力被纵容，对话被扭曲，社会更是戾气蔓延。相较于执政者所追求的政治稳定，社会成员最关心的是个体的安全感。当然，还有尊严。同在德国的那次会议上，我谈到个体尊严同样会体现在他人的不幸命运之中：你吃一千元的冰淇淋，喝十万元的拉菲，却对旁边沙发上正在强奸妇女的歹徒不敢说半个不字，又有什么尊严呢？

马斯洛的需求理论广为人知。这位著名的人本主义心理学家将人类需求由低到高分为五个层次，分别包括生理需求、安全需求、爱和归属需求、尊严需求和自我实现需求。通常，当人的一个低级需求得到满足后，他会追求下一个高级需求。

马斯洛没有回答——在什么情况下一种需求才算是得到真正的满足，如何量化？又为什么有些官员在貌似满足了生理需求、安全需求，甚至包括爱和归属需求之后，却没有随之而来的尊严需求？

马斯洛错了吗？似乎没有。从需求层次理论来看，那些拒绝财产公开、抵制进一步改革的人的需求仍然停留在第一或者第二层次，姑且称之为"马斯洛主义"的初级阶段。

反讽的是，当一个已经进入需求第四阶段、试图拥抱一种有尊严生活的公民提出要求，希望某些官员公开财产时，后者可能会出于自己的安全考虑，动用手中的关系与权柄，使前者重新回到生理需求和安全需求这两个初级层次上。

如果人格化国家，读者还会发现安全需求永无止境，而尊严需求有待加强。什么时候，这个国家能够在满足安全需求的基础上进入到爱和归属的需求、尊严的需求，乃至自我实现的需求？

光明与黑暗

回望各国的发展历程以及它们曾经有过的腐朽与曲折，实在没有理由不相信中国将有一个光明的前途。我不是为当下中国不好的一面辩护，只是从时间与人性的角度看到了历史的演进与文明的共性。英国出现过羊吃人运动，美国出现过食品危机，日本发生过水俣病，但只要对症下药，建立起相应的规则，这些时代的混乱就一一落幕了。问题只在于，那些与正义和秩序相关的规则将在什么时候得以确立。

2012年底，受美国卡特中心的邀请，我到美国考察四年一度的总统大选。在投票之前的若干天里，我在美国东中部的几个城市里问了不少人，他们几乎都准备将选票投给奥巴马。理由也差不多，奥巴马代表公正。然而为什么几个月来美国的媒体和民调机构都在告诉我另一个事实，奥巴马与罗姆尼的票数可能一半对一半，甚至有可能会重演十二年前布什对阵戈尔时各胜一筹的尴尬局面，即罗姆尼赢了民众票，而奥巴马赢了选举人票。

这个现象引起了我的注意。那些支持罗姆尼的人哪儿去了？为什么我很少遇到？当然我很快意识到自己的抽样有偏差，因为那些天我接触更多的是美国社会的底层，是少数族裔。事实也是如此，投票日的出口民调结果表明，超过九成的非裔、七成以上的西班牙裔美国人都投了奥巴马。

我没有预测错大选的结果，奥巴马的确获得了连任。但是上面的这个细节在不经意间解开了我关于中国的另一个疑团。过去几年间，我在中国接触了许多人，公民记者、自由知识分子、开明的官员、有良知的律师、有情怀的商人、渴望探寻真理的学生以及热忱的义工，等等。问题是，为什么中国有这么多人希望朝着一个更开阔的地方去，可是相关改革却举步维艰？只是因为利益集团作祟，或者有理想的人没有组织起来吗？

前面说了，我的抽样有点小问题。所谓人以群分，如果我仅以眼前接触的人来判断中国的未来，以为90%的人想的都和我一样，那可真是大错特错了。一方面，有太多的做着黑暗勾当的人我从来没有接触到；另一方面，即便是那些我所遇到的人，在他们身上所呈现出来的光明形象也未必是其精神全貌。

关于人性中的幽暗，美国神学家雷茵霍尔德·尼布尔在其著作《光明之子与黑暗之子》中有过精彩论述。是的，人类社会不乏光明之子，但是这些人总是把社会变革想得太过简单，甚至以为只要像他们这样的人多做点牺牲，世界就一定会朝着好的方向走。理论上当然是这样，但在现实生活中，还有无以计数的黑暗之子，他们看重的是现实利益。如果时候到了，他们会滑向光明之子一边，如果时候没到，他们只会死守自己的一城一池，甚至与光明之子势不两立。

光明之子之所以功败垂成，是因为他们低估了黑暗之子的力量。在尼布尔看来，虽然光明之子创造了现代文明，但如果不能清醒地理解和应对黑暗，文明成果有可能毁于一旦。光明之子必须明白自我利益在人类社会中的力量，他们必须拥有这种智慧，以便能够为了共同体的利益，引导、调停和控制个体或集体的自我利益。意识到这一点，就知道社会转型是一个漫长的过程，也可能是一个水到渠成的过程。

当然，这并不意味着我们可以因此变得麻木，不论是非。我平时温文尔雅，有时候也免不了会愤怒，哪怕只是些看似微小的事情，比如在用 Google 查找资料的时候，好端端的网页总是被重置，这种拦截实在令人生厌。谁不厌恶呢？就好比你心急火燎赶到河边，要到对岸去办件重要的事情，你好不容易找到了桥，正要过去，谁知这桥突然被人拆了。

鼓掌的人

今天的美国，华盛顿的雕塑随处可见。以华盛顿为首的美国国父们，对美国独立及宪政的落实无疑居功至伟。但是，伟大的华盛顿并未成就一切，他虽有能力拒受王冠，却没有能力解放黑奴。两百年后，奥巴马有朝一日能够问鼎美国总统，得益于其间几代人的不懈努力，他们是林肯、道格拉斯、罗莎·帕克斯、马丁·路德·金，还有数以万计的无名氏。

格莱美获奖黑人歌手杰斯（Jay-Z）曾这样深情地说道："罗莎·帕克斯坐下来了，所以马丁·路德·金可以走路；马丁·路德·金起步了，所以奥巴马可以奔跑；奥巴马奔跑了，所以我们可以飞。"

1955年，黑人妇女罗莎·帕克斯因为占用公交车的"白人专座"而被逮捕。随后，为了反抗恶法，黑人牧师马丁·路德·金发起了罢乘运动。

荷尔普斯有言："推动世界这部水车运转的水浪，发源于人迹罕至的地方。"罗莎·帕克斯不会想到，那一天筋疲力尽的她，会以坐下去的方式让美国黑人站起来。2012年的一天，当奥巴马在亨利·福特博物馆里坐上罗莎·帕克斯坐过的编号为2857的公交车,他作何感想?曾几何时,那位黑人母亲,只因为要在这个座位坐下去,竟然会被逮捕。而现在,有着相同肤色的他,当选了美国总统。

耐人寻味的是,就在罗莎·帕克斯拒绝让座的前几年,有位黑人牧师在公交车上受到侮辱,被白人司机勒令下车,当他号召车上其他人一同下车以示抗议时,却无人响应。然而这件事在罗莎·帕克斯那里不一样了,许多人参与到非暴力不合作运动中来,拒乘公交车。从12月5日起,蒙哥马利市的四万黑人开始用各种方式出行,有的人甚至是走二十英里上班,就是不乘公交车。三百八十一天的坚持,不仅改变了美国黑人的地位,也改变了盛行种族主义的美国。

我时常听人感叹中国没有华盛顿,其实没有又如何?过去没有不意味着将来没有。别人不做不意味着你不能做。就算你做不了华盛顿,你还可以做马丁·路德·金。做不了马丁·路德·金,你还可以做罗莎·帕克斯。做不了罗莎·帕克斯,你还可以做一个为他们鼓掌的人。如果你连这也做不了,没关系,你还可以回归动物的本能,就像特里西娅·奈特[①]所做的那样,举起手中的摄像机,保卫自己的孩子。

身处转型时期,对自由的争取与保护,对公平与正义的谋求,正因为不可一蹴而就,所以更需要日常的持久的参与。中

---

① 特里西娅·奈特是俄亥俄州的一名妇女。2012年10月,一个邻居模仿她患有脑瘫的十岁女儿拖腿走路,奈特一怒之下将他告上法庭。由于奈特录下影像,邻居无可抵赖,因此被法庭判处二十九天监禁。

国人无疑是世界上最能隐忍的民族，不幸的是，这种隐忍通常都用错了方向。人们有耐心忍受苦难，却没有相同的耐心去结束苦难。

事情也并不那么糟糕。就在我写这篇文章的时候，看到两条新闻。一是2012年10月14日出版的《东方今报》为冻死在立交桥下的流浪汉降低了报头，并且标榜"我们降低报头，是为尊重生命"。过去这些年，有关降国旗的讨论不绝于耳。其实即使国旗不降，你仍可以像这家报纸一样，以适合自己的方式表达对生命的敬畏与弱者的同情。二是《新京报》报道了兰州男子陈平福终于被撤诉。陈平福原本是一家国企子弟学校的教师，企业破产后，他靠在街头拉小提琴为生。2007年以来，因为在网上发帖、转帖批评政府，他先是在2012年6月被监视居住，接着在8月被以颠覆国家罪公诉。在兰州市检察院的干预下，法院裁定准许检察机关撤回起诉。陈平福说自己发帖不过是"想让这个社会变得更好一点"。这样的进步在中国意义深远，在我看来，这是小提琴战胜了大喇叭，是音乐战胜了暴力，是手握权柄的人战胜了自己，站到了良知一边。

精英的迷惘

2012年夏天，我在新加坡参加慧眼中国论坛，其中一个议题是"中国是否会发生动荡"。我无法判断未来中国的走向，但我知道什么样的原因可能导致社会动荡，比如长期的社会不公正、权力的无所不能以及精英阶层的缺失或者没有真正担当起社会责任。

半年后，我在北京参加百年职校举办的慈善晚宴。那天晚上来的多是各行各业的精英，有企业家、政府官员，还有外国使馆的工作人员。美国驻华大使骆家辉亲临现场，并代表使馆捐了几万美金。短短几个小时，一共募集善款两千多万元。这让我想起几年前参加立人图书馆项目，记得在那次年会上，全年的募款目标也不到三十万，而且还颇有难度。在此，我没有贬低草根阶层的意思，而是看到了精英阶层参与救济社会时的效率。

我所理解的精英并非独以金钱衡量，我更倾向于将他们归类于有思想的行动者与建设者，即加塞特所定义的那些对自己有着较高要求、不随波逐流的人。

有网友给我留言："故历代仁志之士，举社会变革首当改造自身。从改造自身开始以促社会进步者，乃真精英。若只见批贬社会而不见自身行动者，则为一愤青而已矣。今日之社会，危机所在，非唯制度，在精英阶层之缺失也。"此话不虚。

和改革开放以后世俗精英逐渐消亡不同的是，改革开放以后的中国经济精英、文化精英都得到了恢复性成长，政治精英也开始越来越多地接受了现代文明的观念。如果仅从个人奋斗而言，其中许多人都可以说是实现了自己的"中国梦"。然而中国梦不能脱离中国本身，如果社会发生转型危机，相较于普罗大众，他们将有可能付出更大的代价。为了避免在不同的监狱之间转移人民的暴力循环，避免社会运动蜕变为将张家的猪赶进李家的厨房，精英阶层更应该有紧迫感，以推动中国走出唐德刚意义上的险象环生的"历史三峡"，直下宽阔太平洋。

而现在，从总体上看，精英仍是迷惘的。时至今日，中国的政治精英本可以是非常幸运的一群,已有部分体制缺陷明显,他们只要稍微做点事,便足以让他们因此建功立业,留下不朽的名声。

自由与责任

荷马说:"当一个人成为奴隶时,他的美德就失去了一半。"对此,阿诺德补充说:"当他想摆脱这种奴隶状态时,他又失去了另一半。"

人被奴役的时候会失去自己的美德,人争取解放的时候也会失去自己的美德,如此一针见血的对比着实让人赞叹。究竟是什么原因让一个人在被压迫时卑躬屈膝,丧失人格,而一旦有力量解放自己时,又变得飞扬跋扈,伤及同类?

从概念上说,它关系到对自由与权利的理解。托克维尔曾经在《旧制度与大革命》中嘲笑法国大革命时期的法国人"似乎热爱自由,其实只是仇恨主子",也正是因为仇恨大于自由,法国大革命最终血流成河。反抗与仇恨都不等于自由。自由是一种普遍权利,真正的革命不是为了奴役别人,更不是为了杀戮,而是为了建立起一种持久的自由秩序,以便让所有人能够在这种秩序中平等地生活。

从政治上说,它关系到对强力的约束。没有谁甘愿受人压迫,一个人被另一个人奴役,不是因为这个人强而另一个人弱,而是因为那里奉行暴力逻辑,强者的力量未能得到约束。在此前提下,弱者不得不屈从于强者。同理,只要这种暴力逻辑不被打破,当有朝一日强者转弱,弱者转强,类似恃强凌弱的悲剧仍会再次上演。暴力的方向发生了转变，但是暴力的结构并没有变化。如阿诺德所揭示的，在暴力的施与受的双重进程中，人类几乎失去了全部的美德。

从历史上说，中国人已经经历了太多"以反抗始，以悲剧终"的革命或者反抗。如果革命的目的不是为了自由，而只是为了反抗或者解放本身，就意味着革命不但没有建立起新的秩序，也没有真正建立起新的价值。所谓"兴百姓苦，亡百姓苦"，不革命，百姓苦，革命，百姓甚至更苦。当革命因对暴力的迷信而冲出应有的边界，否定人的意义本身，革命不仅毁坏了过去的文明，也迷失了未来的方向。

简而言之，转型期的中国，有关自由的思考并未完成。这也是为什么在过去的讲座中我多次谈到，今天中国的许多问题就在于假自由泛滥、真责任缺失。在政府方面，表现为权力大而责任小，很多方面自我授权，为所欲为；在社会方面，则表现为各种底线的缺失，对于可能到来的时代巨变，社会也没有做好充足的观念或者心理上的准备。

美国著名心理医生弗兰克尔曾经建议美国人不能只在东海岸建一座自由女神像，还应该在西海岸建一座责任女神像。一个从纳粹集中营中死里逃生的人，按说最珍视的就是自由，但为什么他还要强调仅有自由是不够的？因为他知道，与自由对应的还有责任，没有责任也不会有自由。责任女神像的价值就在于唤起人们的责任感。套用《新京报》当年的一句广告词，责任感不仅能使我们出类拔萃，责任感同样会给我们自由。所谓美好社会的密码，无外乎人人能为自由担起责任。

我的人生，我的土地

从改革开放，到开放改革，尤其伴随着全球化的到来，中国的变革少不了外部力量的卷入。前不久，读到赫尔穆特·施密特在接受记者采访时说到的一段话，大意是如果德国的民主受到了威胁，他还会以老迈之躯冲上街垒挥舞拐杖，但如果将民主引进一个发展中国家，他是一点力气也不愿出的。

我不想将施密特的这段话简单归类为国外政客的势利或者犬儒主义，积极一点说，我更愿意视其为忠告，即不要渴望别人来帮你多做什么，每个国家有每个国家的当务之急，每一代人有每一代人的使命。

近几年来，我之所以在各地做有关"这个社会会好吗"的同题演讲或者讲座，除了探讨当下中国的一些紧要问题，更多的是着眼于将来的建设，希望自己能为这个社会的转型播下一些真正的自由与宽恕的种子。虽然力所不逮，忧思之心却是赤诚。

相较于讲堂前的麦克风，我更喜欢的是书斋里的文字。我不是一个喜欢争强好胜的人，甚至也不是一个好争论的人，就像罗曼·罗兰笔下的奥里维一样，只希望自己能够保持目光明亮。奥里维之所以不愿斗争，并非害怕失败，而是由于对胜利漠然视之。那个时代，谁反对仇恨，谁就被打成叛徒，谨慎的人被称为胆小鬼，有人性的人被称为软弱的人。

今日中国话语暴力与仇恨情绪同样盛行。这里不仅缺少底线派，也缺少茨威格所说的"思想上的英雄主义"；这里不仅缺少中产阶级，也缺少中间意见阶层。在各种"主张的冲突"中，底线派与中间意见阶层往往也是遭受各方误解和伤害最多的，因为他们离开战壕，手无寸铁地走到了枪林弹雨的中央，走到左派与右派、政府与民众等各方火力的交叉点。那又能怎样呢？被民众围攻、被朋友孤立，甚至被权力嫉恨，本来就是独立思想者应受的。客观上说，这也是其价值所在。

在收笔之前，还是让我回到故乡。因为演讲的关系，去年底我回了一趟九江，并且再上庐山。这里曾是抗日战争时期的重要战场，遗憾的是，当年庐山孤军浴血奋战的故事，渐渐被国史无知、无情地淡忘。不过，山间有文字的地方总还是免不了让我感到慰藉与着迷。这里不仅有刻着"独立之精神，自由之思想"的陈寅恪墓，在东林寺的藏经楼外我还看到这样一副对联——"自修自持莫道此间非彼岸，即心即佛须知东土是西天"。而且，我立刻喜欢上了这副对联。

实话实说，我在外地演讲的时候曾经借花献佛，把它赠给了所有在场的听众。现在，借着这本书的机缘我也把它献给所有的读者。这副对联既是决心，也是愿望，更是对"中国梦"的最好注解。当时有人问我这副对联是什么意思，我便自作主张，将它翻译成了几句大白话：我将用心于此生此地，这是我的人生，我必让它圆满；这是我的土地，我必让它自由。

与读者共勉。

2012 年 12 月 21 日，"世界末日"，写于家中

两条空船相撞[*]

市南宜僚是春秋时期的勇士,有一天发现鲁侯满面忧愁,活得毫无安全感,于是就劝他放弃王位归隐他乡。最后,市南宜僚还没忘给鲁侯打了个比方。

方舟而济于河,有虚船来触舟,虽有惼心之人不怒。有一人在其上,则呼张歙之;一呼而不闻,再呼而不闻,于是三呼邪,则必以恶声随之。向也不怒而今也怒,向也虚而今也实。

这段话的大意是:一个人正划着船,如果突然有条空船朝他撞过来,就算这人心胸狭隘也不会为此感到恼怒。而如果那条船上有人,你怎么喊对方也听不见,紧接着船就撞过来了,这时你可能会用恶言恶语骂过去。为什么前面气量小的人都不发脾气,而现在你却怒火中烧?究其原因,前面是条空船,而

---

[*] 此文系本版新增。

后面的船上有人了。

这是《庄子·外篇·山木》里的一则故事，文章里紧随其后的结论是——"人能虚己以游世，其孰能害之！"

"虚己"这一概念很耐人寻味，通常它被理解为一个人不要太看重自己，从而接近某种"无我"的状态。不过在这里庄子的思维似乎过于跳跃。考虑到前一句"有虚船来触舟，虽有偏心之人不怒"，就故事整体逻辑而言，结论似乎更应该是"人能虚他以游世，其孰能害（怒）之！"也就是说，若不考虑另一条船上有人，少了对他者行为之控制欲，只当是那空船自己撞过来的，由此人与人之间的关系也就简化为人与万物的关系，你我都不必为"他人不遂我意"而烦恼了。当然，这样理解似乎又与前文中丰狐、文豹因为皮毛昂贵而被猎杀等线索不符了。

回想过往生活，我们对许多发生在自己身上的侵害采取云淡风轻的态度，或多或少有上述"虚他"心理。不与他人较一日长短并非轻视自我，而是相信个人心志不受他者扰乱更为重要。或者就像王阳明所说的甘于"心在事上磨"。如此置换本质，将人事转换为物事，只当偶遇无可逃遁的环境或结构，人大概也会变得开朗一些。

文章中另一层意思才是"虚己"。按《山木》里的说法，鲁侯睡不着觉，是因为王权被人惦记，若要逃离苦海，不如"去国捐俗，与道相辅而行"。如能像虚舟一样随波逐流，纵是遇着风浪，这空船也无所谓翻覆。在中国历史上，士子文人多有得意信儒、失意求道的心理。崇尚庄子并视自己为陶渊明转世的苏东坡，在乌台诗案后也曾希望有朝一日能如空船归去。所谓："来往一虚舟，聊随物外游。""小舟从此逝，江海寄余生。"

当然这些有写作天分的虚无者最是言行不一。就像白居易批评的老子，表面力主无为却又写了一篇洋洋五千言的《道德经》以传世。悲观厌世的叔本华同样有此二重性。这是哲学家们特有的"无用之用"或"无中生有"。想想著名美学家宗白华先生年轻时甚至还以"拿叔本华的眼睛看世界，拿歌德的精神做人"当作自己的座右铭。人类精神世界的事情，本来玄妙。

"虚己"的好处是可以容物。当我们向世界充分敞开，另一片汪洋大海便来到了我们身体里。这也是不断思考、阅读与游历的意义。而伴随着岁月流逝，有些被自己无意间遗忘的事物也会因为某些机缘回来。想起年少时我对传统中国山水画兴趣寥寥，直至在欧美看尽各国各派的油画，最后还是回到东方，从《富春山居图》《千里江山图》《溪山行旅图》等长卷或"巨碑"中获得慰藉。

中国传统山水画家像创世者一样勾勒出一个没有上帝的伊甸园，当然那里也没有苹果和蛇。感人至深的是"无我"之境。当画中人物一个个隐现于山林草泽，他们既是无名氏，又是所有人。更别说在透视方面常有高远、平远、深远之散点透视，打开画卷，又仿佛是"纸外无穷我"凝视"纸上无穷我"。

应该说，我对庄子所谓"虚己"的接受是很晚近的事情，而且只是部分接受。正如此前在文章中提到的，我们只能在人生无限可能性中抽取其中一丝一缕的确定性来完成一生，这已是无尽的卑微了。换句话说，无论你是否"虚己"，上苍最终留给我们可以完成之自我实在少得可怜。每天醒来，表面上每个人都有无数可能性，却只能走在唯一的道路上。一切就好比大海都已经被人用起重机吊走了，你端一瓢水在手里虚不虚的也就这么多了。就人生可能性来说，最该骄傲的恐怕还是人作为受精卵的时候，此后都是路越走越窄，每况愈下。

所以，回到《庄子》里的那则寓言，若有两条船相撞，两个人争吵，我宁愿看到的是两条虚舟。不是我目中无人，而是因为我看到了人类"以虚无共济"的困境与命运。当我坠入生命的低谷，为某些失意与伤逝而深感痛苦难挨时，虚无便会为我张开温暖的怀抱。

寂静的下午，匆匆写完这篇文章，此时白昼早已落幕。坐在桌边，突然想起若干年前第一次看到马远的《寒江独钓图》绢本，当时只是立即想到了柳宗元"千万孤独"的《江雪》。而现在，我可能会隐去其中的部分孤独，直接看到的是"虚舟蓑笠翁，独钓寒江雪"。

我的意思是，拜虚舟或虚无所赐，我看到在生活的长河之上，所有受苦受难的人们既在此世又不在此世。

中国人的自由传统

鹅城的百姓也来了吧！最近流行《让子弹飞》，许多人看了都很激动。今天我们既不发枪，也不发金条，只发言，没想到还是来了这么多人。

先说两本书：一是希特勒的《我的奋斗》，二是房龙的《我们的奋斗》。和前一本相比，知道房龙这本书的人并不多。它的英文原名是 *Our Battle*，如果译成"我们的战斗"也许更准确些。

1937年希特勒出版了《我的奋斗》。紧随其后，房龙在1938年出版了《我们的奋斗：对阿道夫·希特勒〈我的奋斗〉的回答》。从书名不难看出，这是一本反纳粹的书。1940年，德国入侵房龙的故国荷兰，同年房龙的《宽容》再版。鉴于世界局势每况愈下，出版商建议房龙删去最后一章，理由是《宽容》最后一章对世界过于乐观，里面充满了崇高的希望和欢呼。为此，悲观的房龙给书特别加了一篇后记——《这个世界并不幸福》。房龙说："用《英雄》中的葬礼进行曲伴随我的结束语，比用贝多芬《第九交响曲》充满希望的大合唱更合适。"因为现在正在被践踏着的宽容,过去不曾实现过,将来大概也不能够实现了。

那的确是一个令人绝望的时代,非但"宽容理想惨淡地破灭了。我们的时代仍未超脱仇恨、残忍和偏执",而且,"很明显,我们对形势的乐观看法有点过早。在近六年的发展中,纳粹主义、法西斯主义以及形形色色的偏见和片面的民族主义、种族主义意识形态的增长开始使最抱有希望的人们相信,我们已经不知不觉地回到了几乎是不折不扣的中世纪"。

事实上,今天我们回过头来看二十世纪,尽管它给人类带来了诸多科技上的成就,但就其造成的苦难而言,远比中世纪严重。中世纪让人看到的是蒙昧时期的愚蠢与荒诞,而在科技昌明的二十世纪所体现的却是理性的自负和文明的野蛮。在那个罄竹难书的时代,人类不仅发明了机关枪与集中营,而且将它们的罪恶普及到地球上的绝大多数地方。

即使是在今天,我也不认为人类彻底走出了这种自负与野蛮。稍远的暂且不说,就在1994年,非洲还发生了卢旺达种族大屠杀。短短两个多月的时间里,有近百万人被杀,平均每九个卢旺达人就有一个死掉。而直接导致这场悲剧的,除了杀人者手中的武器,还有他们头脑中的观念。

虽然今日世界较房龙所处的时代大有进步,但"这个世界并不幸福"对于许多人来说依旧是千真万确的。当然,除了文明的戕害,人类同样处在大自然的暴乱之中。最近日本地震、海啸以及随之而来的福岛核危机也表明这一点。有希望的是,虽然我们无法彻底改变或驯服大自然,但是可以通过不懈的努力减少源于人类自身的祸害。人性不分古今中外,无外乎在欲望与恐惧之间摇摆。真正在变化消长的是人的观念。有人说美国是一个建立在有关自由观念上的国家，而我今天在这里要着重谈的也是中国人的自由传统。

常常听人说起，中国没有自由传统，尽是奴性与黑暗。这点我是非常不赞同的。往近处说，有王国维、陈寅恪、胡适、董时进等人对"自由之思想，独立之精神"的推崇，这都可以说是中国的自由传统。伴随着中国社会的日渐开放，那些曾经被淹没了的思想，今天早已广为人知。

早在先秦时期，更是群星闪耀。否则，胡适何来信心"整理国故，再造文明"？如果各位对先秦诸子的观点涉猎不多，不妨从《吕氏春秋》开始读起。作为杂家经典，该书收录了各门各派的学说，绝对算得上是春秋时期中国思想的集大成者。透过其中许多寓意深刻的故事，甚至可以说，《吕氏春秋》里蕴含着非常丰富的现代性，有些价值观甚至超越了我们这个时代。比如对财产权和人身权的重视，对生命和自然秩序的敬畏，对地方自治和包产到户的肯定，对言论自由和精神独立的颂扬，对种族平等的推崇，包括今天讲得比较多的人类命运共同体等我们都可以在《吕氏春秋》里找到。依我之见，诸如《重己》《贵生》等篇目，完全应该收入中小学教科书。

为了更好地理解中国古代的自由传统，先熟悉一下《恃君》，看看当年的知识精英有着怎样的自由观念与国家伦理。

凡人之性，爪牙不足以自守卫，肌肤不足以捍寒暑，筋骨不足以从利辟害，勇敢不足以却猛禁悍。然且犹裁万物，制禽兽，服狡虫，寒暑燥湿弗能害，不唯先有其备，而以群聚邪！群之可聚也，相与利之也。

……………

其民麋鹿禽兽，少者使长，长者畏壮，有力者贤，暴傲者尊，日夜相残，无时休息，以尽其类。圣人深见此患也，故为天下长虑，莫如置天子也；为一国长虑，莫如置君也。置君非以阿君也，置天子非以阿天子也，置官长非以阿官长也。

第一段的意思是，凡人所具有的本能，爪牙不足以保卫自己，肌肤不足以抵御寒暑，筋骨不足以趋利避害，勇敢不足以击退和禁止强悍之物，然而人还是能主宰万物，控制禽兽，降服凶害之毒虫，寒暑燥湿不能为害，这不仅仅是人们先有准备，还因人们群居在一起。大家聚集在一起，对彼此都有利。

这段话和克鲁泡特金在1902年出版的《互助论：进化的一种因素》观点相近，克鲁泡特金认为自然界的法则并非只有达尔文主义中的竞争和适者生存，还有合作和互助。它们是包括人类在内的一切物种得以保存下来并不断进化的主要因素。克鲁泡特金认为，没有互助论，达尔文的进化论是不完整的。当然，作为一个无政府主义者，他也想证明，正是基于人有互助的天性，所以一个没有国家和任何权力支配的社会不仅完全可能，而且可能更加完善。无论读者是否赞同克鲁泡特金的观点，有一点是肯定的，即人类需要合作，否则就无以存续。

第二段讲的是国家的起源。正是因为人们聚集在一起，会产生以强凌弱等种种矛盾，故而需要秩序。没有君主的部族或者国家，他们的人民有如麋鹿禽兽，年轻的役使年老的，年老的畏惧强壮的，有力的人被认为是贤德之人，残暴傲悖者受到尊敬，日夜相互残杀，没有停息之时，甚至不惜灭绝同类。正是为了避免上述祸患，圣人出于长远考虑为天下设置天子，为国家设置君王。而设置天子不是让天子谋私，设置君王不是让君王谋私，设置官长也不是让官长谋私。从《恃君》可以看出，中国的古人很早就已具备一些所谓的现代国家观念了。国家是为人民的利益而设，而非为了统治人民的各层官员而设。

同样的道理，两千年后生活在十七世纪的英国的霍布斯想明白了。他看到在自然状态下"人对人是狼"，为避免持续发生的人之"狼战"，人就需要成立国家。霍布斯最开始是拥护君主专制的，1649年查理一世国王被送上了断头台，英国废除君主制，建立了共和国。在《利维坦》的第二部分《论国家》中，霍布斯既坚持王权绝对的观点，又试图表明当君主已无法再履行保护臣民安全的职责时，臣民就可以解除对他的任何义务，并转而服从于一个新的君主。

说到人权与主权的关系，其实在认同"主权高于人权"者里面，有些意见和出发点也并不相同。一种人把主权当实体来崇拜，更多是情感因素，这是无法讲道理的，只好各自保留意见。一种人把主权当工具，虽然他们也认为主权是手段而人是目的，但同样相信如果没有主权的保护，人权就得不到保护，所以主权比人权重要。这里当然也有个逻辑上的问题。主权如衣服为我们御寒，它的确很重要，但谁能说我们的身体不比衣服重要呢？此外还有一部分人将主权当作自己谋利的工具，他们做了侵犯人权的事情，却又拿主权为挡箭牌，禁止世人说三道四。举目世界，更有甚者只是为了继续保有手中的国家权力，甘愿老百姓做"肉盾"去送死。这已经不是人权与主权孰高孰低的问题，而是把国民当作"国家储备肉"在紧急时候派上用场了。

《吕氏春秋》如何看国际干预呢？在《荡兵》一节里有这样一段话："古圣王有义兵而无有偃兵。兵之所自来者上矣，与始有民俱。"意思是，古代圣王主张正义的战争，而没有废止过战争。战争由来已久，与人类一起产生。

"当今之世，浊甚矣，黔首之苦，不可以加矣。天子既绝，贤者废伏，世主恣行，与民相离，黔首无所告诉，世有贤主秀士，宜察此论也，则其兵为义矣。"《振乱》中的这段话讲的是，当社会污浊混乱，人民的痛苦不能再增加了；当人民水深火热，无处申诉，那么贤明的君主和有才干的人就应该起兵讨伐，而这种战争是正义的战争。

中国有个成语叫"东征西怨"。这个典故在《尚书》和《孟子》里都有记载，说的是商汤的王师向东边征讨暴君时，西边的老百姓表示不满，因为商汤没有先去拯救他们，那里也有一个暴君。《孟子》里还有"诛其罪，吊其民，如时雨降，民大悦"的说法。所谓"吊民伐罪"，就是慰问受苦的百姓，讨伐有罪的统治者，这是古代贤明君王必须承担的道义。用今天的话来说"吊民伐罪"实际包含了两层含义：一是契约精神。如果君主有悖于民众，那么民众就有理由推翻他。二是人类精神。当暴政发生，来自外部的力量可对其进行干涉。

就国际干预而言，今人观点不一，但在中国古人那里多半是主张干预的。孟子讲"民为贵，社稷次之，君为轻"，其实暗含了"人权优于主权，主权优于君权"的意思。当然，孟子说的这个"民",还不是个人的概念。虽然那个时代并不缺少对个体权益的强调,比如老庄和杨朱。即使墨子反战,其助人守城也是另一种形式的干预。至于主张互不干预者,有些的确是希望主权独立,就像前面提到的和独立、尊严等情感因素相关。有些则是为了维持不同政治实体之间的默契,即我不管你打孩子,你也不要管我打孩子。

接下来,如果你并非暴君,甚至还是个不错的君王,但别人觊觎你的土地,你不给他,他就杀戮你的人民,这时你会怎么选择呢?

《吕氏春秋》的《审为》讲了这样一个故事:

> 太王亶父居邠,狄人攻之,事以皮帛而不受,事以珠玉而不肯,狄人之所求者地也。太王亶父曰:"与人之兄居而杀其弟,与人之父处而杀其子,吾不忍为也。皆勉处矣,为吾臣与狄人臣奚以异?且吾闻之:不以所以养害所养。"杖策而去,民相连而从之,遂成国于岐山之下。

太王亶父是周文王的祖父,居住在一个叫邠的地方。狄人攻打邠地,太王亶父献上皮毛布帛和珠宝,狄人都不肯接受,因为他们最想要的是土地。考虑再三,太王亶父就对臣民们说:"与别人的哥哥一起居住却要使他的弟弟被杀,与别人的父亲一起居住却要使他的儿子被杀,我不忍心这样啊!大家都勉强住下去吧,当我的臣民和当狄人的臣民有什么区别呢?而且我听说,不应该用养育人民的土地来危害所要养育的人民。"说完太王亶父拄着杖离开了邠地。可是臣民不舍得,于是成群结队跟着他,最后大家又在岐山下建立了国家。

太王亶父又称古公亶父,是个广施仁政很有德行的人。孟子曾经赞扬他专情妃子太姜,不娶其他妻妾,故而"内无怨女,外无旷夫"。据说后世以"太太"尊称已婚妇女,便和太姜有关。但就弃城一事,肯定有人会说周文王的祖父太软弱,这不是投降主义吗?什么反抗都不做,太不政治正确了吧?按今时政治观念,相信很多人都会这样评价周文王的祖父。当然,退一步想,如果太王亶父在我弱敌强的时候不走,恐怕就没有后来的西周了。

这些都不是问题的关键,关键是太王亶父知道,和土地相比生命才是最重要的。所谓"不以所以养害所养",这里的"所以养"说的是土地,即不应该用养育人民的土地来危害所要养育的人民。正如人民成立国家,是为了让它来保护自己而不是为了让它来危害自己。

同样耐人寻味的是这句话——"为吾臣与狄人臣奚以异?"在太王亶父看来,如果只是更换统治者,而狄人能够像他一样善待臣民,就算自己因被迫离开而损失不小,毕竟臣民的损失不大。这种相对开放的政治观念在今天许多国家可能都行不通,当然这也不能简单归类于某种"投降主义"。当年德军侵略巴黎,巴黎放弃抵抗,最后的历史却是巴黎至今犹存而德军早已灰飞烟灭。宁为玉碎不难,难的是在乱世之中不为瓦全而彻底毁伤玉。从太王亶父的这个故事可以看出,中国的古人早已洞悉统治者的利益并不完全等同于被统治者的利益,政治国家的利益并不完全等同于社会自身的利益。

翻阅《吕氏春秋》,读者会注意到更多与现代政治伦理相关的章节。比如在《贵公》里，"昔先圣王之治天下也，必先公，公则天下平矣。""天下非一人之天下也，天下之天下也。阴阳之和，不长一类；甘露时雨，不私一物；万民之主，不阿一人。"这些讲的都是公平正义的重要性。又比如《去私》里有这么一句话："天无私覆也，地无私载也，日月无私烛也，四时无私行也，行其德而万物遂长焉。"哈耶克所谓自发扩展秩序原理，亦不过是此精神之延续。

再看《用众》里的这一段："戎人生乎戎、长乎戎而戎言，不知其所受之；楚人生乎楚、长乎楚而楚言，不知其所受之。今使楚人长乎戎，戎人长乎楚，则楚人戎言，戎人楚言矣。由是观之，吾未知亡国之主不可以为贤主也，其所生长者不可耳。故所生长不可不察也。"

简单翻译一下：一个人出生在 A 地讲 A 语，出生在 B 地讲 B 语。如果将出生地对调，他们又只会讲对方的语言。亡国之君并非天生就是个亡国之君，而是受制于其所生长的环境。我不认为这里讲的是简单的文化决定论。相反，它可以用来批评所谓的国民性或者国情论。有人讲中国人的素质不适合民主，读此《吕氏春秋》就知道其实并不尽然。

吕不韦是个杂家，他的历史贡献远不止悄悄地创造了秦始皇，还在于汇集门客大张旗鼓编修了《吕氏春秋》。《吕氏春秋》中许多章节同样谈到了有关个人主义的东西。而在谈个人自由与国家（或者天下）的关系方面，最有名的是《贵生》。《贵生》不仅在有些价值观上接近现代，而且会讲一些意味深长的故事。

故事一

越人三世杀其君,王子搜患之,逃乎丹穴。越国无君,求王子搜而不得,从之丹穴。王子搜不肯出,越人薰之以艾,乘之以王舆。王子搜援绥登车,仰天而呼曰:"君乎,独不可以舍我乎!"王子搜非恶为君也,恶为君之患也。若王子搜者,可谓不以国伤其生矣,此固越人之所欲得而为君也。

越王勾践的故事大家都知道。我们上大学的时候,最感动的就是他如何卧薪尝胆,三千越甲可吞吴。不过后来的越王没那么幸运,其中有三代国王(越王不寿、越王翳、越王诸咎)都被杀了。最后被杀的这个国君有个儿子叫错枝,也就是引文中提到的王子搜。得知自己马上就要当国君,害怕重蹈前辈覆辙,于是他偷偷跑进大山在一个山洞里藏起来。本来以为别人再也找不到他,可以平安无事躲过这场灾难,谁知道还没来得及喘口气,越国的臣民就找来了,将山洞堵了个严严实实。任凭臣民如何呼唤,错枝概不搭理,最后这些臣民失去了耐心,便放火将错枝从山洞里熏了出来。外面还有轿子在等着,让他返回京城。临下山这个即将登基的王子好像去送死一样不由得仰天悲叹:"君乎,独不可以舍我乎!"就这样勉为其难做了一年国君,最后错枝还是被杀了。

王子搜并非不想做王,而是不想为做王付出生命的代价。他害怕,所以通过逃亡的方式请辞。不幸的是他的大臣与人民不答应。这种强迫有点神似法国大革命时期革命派的口号"你不想自由，我强迫你自由"。革命剥夺了革命者的消极自由，也就是退出、说不或不参与的自由，这是法国大革命的悲剧。王子搜的悲剧同样在此——"你不想当王，我强迫你当王"。像王子搜这样的故事被记录下来，说明中国的古人对此是有所思考的。人不仅有不做奴才的权利，也有不做国王的权利。

故事二

尧以天下让于子州友父，子州友父对曰："以我为天子犹可也。虽然，我适有幽忧之病，方将治之，未暇在天下也。"天下，重物也，而不以害其生，又况于他物乎？惟不以天下害其生者也，可以托天下。

尧帝在位的时候，曾经想过要将天下托付给子州友父这个人。子州友父说："哈哈，让我做天子没什么问题，不过我自己的事情还忙不过来呢，哪里会有空闲去治理天下啊？"就这样拒绝了尧帝的建议。权衡利弊，子州友父认为天下对于他来说是一个负担不起的重物，他不想用这个重物来压垮自己，他尊重了自己的生命价值。从权利逻辑上说，当然也尊重了他人的生命价值。这个故事还讲了另外一个道理：只有那些不愿意以天下为理由来损害任何人的生命价值的人，才能够担当天下，才可以托付天下。回想人类历史上许多抛头颅、洒热血的故事，其中固然不乏伟大的心灵，但也有一些让人感到恐怖的故事。试想，一个人连自己的生命都不在乎，如何在乎他人的生命？从逻辑上说，如果他能为了理想卖掉自己的孩子，就有可能会为了理想卖掉别人的孩子。既不通过天下来害自己,也不通过天下来害别人。《吕氏春秋》中对谁来做王,包括有什么资格、通过什么方式都有很好的叙述。《水浒传》被列入中国的四大名著,然而"替天行道"的背后,却是众所周知的杀人如麻。

我曾经打过一个比方,国家是个珠宝盒,国民是珠宝。国家的意义在于保护这些珠宝,否则就会闹买椟还珠的笑话。一个国家烧在空中的花火再漂亮,断不如老百姓脸上的笑容灿烂。

故事三

> 由此观之,帝王之功,圣人之余事也,非所以完身养生之道也。今世俗之君子,危身弃生以徇物,彼且奚以此之也?彼且奚以此为也?凡圣人之动作也,必察其所以之与其所以为。今有人于此,以随侯之珠弹千仞之雀,世必笑之。是何也?所用重,所要轻也。夫生,岂特随侯珠之重也哉!

这个故事讲的是目的和手段。如果有人用随侯的宝珠做弹丸去打岩上的麻雀,大家都会嘲笑他。为什么要嘲笑他呢?因为在这里被用作手段的事物的价值是如此贵重,而当作目的的事物的价值却是那样轻微。

如何从时代的洪流中找回自己,担负命运?《重己》篇里有这么一句:"今吾生之为我有,而利我亦大矣。论其贵贱,爵为天子不足以比焉。论其轻重,富有天下不可以易之。论其安危,一曙失之,终身不复得。此三者,有道者之所慎也。"这段话说明了为什么应当轻物重生。即使失了天下，也许有朝一日能够失而复得，一旦死了，就永远不能再活。读到这段话，再想想有些舆论鼓励银行职员与持枪歹徒搏斗，以保卫国家财产，你会做何感想呢？

透过先秦时期的这些故事，不难发现我们的祖先在个体自由等方面有很深的洞察。一个人幸福与否，往往在于他是否能够自主选择：如果有权利选择，再坏的出身也可能是个喜剧；如果没有权利选择，再好的出身也有可能是一个悲剧。

南唐后主李煜便是这样走向悲剧的。李煜是千古词帝，如果不做皇帝，就不会被宋太宗给毒死。和前面讲的错枝一样，他们生来就是做王的命，最后都被害死掉了。能够选择自己生活的，比如说爱德华八世这位不爱江山爱美人的英国国王，因为爱上了已经离过两次婚的辛普森夫人，要跟着她私奔，王位都不要了。这事差点引起英国的宪政危机，虽然有人因此威胁要把爱德华八世给杀死，但毕竟只是说说，你只要退位就好了，不像王子搜，到最后落了个先熏后杀。

透过上面诸多细节，不难发现今天被一些自由派知识分子推崇的很多西方理论，其实在中国古代同样能找到精神源流。类似的例证还有很多，不仅在《吕氏春秋》《孟子》里有一些零星记录。如果直接去读《庄子》，包括《世说新语》中后来的魏晋，更会发现这片土地曾经充斥着一些怎样的让人惊心动魄的自由观念与社会理想。

先秦以后，随着大一统政治与思想的建立，中国的自由传统受到严厉的打压，但就事论事，即使如此我们都不能说中国历史上没有自由传统或自由思想。这种说法对于那些有担当、有眼光的古人而言是不公平的。

　　1933年董时进与胡适曾就如何抗日展开讨论，关于这一点我在《重新发现社会》一书中讲得比较详细。胡适的立场很明确，如果救国只是让百姓都去送死，那不如不救国。胡适的立场很容易让人想到美国的个人主义与自由主义传统，然而事实上在中国传统里并不缺少这种精神资源。如果我们愿意走进历史深处，会发现即使是在最黑暗的年代里，人类良知与自由精神都从未在这片土地上泯灭。

(根据作者在北京单向街书店等地的讲座整理)

每个人都在地球上客死他乡[*]

2022年春天,偶然在一本书上读到《少年维特之烦恼》里的这样一段话:

"在乡下散步时,我觉得自己就是神,"维特吐露,"因为无边无际的富足,无限世界的庄严形态在我的灵魂里生根和活动……森林和山岳在回响,所有难以进入的力量在创造,我凝视大地深处看到这股力量在震荡,我看到大地之上、天空之下万物麇集。"

这段话深深地击中了我。在爱上绿蒂之前,维特的内心曾经是无比富有的。为什么爱而不得?这是少年维特的烦恼。遗憾的是,游走在大自然中的这份喜悦没能将他的生命拯救。维特不合时宜地爱上了绿蒂,同时因为炽热的无望在自己的内心纵火,焚毁了故土与万物。

---

[*] 此文系本版新增。

生而为人，不幸被自己所热爱的东西反噬或摧毁，本非稀奇事。甚至，就像复仇那样的狂热之举，在骨子里可能也只是一种改头换面的热爱。记得年少时曾在收音机里听到一个故事，一直无法忘怀。它讲的是一位男子长途奔袭去杀人，快到仇家村子时已是夜晚。当明晃晃的月亮开始照耀大地，走着走着该男子对世界与人生的热爱被满地的月光唤醒了。他放弃了杀人，同时也拯救了自己。对于这位男子来说，这是一个起死回生的夜晚。当两种激情交锋，对保全自己生命的热爱胜过了夺去他人生命的热爱。当然，一切还要归功于其内心有着对大自然的深情。

生命如同永远打不开的谜团。本质上说爱与恨都是激情。虽然激情常酿造祸端，会让人迷狂无礼，甚至堕入非理性的深渊，但我终归是要赞美激情的。正如维特在日记中感叹的"思想属于大家，心灵才是属于一个人"。毕竟能够让人感受存在之美、忍受生之苦楚的正是拜赐于心灵的激情。具体到爱情，有时我们还会为遇见一个有趣的灵魂尤其是对暗藏其中的火与冰或热情与痛苦不能自拔。人啊，终究是逃不出大卫·休谟的魔咒，纵是理性动物又如何？且不说人类理性本来有限，而这理性更是激情之奴隶。

激情一词也常常和感性互换。我虽然沉迷于理性思考一些问题，但必须承认这件事情本身也是充满感性的。如读者所知，若是完全听从理性之指引，一眼望到自己的身骨将来化作尘烟，宇宙归于热寂，人生甚至整个人类还有何意义？所以我劝自己不要想得太过长远，太远的地方都是无尽的黑暗。听从感性的指引吧，人只需走在自己的光芒里。空间上，所有的天堂都是局部的；时间上，活在今天的人不能被未来的雨水打湿。

没有谁的人生不是寂静的。是美的激情让我们安于此生此世，最幸福莫过于"怀天下心，做手边事，爱眼前人"，为物喜为人悲，可以满面红光地活在自己的短见之中，今朝有酒今朝醉。若是遭遇了"君埋泉下泥销骨，我寄人间雪满头"，也换得回一个情真意切。而二十一世纪最大的悲剧是冷漠化，正如有学者在《空虚时代》中指出的，许多人躲在冷漠的掩体下生活，谈论多愁善感时如同谈论死亡。

有一种判断或许是对的——理性让我们孤独地离开这个世界，而感性又让我们结伴归来。正是由于感性和诗意的存在，可以随时活在各种意义与隐喻之中，人类才能够抵抗无尽的虚无与荒谬，并且有了在痛苦中被治愈的可能。回想若干年前在我试着构思的某部小说里，那个对世情与人情彻底绝望的男人试图在林间结束自己的生命。所幸他被林间起落的风声叶影所迷住，就这样在自然的神秘慰藉中他决定起身回家了。

"不要歌唱亚当的花园，歌唱我们的花园吧！"亨利·梭罗曾经在文章中深情回忆自己拉下枝条，把祈祷写在叶子上，然后松开手，让枝条将心愿交给天空。为什么古往今来无数人对大自然尤其是枝繁叶茂的大树会如此迷恋？有一天我停下来认真思考了这个问题。我之所以喜欢树木，除了它们连接大地与天空，如尘世之象征，还因为它们是随处可见的生命城堡，风雨中的乐器，大地上的时间。若将年轮比作钟表，树木只寂静地生长，它穿透四季，有始有终，不像"指针上的西西弗斯"一样徒劳地转圈。大自然为人类提供的不只是一棵棵树木，还是一个个我们赖以生存的隐喻。

最近让学生们在课堂上讨论"万物皆数"与"世界即隐喻"的区别与关联。依我之见,人类的伟大在于不仅看到了"万物皆数",同时洞悉了"世界即隐喻"。前者是让人乏味的真理的世界,后者包罗万象,并且让万物相互连接。我们用头脑接纳数字,然而在心灵层面又必须且只能生活在一个充满隐喻的世界里。

值得庆幸的是,古往今来人类不仅从大自然风花雪月的无穷譬喻中寻到慰藉,还自创了绘画、诗歌、小说与电影等诸种艺术形式,借此安放这一孤独物种所有内在的自恋、焦灼与慈悲。而这也正是我会被乌贝托·帕索里尼执导的电影《寂静人生》一次次打动之首因。爱情与艺术之所以感人至深、给人安慰,都在于我们能从中感受到某种精神上的"量子纠缠",望见神秘的"遥远的相似性"。

我是在极其特殊的情形下了解到《寂静人生》这部电影的,当时我墨水瓶里的星空正在黯淡。而世界也越来越数字化,EXCEL表格已经成为了一代代新人的摇篮。

主人公约翰·梅生活在英国,这是一个事事循规蹈矩的小职员,平时负责为当地孤独终老者收尸,写悼词,举行可能没有一个亲人、朋友参加的葬礼。和他的功利主义同僚不一样的是,约翰·梅凭良心办事,并因此与人群显得格格不入。不幸的是,在影片结尾他遭遇车祸,而且无人送终。

此前,预料到可能以无人知晓的方式死去,约翰·梅早早为自己挑选了一块墓地。影片中许多感人至深的镜头让我一直难以忘怀,其中之一是某个白天他躺在墓园树底下仰望天空。这个细节让我再一次想起自己那部未曾写完的小说。几个月后,

生命如一座座孤岛，人们互相眺望，却看不见彼此的命运。

有一天偶然想到约翰·梅的结局，我忍不住为他杜撰了一句台词——"我究竟是已经死亡，还是春风吹醒了我？"

一个孤独的中年男人，每天活在亨利·梭罗所说的"平静的绝望"里。回到家里没有人陪伴，没有人说话。当约翰·梅翻开亲自为死人们精心设计的影集，既是走进一家生命博物馆，又像在回忆自己素昧平生的亲人。那样的夜晚，他坐在餐桌边上，像一棵树寂静地坐在森林里。

过马路必须小心翼翼看好红绿灯，下班前桌上物件必须摆放整齐，甚至连削苹果每次果皮都是连着的……这是个一丝不苟的独身者。然而越是被生活与命运规训得井井有条，其感性的爆发才愈发显得珍贵。在此之前，他只是生活在现代社会里的循规蹈矩的公民，一棵被剪去了几乎所有激情枝叶的树。

而导演帕索里尼足够仁慈，让约翰·梅在临死前找到了爱情。准确地说，约翰·梅是带着对爱的渴望与喜悦离开的。在我看来，如此平凡而寂静的人生并不缺少伯特兰·罗素自称影响其一生的三种激情——对爱的渴望，对知识的寻求以及对人类苦难痛彻肺腑的怜悯。

人生之美，在其忧伤，有忧伤则必有爱。《寂静人生》以其特殊视角反思了现代性问题，准确说是二十一世纪的时代病或者人之境遇。节制而萧寂的镜头，美轮美奂且略带忧郁的音乐，加上对"我们该如何死去"这一存在之困的本源性触及以及所有籍籍无名者浑然天成的表演……这一切让我甚至有意将此电影排在《肖申克的救赎》之前，虽然"我们该如何活着"与"我们该如何死去"只是生命的两副面孔。又或许《肖申克的救赎》布局过于精巧，自由也因此酷似传奇而略显单薄。

人可以像小说家斯蒂芬·金讴歌的那样追求自由，或像心理学家艾里希·弗洛姆揭示的那样"逃避自由"，但一切终究只是一种或然性选择，没有谁最终能逃得过孤零零的生与死。正因为此，我同样相信对逝者的回望和对自我的悲悯是人类文明最朴素的开端。

相较《入殓师》等同题材电影，《寂静人生》在对逝者身体的处理方面可谓纯净。虽然剧中不断有人死亡，但死去的人都还活着，包括影片结尾在墓地里出现的所有亡魂，有点《百年孤独》的况味。而约翰·梅不断寻访的比利·斯托克借着熟人的一帧帧回忆复活，甚至一个完整的人被拼凑出来。在不同人的口述当中，他是伤人害己的暴徒、不服管教的囚犯、不通人情的父亲、隐瞒婚史的情人、落难战友的拯救者、为工友甘同管理层为敌的好同事、蹩脚的乞丐、女流浪者眼中的绅士、兄弟嘴里的偷巧克力者等……显而易见，没有谁的人生是一张A4纸的履历表可以概括的。

大卫·格雷伯在《规则的乌托邦——官僚制度的真相与权力诱惑》一书中着重批评了英国社会各种微观权力对自由的宰制，而这也是一个全球性问题。需要注意的是，每一种发明最后都有可能变成对人的奴役，而现在印刷术正在被毫无节制地滥用。伴随着愈演愈烈的科层制，人类正在将自己训练成各种表格和规则的奴隶。在一个个严防死守的秩序迷宫里，人对人的责任感因诉之于物而正在日益消失。格雷伯甚至不无悲观地注意到近几十年来人类社会出现的重大转向，大量资金对科技的投入不再关乎可期望的未来，而是旨在不断强化劳动规训与社会控制。而人也在此"结构性暴力"——一种矗立在暗处的寂静——面前既无可谈判，亦无可逃遁。关于这一点，想想米歇尔·福柯笔下早已经弥漫世界的全景监狱就知道了。

回到前文，在两个男人命运交错之前，约翰·梅是被现代文明驯服的理性人，生活按部就班，波澜不惊。正如尼采说的，人若不听从内心的激情，就只能听从他人的摆布。而比利·斯托克恰恰是个宁愿由着自己的性情胡作非为的反叛者。两人虽然生活在同一街区前后楼，但相较对方他们都是寂静的。直到其中一个人死了影片开始两条线索齐头并进：死者在生者的回忆中复活，生者在死者的背影里丰富了自己。短短几天的时间，约翰·梅不仅邂逅了久违的爱情，还寻回了勇气，现在他甚至敢偷偷地对着上司的汽车轮胎撒尿了。

这部电影虽然我已经看了很久，里面的孤独气氛却一直挥之不去。尤其是那个站在街边楼上向外张望的男人，像极了一座人形孤岛。表面上那是一个瞭望者，每天都在张望、在抽烟，却看不到一个邻人孤独地死在家里。这是现代都市的困境——就算人们近在咫尺，彼此并不相望。而巨大的城市既是巨大的聚居地，也意味着巨大的隔离。

在这个动荡的超现代社会，肉体与精神上的漂泊悄悄变成习惯。这也注定有越来越多的人将面临双重客死他乡——既不会死在故土，也不会死在爱人的怀抱里。

这或许也是现代性的魔咒。想起几年前的一个寒假，就在我回村过年的当晚，一位老妇人过世了。虽非血亲，按俗例小时候我管她叫外婆。这些年出门在外时总会惦念她。老人平日独自生活，八十岁据说还会上山砍柴，晚境可谓凄楚可怜。而现在岁尾年关，许多外出务工者都回来了，包括她外出求生的儿孙辈。由于恰巧赶上过年,老人的葬礼可以说是办得风风光光,如我小时候曾经见过的"村葬"。唢呐山响,人头攒动,全村哀悼一个人。甚至,邻近村庄的一些有心者,也会前来送上一程。那几日,听村民说得最多的一句话就是老人有福气,"死得是时候"。

而我内心也有些东西在悄然死去。同样是在那年春节,我开始觉得村子没有什么特别值得回去的理由了。除了这位老人的逝去,另一个原因是老宅基地后面的池塘已被填平,此前村子里很多大树都没了,真可谓旧伤未愈,又添新伤。和很多远离故乡的游子一样,我之所以日渐抗拒重回故土,多是因为不忍看到那些承载记忆的物件与人逐渐消失殆尽。你回去看到了,就意味着它不仅在现实中死一次,又在记忆中死了一次。

最大的萧条,永远不是物质的衰败,而是人的离去。这是中国现在很多城市正在经历的。而在我老家村子里像我这辈人,大多都已在年轻时考上大学远走高飞。再加上进城务工者,如今留在那里的差不多都是老人。生而为人,虽然难免对人失望,然而至今我依旧认为人是世间最好的风景。而我在背井离乡时所见证的人的消失主要包括两方面:一是人因离开故乡而消失;二是人因进入城市而消失。莽莽丛林与茫茫人海,那都是人消失的地方。

那是我这些年来最后一次返乡,其间还听到另一些与"寂静人生"相关的故事。记得二十年前,村子因移民建镇被搬迁到高地,原先错落的砖瓦房变成了两列楼房。由于缺少传统屋舍的美感,我曾在《一个村庄里的中国》一书中毫不掩饰地表达了对它们的厌恶之情。而现在这种整齐划一似乎变成了另图良策。由于村里多是老人，如果哪位独居老人大半天都没出现在屋前众人随时可能看到的水泥坪上，其他人就会起疑心，甚至会去那户人家敲门。而且，谢天谢地，有老人真的被邻居破门而入救了几次，及时送到了医院。

有的故事是在县城听到的。据说某个小区，有住户在家中死亡多日，直到散发出了异味才被人发觉。而这样的事情，眼下在不少城市都发生着，就像晚年张爱玲寂寞无声地死在洛杉矶一样。一个个独自来到这个世界，又一个个独自在世上死去。不同的是，生时有人迎接，死时无人知晓。这种孤独的滋味一直笼罩着我过去几日的行程。另一个细节是在同时返乡的几位朋友那听到的。当时我们聚在一起喝茶。话说前一天他们几人开车进到了山里。山上如今只住着两户人家和一个和尚。早先有户人家的女主人，在丈夫过世后被儿女接下山，唯独将两条狗留在了山上。因为无家可守，这两条狗也就彻底失业，不再有人照顾。好心的朋友过去喂食，它们竟然像见着了亲人一样直往身上扑。

想起夏天老家无数烂在枝头的水果，这固然有滞销的原因，对比我幼年时的贫困，它们见证了这个时代的丰盛。这是一个物质丰盛、孤独也丰盛的时代。二处丰盛让今日世界在人类历史上显得如此无与伦比。

二十世纪的人类世界不只有支离破碎的后现代文化，还有越来越硕大无朋的超现代资本、技术与权力。在超现代与后现代的双重凝视下，我们既活在整体主义的结构之中，我们又都是个人主义的孤儿。面对铺天盖地的算法，聪明如柯洁这样的棋手，在直播时近乎愤怒地谈到当AI（人工智能）进入围棋领域，人类棋手已经失去了存在的意义。

一种结构性的寂静正在笼罩所有人。自我实现、个性解放与技术进步同时带来了无可言说的苦楚。正如列维·斯特劳斯所感叹的，人类获得前所未有的自由，也迎来了前所未有的无能为力。如此千年未有之变局！然而，即便承认有些时候孤独是美好的，相信很少有人会认为自己每天早出晚归只是为了孤独地过完一生。

对比电影《寂静人生》所表现出的人类孤独，我时常怀念年少时邻里敞着门生活时的各种热闹非凡，那时大家的欢喜哀愁是互相看得见的。而今的时代，佛经上说的"生死疲劳"似乎正在让位于"生死寂静"。各种传播手段与孤独经济的大行其道试图将每个人赶回自己孤独的巢穴——富裕了，一人一个铺满天鹅绒的水泥山洞。时人津津乐道的孤独经济固然可以帮助孤独者在一定程度上抵御孤独，但这种由陌生人包办一切的生活模式正在将越来越多的人推向更孤独的深渊。

显而易见的是，孤独经济本身具有一定的召唤功能。它带来的舒适吸引越来越多的人投入孤独的生活。随之而来的问题是，为什么人人害怕孤独却又像弗兰肯斯坦博士一样心甘情愿地拼贴、饲养这头孤独的怪兽？

虽然越来越多的地方如今正闹人口荒，但在科技与新型生活方式的助推下，人类社会开始进步到人不再需要人了。而即使被需要的人也渐渐缩略为社交APP上的一个可以互动的联系人头像。这一切甚至是在人工智能主导人类生活之前发生的。在此严重物化的世界，人从物的层面获得的慰藉正在取代人。霍布斯试图破解的"人对人是狼"，正在让位于景观社会的"人对人是物"。早晨起来，面向太阳，你看我像河流，我看你像山冈。而人，在山冈与河流之间彻底消失了。

直至夜深人静，仰望苍穹，或许你偶尔也会和我一样感叹每个人都在地球上客死他乡。据说早在若干年前就有观点断定人类是被某种外星文明流放而来，地球无非是一座被观察的星际监狱。无论真假，就这件事我想还是拜托亲爱的隐喻来帮忙吧。我劝自己宁愿相信"宇宙即吾乡"，这样无论将来去到哪里都是在回家的路上。

同在隐喻方面，诗人费尔南多·佩索阿是我最好的向导。当我走在人生的谷底时会忍不住回想他的那首《我下了火车》。在这个寂静的春天，告别萍水相逢的朋友，我感觉我的眼睛里噙满泪水。人性中的一切光明与幽暗都令我动容，生命中一切事物的陨落都在我心里，而我的心略大于整个宇宙。

演讲与独白

好景不长,坏景也不长,
一根中轴线上的舞蹈。
————《趋势》

自由在高处
——在中央电视台的演讲

很高兴到央视来做这个讲座。一来因为我做过媒体工作,非常了解大家在这个时代遇到的困境;二来不论困境如何,总还是有很多人在积极地做事,保持着生命昂扬的本性和进取之心。而我也愿意和这些朋友交往,并从中获取能量。我注意到一个现象,那就是和我交往最密的媒体朋友主要在两个地方:一是南方报业,一是央视。这很有趣,因为在许多人看来,南方报业大胆敢言,锋芒毕露,像是"叛军",而央视四平八稳,总在关键时候定调子,像是"中央军""御林军"。甚至有人认为,虽然两家媒体都被骂过,理由却不太一样,南方报业是因为做得太好,而央视是因为做得太差。这样过于脸谱化的评价难免失之偏颇,会让我们忽略一些好的东西。据我所知,张洁、李伦、庄永志、柴静诸君都做过不少好的节目。相信这样守护良知与独立精神的人在央视以及其他中央媒体里还有很多,大家日拱一卒的忍耐与坚持,谋求国家与社会进步的决心,都是这个时代不可或缺的。

而且从整体上说，国内绝大多数媒体都抱着一种热切的态度，希望中国能朝着一个开放、宽阔的方向走。这是我们时代的默契。

回到本次讲座的主题，几天前我给李伦兄两个备选题目，最后定的是"自由在高处"。这个题目给人无限遐想。什么是"自由在高处"，最极端的理解恐怕就是身居高位就可以为所欲为了。有网友看到预告，就说要想自由在高处，你先得给我找个直升机。

今天，我到这里来不为提供直升机，这不是我能解决的。我想谈的是对自由与时势的理解。我相信大家都趴着的时候，你坚持站着你就在高处了。为了讲得更清楚些，我会同时谈到几部电影。电影在我这里从来不只是一种艺术，更是思考现实的工具。

有关自由概念的理解

A. 好东西还是坏东西？

关于自由有很多说法。它究竟是好词，还是坏词，得视条件而定，在此不妨简单罗列一下。

有些自由是被歌颂的。比如德拉克洛瓦的《自由引导人民》（*La Liberté Guidant Le Peuple*），这里的自由同时是自由女神，妖娆的乳房，不仅唯美，而且哺育现代文明。富兰克林说"哪里有自由，哪里就是我的祖国"，这里自由也是好词。胡适在晚年说"容忍比自由还更重要"，则将自由放到了次好的位置。

有些自由是被质疑甚至被诅咒的。自由有的时候是个好词，有时候模棱两可，有时候则绝对是个坏词，正如"狼的自由，就是羊的末日"。

卢梭曾说"人生而自由，却无往不在枷锁之中"。这里自由也是好的。但到了法国大革命时期，变成了"自由引导野兽"。对此抨击得最厉害的是罗兰夫人："自由啊自由，多少罪恶假汝之名以行！"在这里，自由就变成了一个坏词。当然，我们知道这种以强制为前提的自由，并非真正的自由，其实质是奴役。托克维尔曾经这样谈到法国大革命："法国人希望平等，但当他们在自由中找寻不到平等时，就希望在奴役中找到它。"

华盛顿林肯纪念堂边上有个朝鲜战争纪念碑，纪念碑墙上的标语写着："Freedom is not free."（自由总是要付出代价的）这里的自由区别于上文的 liberté（即英文的 liberty）。

同一个人，他还可能既要求自由，又要求被奴役。站在皇帝面前，马丁·路德讲过这样一句名言："这是我的立场，不能后退一步。因为我的良心唯独是上帝话语的囚徒。"在皇帝面前，路德是自由的；但在上帝面前，他又是不自由的。他那么乐意，那么清醒，他认为自己是自由的。平常我们说自己是"良知的囚徒"，这也算是另一种意义上的"自愿奴役论"了。

有些自由无所谓好坏，只在于各有取舍。Beyond 在《海阔天空》里唱的"原谅我这一生不羁放纵爱自由"，这里自由指的是身心自由，是 Freedom，它是好东西，但和现实往往会有冲突。而裴多菲的蜜月诗"生命诚可贵，爱情价更高。若为自由故，二者皆可抛"（Life is dear, love is dearer. Both can be given up for freedom），实际上包括了三种自由：生命、爱情以及后面特指的"政治自由"。有的人愿意为了政治自由抛弃生命与爱情，有的人不愿意，不同的人有不同的理解，不同的时代理解也不同。二十世纪中国的许多革命者，今天回过头来想当年如何出生入死，恐怕也有新的理解。

有关自由的理解还有很多。有些叙述则完全等同梦话，如奥威尔写在《一九八四》里的辩证法，"自由即奴役，战争即和平，无知即力量"。这里的自由，不过是把手伸进手铐的自由，仍不是真自由。

B．两种自由

最近一年来我对"国家"这个概念谈得比较多。借着今天这个机会，和大家一起探讨两个自由的概念，即上面已经涉及的 liberty 和 freedom。

先说 liberty。自由小姐（Miss liberty）用的就是这个词。帕特里克的"Give me liberty or give me death"（不自由，毋宁死），用的也是这个词。从词义上说，liberty 既指自由权，也有"冒昧，失礼；（对规章等的）违反行为；不客气"等含义，作为复数用时同时还包括"特许权，自治权，选举权，参政权，使用或留住权，活动范围，特许区域"等意思。而在哲学意义上，还有"意志自由"的意味。从这些意思中可以看到，liberty 主要协调的是人与社会的关系。所以当年严复翻译密尔的《论自由》（On Liberty）时，直接把这本书译为《群己权界论》。严复是个很敏感的人，他意识到 freedom 和 liberty 不是相同的自由，所以将 freedom 称为自由，而将 liberty 译为"自繇"，以示区别。

说到严复的谨慎，这里不妨补充一下他对"right"一词的翻译。1862年，丁韪良将"right"译为"权利"，对此严复并不满意，认为这是"以霸译王"。因为"right"一词有是非之分，并不只有中文世界的"争权夺利"，还有正义，所以严复后来将它译为"民直""天直"。为解除国人对"right"一词的误解与误用，尤其是在政治纷争中的有意歪曲，只讲"权利"，不论"是非"，胡适一再对"权利"一词重做解释。1933年，胡适也选用两个汉字，造了一个新词——"义权"。胡适说："其实'权利'的本义只是一个人所应有，其正确的翻译应该是'义权'。"

为避免词义与语音上的混淆，最近这些年又有人提出以"利权"代替"权利"，并由此重新引起了一场有关如何纠正"权利"一词的讨论。由此可见"权利"一词的问题一直未解决，成为好问究竟者心中的隐痛。

另一个词则是freedom。在电影《勇敢的心》里，当手帕从天空徐徐落下的时候，华莱士当众喊的那个词就是"freedom"。它倾向于指个体的自由。我讲二十世纪九十年代以后中国人"背对主义，面向自由"指的也是这个自由。

张佛泉（1907—1994）是胡适派自由主义群体中最活跃的人物之一。他曾经在《自由与人权》一书中区别过这两个词：liberty多指政治方面的保障，可以开列一张明晰的权利清单；而freedom含义比较模糊，多指人的意志自主性，并无公认的标准。以赛亚·伯林有消极自由和积极自由一说。所谓消极自由，说到底就是免于做什么事情的自由；而积极自由是可以做什么的自由。消极自由是"不说"的自由，而积极自由是"说不"的自由。考虑到liberty是政治上的保障，是一种底线自由，所以在某种程度上也可以将liberty理解为一种消极自由；而freedom作为一种进取的自由，可被视为一种积极自由。

C. 政治底线与思想自由

海涅曾经提醒法国人，不要轻视观念的影响力："教授在沉静的研究中所培养出来的哲学概念可能摧毁一个文明。"海涅抱怨卢梭的著作在罗伯斯庇尔那里成了血迹斑斑的兵器，甚至成功预言了费希特和谢林关于民族优越性的浪漫信仰会在德国追随者那里造成反对西方自由文化的可怕结果。

不过，对于海涅的提醒，伯林并不完全赞同。理由是，如果这些教授能够产生致命的力量，那么化解这种危机的力量，不也来自其他思想家或者教授么？用今天的话来说，我们并不害怕某种极端的理论，而是害怕没有与之相抗衡的理论。当观点使世界倾斜，平衡世界的仍是观点，而不是消灭观点。

在伯林看来，最重要的是要为自由预留一个底线，即个人自由应该有一个无论如何都不可侵犯的最小范围，如果这些范围被逾越，人就会彻底失去自我与自由。为此，我们应当在个人的私生活与公众的权威之间，划定一道界限，使人类生活的某些部分必须独立，不受社会控制。若是侵犯到了那个保留区，则不管该保留区多么褊狭，都将构成专制。这就是法国大革命的"你不要自由，我强迫你自由"。如果宗教、意见、表达、财产的自由等在大革命时期得到保护，血流成河的法国大革命就会是另外一种面貌。

也是因为上述种种原因，伯林认为积极自由的政治观过于强调理性的指导功能，因而容易转化为父权式的教化政治，继而陷入专制主义。为避免遭此厄运，他主张西方自由主义之精义在强调消极自由。今日中国，生活观念已经深入人心，多数自由主义者也相信消极自由优先于积极自由。一个社会，如果人们能享受消极自由，便已经是一个大进步。几十年来中国社会慢慢获得的开放、进步与宽容，是和大家对消极自由与积极自由的理解分不开的。即使是为众人批判的犬儒主义者，又何尝不是在享受消极自由。虽然没有公共精神，但并不参与作恶。回想当年，如果我们所求不多，这已经是革命性的进步了。

你即你选择

卢梭有关"自由与枷锁"的言论感动了无数人，也让无数人平添惆怅。不过，即使是在一个不自由的环境中，生活仍是可以选择的，是有希望的。因为你即你选择，你的世界也在于你如何选择。在这里，我想强调的是，人可以自主地生活，我们所能感觉到的不自由，很多是自我施加的。

有个苏联笑话很好地解释了这一现象。

问：到了共产主义社会，还有没有警察？
答：没有。
问：为什么？
答：到了共产主义社会，每个人都学会了自己逮捕自己。

实际情况可能比这还糟。翻检任何极端年代的历史，都不难发现，那些学会自我逮捕的人，通常还会想方设法，以一种貌似善良的口吻与慈悲的情怀去逮捕别人，告诉你不要胆大妄为。一个人，无论有多高的才情，有多强的创造潜力，如果听从了这些劝告，失去了自主生活的能力，他的人生就真的要被这些老好人给摧毁了。所以我说，相对于政府层出不穷的禁令，这种为人们日常所见，在和风细雨中摧毁他人人生的劝告，才是大家更需要防范的"温情脉脉的恐惧袭击"。尽管我一直保持着理性、温和思考的作风，但总会有人提醒你这也不要写，那也不能写。对于这些善意的劝告，我是避之唯恐不及。我始终坚持一个看法，如果这个环境已经在给你做减法，你首先该想到的是给自己做加法，要相信时代每一天都在朝着好的方向走，相信我们的国家要比我们想象的自由。

这个世界充满了洗脑的书，比如《送信给加西亚》，服从是第一位。但我想说的是，一个人的自主选择才是第一位的。正如密尔所说，人区别于动物的首要之处，不在于人有理性，也不在于发明了工具和方法，而在于能选择，人是在选择而不是被选择的基础上成为自己。伯林也说过，没有哪个社会实际上压制其成员的所有自由；一个被别人剥夺了全部选择自由的人，既不会是一个道德主体，甚至不能从法律或道德上称之为人。

大环境可以决定你的自由度，但你内心还有一个小环境，那里有你对美好生活的自由裁量权。而这完全在于你的觉悟，在于你对生命、对世界的理解。只要你足够独立和自由，你可以 DIY 一个属于你的美好世界。正如电影《美丽人生》所揭示的，即使是集中营，你也可以将它变成一个游乐场，哪怕它转瞬即逝。此所谓，你可以摧毁我自由的创造，却不能摧毁我对自由的向往。

生活是可以选择的。如果你因为绝望而想自杀，你仍是可以选择的。你可以选择赦免你自己，选择不对自己的生命行刑，让自己有机会从头再来。

生活是可以选择的。今天的大学生忙着国考，忙着一毕业就工作，而且最好一步到位，不挪窝才好。可是梭罗不这么想。一百年前，在美国独立日的那天，带着一把斧子，梭罗去瓦尔登湖畔盖了个木屋，他想过一种可以试验的生活。正是在那里，梭罗完成了《瓦尔登湖》的写作，并且借着"公民不服从"的精神影响了托尔斯泰和甘地。这样自主生活的人在今天的中国并不少见，既有从德国来的卢安克，也有许多本土的义工。

生活是可以选择的。如果你考上了公务员，必须做你不想做的事情，这样的时候，也是可以选择的。前不久，我在日内瓦参加第四届世界反对死刑大会，遇到来自台湾的一群青年，大概都只有二十多岁，他们成立了一个协会——废除死刑推动联盟。记得当时领头的女孩还在得意地说台湾已经四年没有执行死刑了。自2006年起台湾没有执行死刑，有四十四名死囚尚未处决，因为"法务部长"没有签字批准。几天后，我回国看到一条与此相关的新闻："台湾地区的'法务部长'王清峰首度以首长的身份，发表一篇名为《理性与宽恕》的文章，明确主张台湾地区应该暂停执行死刑，即使丢官也不在乎，甚至愿意为死刑犯下地狱。"辞职时，王说了一句话："要我杀人，真的办不到，离开是最好的选择。"因为理念不合而走人，或者其他原因，比如觉得在官场无法施展抱负，人还是可以选择的。

今年年初，我回老家，遇到一位民政局的官员。他在当地负责基层民主建设,主抓各村的选举,推动村民自治。虽然和很多人一样,他也认为基层民主选举有太多阻力,但既然还有空间做事,就一定要将这个空间用足,所以他会不厌其烦地跑到乡下去督导选举。更难能可贵的是,这位官员还坚持写了一本厚厚的"民主日记",记录自己推动基层民主的甘苦。之后我去巴黎,为了读完这些日记,我甚至来不及收拾行李。他的积极作风以及他的思考深深地打动了我。

不自由,仍可活

A. 不自由,毋宁死?

一句"不自由,毋宁死",激励了千百万北美人为自由与独立而战。但是,没有人相信帕特里克是为了让大家去做人体炸弹送死。活着还是死去,这不是一个问题。问题在于如何活得更好,活得有尊严。

所谓新思想,都是旧主张。古往今来,人类的思想总有相通之处。就是这个"不自由,毋宁死",我也在《吕氏春秋》找到了相应的论述。

> 子华子曰:"全生为上,亏生次之,死次之,迫生为下。"故所谓尊生者,全生之谓;所谓全生者,六欲皆得其宜也。所谓亏生者,六欲分得其宜也。亏生则于其尊之者薄矣。其亏弥甚者也,其尊弥薄。所谓死者,无有所以知,复其未生也。所谓迫生者,六欲莫得其宜也,皆获其所甚恶者。服是也,辱是也。辱莫大于不义,故不义,迫生也。

而迫生非独不义也，故曰迫生不若死。奚以知其然也？耳闻所恶，不若无闻；目见所恶，不若无见。故雷则掩耳，电则掩目，此其比也。

这段话的意思是，一个叫子华的哲人对生存状态进行了分类："全生是一种上佳的状态；亏生是要差一些的状态；死亡是更要差一些的状态；迫生是一种比死还要糟糕的状态。"这里的全生、亏生和迫生，可以说是关于自由的三种状态：一是完全自由，二是部分自由，三是完全不自由。转型期国家正好处于亏生的状态。按照子华的理论："全生"，是指人类生命个体各个官能需求都恰如其分得到满足；"亏生"，是指人类生命个体官能需求只能部分得到满足，"亏生"的状态所以出现来自于对生命价值的尊重不够，"亏生"的程度取决于对生命价值的不尊重程度，"亏生"的状态越严重，就反映对生命价值的越不尊重；"死亡"，对于这个人类生命个体的状态还缺乏了解，大概是和没有出生的时候情况差不多；"迫生"，是指人类生命个体各个官能需求都没有得到恰当的满足，而得到的又刚好是这些器官所不需要的，甚至是排斥的，也就是所谓不得自由、遭受耻辱地活着。你想看《南方周末》，他逼你看《环球时报》；你想林青霞，他非逼你想红太狼……也就是说，如果我得到的，都不是我想要的，那我不如死掉了。全生是一百分，亏生是五十分左右，死掉是零，而迫生则是一个负数。我们这个社会，是在自由和不自由之间。

但如果真是因为"不自由"，就要"毋宁死"，我也是不能赞成的。

其一,"迫生不若死",逻辑上有问题。一方面,如果你的生命处于"迫生"的状态,那么首先应该消灭的应该是"迫",而不是"生";另一方面,不能因为生命中有一部分不自由,而宁愿牺牲掉其他的自由。

其二,相较于"不自由,毋宁死",我更相信"不自由,仍可活",相信不鼓励个人牺牲,大家都来担起责任、积极行事的世界会更好。关于如何积极生活,我在《集中营是用来干什么的?》一文中已经做了详细的说明。我想对那些正在努力或试图改变自己或时代命运的人说,不要在意周遭对你做了什么,关键是你自己在做什么。你想得更多的应该是自己做什么,而不是逆境对你做什么。换句话说,当我们操心积极生活多于操心那不如意的环境,也许才更有意义呢!当你对罪恶视而不见,恶施加于人心上的恐怖的魔法也就烟消云散了。

现在的中国已经有很多自由,值得大家守卫与继续拓展。所以我愿意重复我时常说的两句话:"你多一分悲观,环境就多一分悲观。""你默许自己一分自由,中国就前进一步。"平常我们常会看到,如果有哪家媒体做了一个略显出格的报道,或者哪个作家写了有锋芒的书,立即会听到有人说,这家媒体要倒霉了,那本书要被封了。这是一个很奇怪的现象。在某种程度上说,这种心理预期不仅在为相关惩罚提供合法性或者民意基础,更是替人执政。中国人讲"不在其位,不谋其政",但中国人在预言惩罚方面却有着无人能比的参政意识与激情。

其三,不自由,仍可以创造。

我常听到人们抱怨体制有问题。这一点谁都不会否定。否则,我们目前这个时期就不叫转型期了。问题在于,作家、导演和学者们的无所作为,是否完全因为体制?体制问题是否已经成为许多无所事事的人心安理得的挡箭牌?

我一直喜欢看伊朗电影,在这方面有不少体会。按说伊朗的电影审查比中国要严格,但是为什么伊朗拍出了许多优秀的电影,如《小鞋子》《何处是我朋友的家》《黑板》《樱桃的滋味》《橄榄树下的情人》,等等。我一直想写篇文章来谈伊朗电影中的"禁忌与悲悯"。常听中国人抱怨本土作家拿不到诺贝尔文学奖,除了语言上的隔阂影响了相关作品的理解与传播之外,我想这和中文小说缺乏悲悯的情怀以及对人类的普遍关心是分不开的。

B. 霍金和鲍比

2004年冬天,我在巴黎惊喜地发现法文版的《活着》。在我看来,《活着》是中国难得一见的具有人类大情怀的伟大小说。记得那天下午,我站在圣·米歇尔大街旁的 Gibert Jeune 书店里不断向法国读者推介这本小说。之所以如此不厌其烦,是因为在这部小说中我看到了超越人世无常之上的生生不息的生命与力量。

说到这里,有必要谈到两个人,他们都在用生命践行我所说的"不自由,仍可活"。

一个是广为人知的霍金。2006年霍金访问香港时,有个香港青年曾因意外导致全身瘫痪希望能安乐死。有记者以此为例询问霍金是否曾因身体残障而感到沮丧,又是怎么克服的?霍金的回答是:"我有自由选择结束生命,但那将是一个重大错误。无论命运有多坏,人总应有所作为,有生命就有希望。"在丧失语言能力的情况下，霍金表达思想的唯一工具是一台电脑语音合成器。他用仅能活动的三个手指操纵一个特制的鼠标器在电脑屏幕上选择字母、单词来造句，然后通过电脑播放出声音。通常造一个句子要五六分钟，为完成一个小时的录音演讲，他要准备约十天。

"我尽量地过一个正常人的生活，不去想我的病况或者为这种病阻碍我实现的事情懊丧，这样的事情不怎么多。"此时，我们更能体会到他为什么钟爱"果壳里的宇宙"这一书名。"我即使被关在果壳之中，仍自以为是无限空间之王。"那些认为这个时代不如意的，同样要调整心态，像在一个正常时代一样生活。

另一个人是法国ELLE杂志总编让－多米尼克·鲍比，他也是影片《潜水钟与蝴蝶》里的原著作者和主人公。如果你觉得人生漫长，无所作为，就看看他是如何写完一本书的。

1995年12月8日，由于突发性血管疾病陷入深度昏迷，鲍比的身体机能遭到严重损坏，医学上称这种病症为闭锁综合征（Locked-in syndrome）。他不能活动身体，不能说话，不能自主呼吸。在他几乎完全丧失运动机能的躯体上，只有一只眼睛可以活动，这只眼睛是他清醒的意识与这个世界唯一的联系工具。眨眼一次代表"是"，眨眼两次代表"否"。他用这只眼睛来选择字母牌上的字母，形成单词、句子，直至一整页的文字。他只负责活着，不去想"活着还是死去"这个无聊的问题。他必须不知疲倦地在"yes or no"之间做选择，为了写一本见证他生命的书。

对于鲍比来说，他的身体像潜水钟一般沉重，心绪却如蝴蝶一般自由。当然，如果你觉得这个时代太过沉重，太多困厄，时常让你艰难行事，你也可以将这个时代比作潜水钟，而你的自由精神同样如蝴蝶飞舞。

自由在高处

最后给大家出一道题，解释为什么"自由在高处"以及为什么你站起来了，你就在高处，你就有了神性，站起来，你就超越了空间，看见了时间。

题目是：请挪动其中一个数字（0、1或者2），使"101－102＝1"这个等式成立。注意：只是挪动其中一个数字，只能挪一次，而且不是数字对调。

好了，题目就说到这儿了，您现在可以好好想想，看看是否能够很快想出答案。我不想吹牛，几年前当我第一次看到这道题的时候，我是只花了不到一分钟的时间便做出来了的。而当我把这道题转述给一些朋友时，我发现他们在这上面花费的时间远比我要多得多。有一位朋友，冥思苦想两个小时后终于放弃。他当时是多么绝望啊！我至今未忘他那痛苦的表情。然而，当我将答案告诉他，他彻底崩溃了。

几年间，我问过男男女女很多朋友，尤其是思想界与媒体界的一些朋友。偶尔也有想出答案来的，但的确花去了他们很多时间。比如有一次，几位电视台的朋友请我吃饭，我便给他们出了这道题。接下来就只有我一个人在吃，等其中一位"哎呀"一声道出答案，一桌菜早凉了。

当然我也没少去外国，拿这道题折磨西方人。都说西方人的逻辑思维比东方人强，至少在这道题上，我认为是不见得的。今年初，在从瑞士到巴黎的列车上，为了解闷，我让同行的几个瑞士和法国旅客做这道题，竟无一人能答。随后，在巴黎到北京的飞机上，包括一个意大利人、一个德国人和一个中法混血儿，也都没有答出来。待知道答案时，他们的表情同样是有些无奈而痛苦的。我的这道题，让西方人也崩溃了。

我无法拿这道题测验古人，但是以我的观察，我知道今人，无论国界，无论东方与西方，时常会困于某种思维陷阱。

也许有的朋友已经想到了答案。在公布答案之前，我还想谈一部电影。相信在座的大多数人都看过《肖申克的救赎》。我刚念完大学的时候，我最喜欢的电影是《勇敢的心》，但自从看了《肖申克的救赎》后，我更愿意将后者视为我一生的教材。这部片子影响了很多人，里面的故事几乎尽人皆知了。主人公安迪本是一位银行家，因为被错判入狱，不得不在牢狱里度过余生。然而，他并没有绝望，他相信"有一种鸟是关不住的，因为它的每一片羽毛都闪着自由的光辉"。后来，如其所愿，这位银行家成功越狱。这是一部关于个体自救、关于希望的影片。现在我们一起回顾片子里的三个经典镜头。

其一：安迪和狱友一起修葺监狱的屋顶，并且与狱警达成交易，获得在屋顶上喝啤酒的权利。在影片的画外音中，安迪的好友瑞德这样叙旧："1949年春天的某天早晨十点钟，我们这帮被判有罪的人，在监狱的屋顶上坐成一排，喝着冰镇啤酒，享受着肖申克国家监狱狱警们全副武装的保护。我们就这样围坐在一起，喝着啤酒，沐浴着温暖的春光，就像是一个自由人，正在修理自家的屋顶。我们晒着太阳，喝着啤酒，觉得自己就是个自由人，可以为自家的房顶铺沥青。我们是万物之主！"

其二：安迪坐在办公室里，反锁房门，将监狱广播的音量调到最大，播放《费加罗的婚礼》。此时，镜头拉升，所有囚徒抬头仰望天空，恍惚之间，这座曾经消失了音乐的肖申克监狱像是洗礼人心的教堂。

其三：安迪从下水道逃出，站在泥塘里，在电光雨水之下，张开双臂，体味久违的、失而复得的自由。

不知道大家是否注意到，这里的三个镜头都与高处有关。无论是在屋顶上喝啤酒，仰听自由的乐声，还是张开双臂欢呼自由，自由都在高处。而我所出的这道题，也是答案在高处了。

一切很简单，你只需将"102"中的"2"上移，变成平方便大功告成，接下来你会看到这样一个等式："$101 - 10^2 = 1$"。

为什么这道题让许多人终于放弃，想来还是因为思维定式吧。一说到"挪动"，他们首先与最后想到的都是左右挪动。而如果你能够总揽全局，不受制于这种约束，让这里每个数字都东奔西突，活跃到在你的眼前跳舞，你就会很快找到答案了。至少我当时是这样找到答案的。

其实，有关这道题的分析何尝不能适用于我们的社会与人生。不得不承认，我们常常陷于一种横向的思维，一种左右的思维之中，而很少有一种向上的维度、个体的维度、神性的维度和时间的维度。

于社会而言，你会发现，许多人在国家没有向上筑就底线的情况下，大谈左右之争，其实中国当下最本质的交锋是国家与社会的上下之争；同样，当刀客在幼儿园里杀小孩，竟被解释成底层社会的维权表达，在这里，生命毫无神性可言。

坐在监狱的屋顶上,安迪第一次在监狱里体会到短暂的自由人的欢乐。

《费加罗的婚礼》乐声响起,被体制化的囚徒们听见了久违的自由。

闪电与暴雨之下，从下水道里逃出来的安迪将双臂伸向天空。

于个人而言，有些人困于单位文化，人为物役，直至彻底被体制化。他们很少跳出单位思考人生，为谋理想选择出走。所谓成功，也不过是落得个左右逢源，而自己真正想做的事情，却遭流放。

　　世界就像是一个广场，如果你只知道左右，而忘了更要站在高处张望，你是很难找到自己的方向的。什么时候，当你能超拔于时代的苦难之上、人群之上，你能从自己出发，以内心的尺度衡量自己的人生，你才可能是自由的。

　　回到安迪，他之所以能够从肖申克监狱里逃出，正是因为空间禁锢了他，而时间又拯救了他。一天挖不完的隧道，他用十九年来挖；一天做不完的事，他用一生来做。我说人是时间单位而非空间单位的意义亦在于此——我们都是时间的孩子，如果你的一生都像安迪一样追求自由，知道自由在高处，那么你的一生就是自由的。

最低处的自由[*]

钱穆先生的《中国历史精神》一书，让我爱不释手。薄薄一本小册子，装满了他倡导的对中国历史的"温情与敬意"。尤其在他所处的艰难时世，能够不势利地跟着那股彻底否定本土历史的潮流走，实属难能可贵。钱先生认为中国文化虽然并不创生宗教，却孕育了一种具有最高宗教精神的"人文教"，并且称之为"人类信仰人类自己天性的宗教"。

这是我十分赞同的，简单说我也相信人的神性在人自身。

钱先生主张，若说西方近代发展受益于科学主义和三大精神（包括崇尚个人主义的希腊自由精神，崇尚团体组织的罗马国家精神和崇尚宗教的希伯来世界精神），那么体现在中国人身上的最可贵的文化精神则是道德精神。中国历史文化就是由道德精神书写的。钱先生由此断定这种道德精神也正是"中国的历史精神"。而在传统中国人的灵魂里有两个重要的观念：一是相信人性终有善的一面，二是对不朽的追求应该在现世而非其

---

[*] 此文系本版新增。

他地方完成。中国人的"性善论"和"不朽论"是中国思想对整个人类社会的最大贡献。

我上大学时念的是历史。记得当时有老师特别强调中国是一个以历史为宗教的民族。所谓"士人精神"也的确是贯穿着某种历史感的。这是中华民族和许多民族的大不同，这种精英意识毫无疑问是国家宝藏。同样是在这片土地上，即使是游走在市井与荒野的普罗大众，虽不能奢求"立德、立功、立言"之三不朽，也希望能够在儿女情长与儿孙满堂中流芳百世。

不愿视传统为虚无者，读钱先生的书的确会带来一些意想不到的振奋，而且其中不少思辨性的问答似乎也在情在理。譬如他谈到西方人一味遵从"少数服从多数"，说到底也是一种"人治"。当然这并不意味着钱先生反对民主精神。依我之见，此一说法倒是解释了在"民主反对自由"的种种可能性里，为什么有许多人会害怕民主被缩略为一种"多数教"或者"多数人的暴政"了。而人类所面临的民主困境无外乎两点：其一是在程序上尊重多数人并不必然意味着在结果上对多数人有益；其二是如何保障民主不伤害自由。

关于后面这一点，就在我准备完成这篇文章时，妹妹突然在线上和我讨论起"海盗分金"的博弈论问题。我觉得很有意思，便将题目做了简单修改并放到了这里。

话说五名海盗抢到了五枚金币，打算在船上以特殊的民主方式分赃。规则是，先抓阄，按顺序排出1到5号。之后，由1号海盗提出分配方案，然后交由所有海盗（包括提出方案者本人）表决。如果大多数（超过50%）海盗赞同此方案，此方案即获通过，大家并据此分配金子，否则提出方案的1号海盗将被扔到海里，然后2号海盗的分配过程以此类推。请问：这五名海盗如何分这五枚金币？

如果每一次投票都以利益最大化来考虑，而且相关规则被严格遵守，最后的极端结果恐怕是海盗1、2、3、4都被余下的人投票扔进了海里，而海盗5独占五枚金币。当然，如果海盗1、2、3、4能从理性上预知各自的悲剧，作为多数人从一开始他们就应该反对这一套规则的出台，让民主以不伤害自由为底线。

回到钱先生的总结，我自然希望中国人能够继续保有某种道德精神。然而这种道德精神我宁愿它是"虽千万人，吾往矣"的气概，而非"同去，同去"的引诱或强邀。有此立场，除了和我对积极自由与消极自由的理解有关，还因为在钱先生的书中读到这样一段往事：

> 我常忆某年游西安，入一古寺，极荒破，仅一老僧。大殿前广院中一老柏一夹竹桃相对。我问僧，此处为何栽一夹竹桃，成何体统？僧云："我已老病，补栽柏树，不知何年见其成长。夹竹桃，今年种，明年即有花可睹。"我申斥之，谓："大殿前种松柏，供殿上佛菩萨看，不是要你看。"老僧淡然木然，不语不动。

当说，上述批评并非完全没有道理。为子孙后代计，不能"急要眼前看花，却不作长久像样的打算"，自然是需要有"前人栽树，后人乘凉"的奉献精神。然而，老僧的苦衷也不能简单归咎于只顾眼前的某种短视。今年种下，盼"明年即有花可睹"又何尝不是人类需要保护之天性？钱先生责备这位老僧，实则是以其所提倡的士人精神去要求一个出家人。在某种程度上说，也是以自己之理想去要求他人之现实。更别说《佛说譬喻经》里"悬崖舔蜜"的故事，也是各有各的演绎和解读。人若是以出世的心情存活于世，对世间的理想"淡然木然，不语不动"又何错之有？

回想我自己也是越来越淡然了吧。年少时看曾子的"士不可以不弘毅，任重而道远"、张载的"为天地立心，为生民立命，为往圣继绝学，为万世开太平"会激情澎湃，但对人生以及人的局限了解得多了，面对这些豪言壮语却只能诚惶诚恐，更别说拿类似高标准去要求他人了。

这些年，无意间我拜访过一些僧人。他们当中不少人的确是将寺庙当作避世逃禅之所。在此我无意批评钱先生的见微知著，也同情他当年对中国文化断层以及激进主义的巨大焦虑。我想说的是，人类世界参差不齐，在高处的有高处的理想，在低处的有低处的自由。而人世间的松柏与花朵，也并不是非要给想象中的菩萨们看的。你我往来于天地之间，毕竟是匆匆过客，是可以想着怎样的收获，就先怎么栽的。

而在我曾经去过的寺庙里，那些高大古老的银杏、松柏固然让我心生景仰，然而真正给我带来喜悦的却是一岁一枯荣的花朵。在所有那些美丽、卑微却又不忘死而复生的命运里，我们仿佛融为一体。

识时务者为俊杰
——在南开大学的演讲

各位老师、同学，下午好！

今天是记者节，却没什么好庆祝的，我的一位在北京工作的朋友因为编发一篇讨论岳飞的稿件，刚被停了职。

开场之前，我想先谈一段我在欧洲的采访经历。

去年春天，我还在巴黎大学读书的时候，有机会采访法兰西学院院士程抱一先生。程抱一先生在法国取得了卓越的成就，年近八十岁，那天我们聊了三四个小时，随后我整理出来近两万字的评论。印象最深的是在访谈开始时抱一先生的一句话，"别看你是记者，我是院士，如果你只是听我说，我就很吃亏，没有收获。"

抱一先生是位智者，他的意思是：我们两个人是平等的主体，要在身心自由的前提下进行交流。只有这样，我们才会把内心最好的东西拿出来，我们最后得到的东西，必定是大于我们两个人的，这就是抱一先生说的"一加一大于二甚至等于三"。相反，如果我们的交流只是以说服对方为目的，最后的结果可能就是"一加一小于二甚至等于一"。

所以，今天我到南开来做这个讲座，只把它当作一个"自由交流"的平台，既想尽情地表达我的思想，同时希望多听到一些母校师长及同学们的思想与主张。

首先感谢李院长和何主任的这个安排，让我来谈时事评论。上个月，我在北京大学讲如何办一份好的政经杂志时提到四个关键词："责任""希望""新闻"与"思想"。在中国政法大学我又补充了一点"识时务"。今天，我希望能更深入地谈谈什么是"识时务"。我想，所谓时评就是"识时务"，"识时务"既是过程，也是结果。我相信"参与一个时代的书写"，最关键处就是要"识时务"。

现在，国内的时评写作与平台建设的确有大进步。不久前，《东方早报》的朋友给我发了一份全国媒体时评版的编辑名单，我很惊讶，出国几年间，国内几乎各大城市或多或少都有报纸开辟了时评专版。当然，天津除外，天津这个地方的媒体比较特立独行。

今天我讲"时评"，想分两部分来讲，一是"时"论，二是"评"论。讲我们正处于怎样的时代以及我们该以怎样一种态度来推动中国的进步。

首先我讲"时"论。

回国后，一位在报社工作的朋友请我吃饭，谈到他做的一篇新闻。大意是有一个安装卫星天线的公司，给小区装卫星电视。他进行了暗访，发现能看成人台，于是带执法人员去把这个"黄窝"公司给端了。

听到他这样做新闻，我很生气。为什么呢？我认为一个新闻工作者要有很强的时代感,要知道中国正在往哪条路上走,已经取得了哪些成绩,还有哪些问题要克服。中国社会正在走向开放,与世界接轨,媒体应该尽可能走到时代的前列,而不能帮着做封闭社会的事,拖社会进步的后腿。大家想一下,看卫星电视与上互联网有什么区别?互联网上有各种片子,为什么没人端掉?既然我可以在家上互联网,那么我就可以在家看卫星电视,看法国电视五台。

我们常讲言论自由,言论自由的第一步,是选择倾听他人言论的自由,接受信息的自由。我讲互联网对于中国的改良是革命性的,也是史诗性的,正是基于这一判断,互联网拓展了中国人的信息来源及接收信息的自由度。中国需要从生活与经济入手救赎政治,在日常生活与经济交往中完成社会改造。所以我说,你默许自己一份自由,中国就前进一步。

在欧洲的游历,让我坚定了一个看法:任何心存希望走出苦难的时代都是伟大的,生活在我们这个时代的中国知识分子因此也是幸运的,当然,前提是你想有所作为。因为从很多方面来看,我们更像是生活在法国十九世纪的伟大转型之中。在这个时代,法国出现了夏多布里昂、雨果、巴尔扎克、司汤达、福楼拜、左拉等光辉的名字。相反,今天的法国,已经略显平庸。不久前,我和中国前驻法大使吴建民先生聊天。他和我谈到一件事。一个法国朋友对他说:"我们气色不好,因为我们为明天忧虑;你们气色好,因为你们总觉得明天会更好。"换言之,欧洲人害怕明天会失去现在的幸福,中国人希望明天得到他们今天的幸福。一个为明天忧虑,一个为明天奋斗,精神状态似乎不在一个层面上。

当然，改良也有自己的悖论。

春秋时期，宋国大夫戴盈之有次和孟子谈治理。孟子谈到了民生疾苦，希望政府减免苛捐杂税。戴盈之也承认了这一事实，但是他说，真正取消捐税今年还不能实现，要到明年才行，今年只能够减轻部分捐税。孟子听后，便给戴先生讲了一个故事：有这么一个人，每天都要偷邻居家的鸡。有人去劝告这个偷鸡贼："偷盗行为是可耻的，从现在开始，你别再偷鸡了。"偷鸡贼听到后却说："好吧，我也知道这不好。这样吧，请允许我少偷一点，原来每天偷，以后改为每月偷一次，而且只偷一只鸡，到了明年，我就不偷了。"

这个偷鸡贼的故事，有点像是在讲我们这个时代，我们称之为"转型期"，一个以改良为主要特征的大时代。它很诡异，诡异就在于时代思想与行为存在着某种程度的分裂，我们这个社会的所作所为，就有点像上面讲的偷鸡贼。当然，上面只是一个寓言，并不是所有的偷鸡贼都不能立即从良。但是，治理国家不是个人道德改造，社会不是人，它很复杂，有很多利益，盘根错节，不是意识到不该偷鸡便可以不偷了。所以，考虑到社会群体的复杂性与人类进步的渐进性，我想，我们目前的改良大体上仍是好的，虽然有时琢磨起来会让我们痛苦不堪。

改良不同于暴力革命，改良是建立在尚可忍受的痛苦之上，至少是朝着一个可期的好的方向走。当然，改良最重要的是必须坚守已经取得的成绩，步步为营，你给了我餐桌上的自由，就不能再拿走，你答应一年偷一次，就不能改回一月偷一次。如果政府承认老百姓的房子"风能进，雨能进，国王的卫兵不能进"，那就应该制定物权法，将它落实下来。改良不会完美，但是我们希望它每天都进步。

至于我为什么反对历史上所谓的革命，是因为我们在历史中见证了无数这样的场面：面对偷鸡贼，有人怒不可遏了，拿刀将偷鸡贼的两只手都给剁了，偷鸡贼从此不能偷鸡了。但是呢，那些拿刀的人竟然成群结队，从此光明正大地去偷鸡了。历史上的这种荒诞，对于渴望自由幸福生活的老百姓来说，无论是智力还是热情，都是一种羞辱。所以我说："革命从未成功，改良仍需努力。"

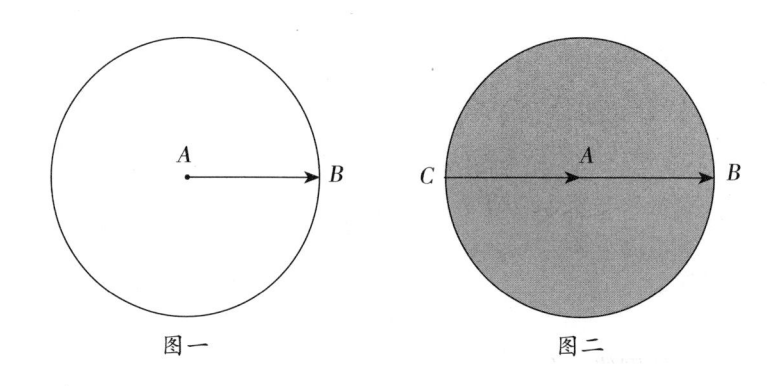

图一

图二

我在巴黎大学做论文，其中谈到了革命专制与君主专制的区别。当然，要明确的是，专制是坏东西。但是革命专制比既有专制的危害通常要大得多。我把它归结为直径和半径的区别。上面两个图分别是两种恐怖，图一中，圆心 A 代表中央权力，王权专制是从圆心 A 到圆周 B，是条半径；而图二中却是首先暴力夺权，从圆周 C 到圆心 A，然后再实行革命专政，从圆心 A 到圆周 B。即整个路线是从圆周 C 穿过圆心 A 再到圆周 B，它带来的恐怖或灾难是一条直径。当然，从长远讲，革命有时也会带来好的东西，但是它的灾难性、破坏性的确是无比巨大的。也正是这个原因，我们更需要从理性上建设国家，进行改良。

我讲要改良，那么我们朝着什么方向改呢？我的答案是走向开放社会，同时建立各种联系，使社会从星状体走向网络体。

谈到法国大革命，英国政论家埃德蒙·伯克当时提到一个问题：一个帝国为什么会在一夜之间坍塌？伯克的回答是，因为君主为了实现统治切断王权之外的所有社会纽带，当危机来临时，没有任何纽带可以支撑它，于是整个社会一盘散沙、土崩瓦解。从我们今天理财的角度上来说，帝国就像是一筐鸡蛋，把它装在一个篮子里显然是危险的。

关于这一点，法国空想社会主义者圣西门也有相同的醒悟。和同时代的知识分子一样，圣西门曾经为法国大革命的一败涂地苦恼不已。革命没有给法国带来预期的结果反而在血流成河中重新回到了专制。那么，怎样让社会成功转型而不再发生流血呢？圣西门当时想到的办法就是建立各种各样的网络。当然，这是广义的网络，包括完备的银行系统、公路系统、铁路系统、NGO（非政府组织），等等。换句话说，通过建立工业社会的各种网络，救赎极权政治，同时尽最大可能保障社会安全。

毫无疑问，近三十年的改革开放，中国取得了前所未有的成绩。成绩从哪里来，当然是改革开放。改革开放做什么，从本质上讲，就是建立各种各样的网络。所谓"与世界接轨"，也可以理解为一种网络上的接驳。近些年，西方人热衷于讨论"风险社会"，我想，建立完备的网络体系，是分散社会风险的最好办法。

我们还可以看下面这组图，这是我昨天刚画的，都是二十根直线。图三的二十根线围着一个中心点，是一个星状体，图四是横竖十根线垂直相交，有点像是围棋盘。

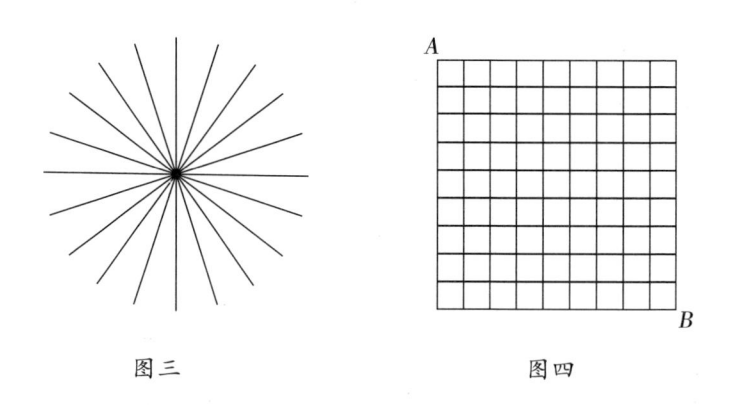

图三　　　　　　　　　图四

图三我把它比作一个封闭的社会，任何一个端点与其他端点建立联系都要通过中间这个点——权力中心。在这种格局下自我实现或社会救济的道路只有一条，如果中心垮了，周边的任何一个端点都不能互相抵达，简单说，不能互救互济，体制崩溃，社会同时也瘫痪了。而图四（画成球体可能更准确些），交会点明显增多，任何两点之间的断裂都不会影响全局。昨天，准备这个演讲稿时我想知道从左上角的 A 点到右下角的 B 点有多少条路线可走，我数学不是很好，于是找来了数学博士、硕士，还有一个拿过数学竞赛奖的学生帮我一起算，几个小时也没算出来，都说太复杂，路线太多了。当然，在这组模型中，精确的结果并不重要，重要的是我们知道一个开放的社会在社会救济与价值实现方面有怎样的优势。

近两三年间，时评以"公民写作"的姿态攻城略地，可被视作中国新闻界或者思想界的标志性事件。它可以上接到二十世纪八十年代的新启蒙运动，但是背景与二十世纪八十年代又有所不同。这主要体现在两方面：一是广义的传播得到了充分的发展，比如全球化、经济一体化、互联网的兴起；二是中国的改革已经进入细节，二十世纪八十年代更多的是观念或意识形态之争，如清除精神污染、反对资产阶级自由化以及有关《河殇》的争鸣等，而二十世纪九十年代以来，从产权改造到立法讨论，从"共赢"的提出到江泽民的"七一"讲话以及胡锦涛关于台湾和日本问题发表的"和则两利，斗则俱伤"等立场，我想中国政府通过改革开放积极融入世界的大脉络应该是清晰的。这种清晰同样表现在公共事务上。举例说，今年夏天关于《物权法》草案的大讨论，便是在政府鼓励下进行的，和以前"关门立法"相比，是个进步。而且，在一些有识之士的推动下，立法观念也在进步，比如江平先生的开放式立法与人道主义立法渐渐得到了大家的鼓励和支持，也取得了成绩。

当然，改革过程中，也出现了许多问题。巴黎和美国的华人朋友和我谈得最多、也最担心的是中国社会的"犬儒化"，犬儒主义流行，说回到中国后碰到一些大学教授只和他们谈装修和买车的事，不谈社会，不谈责任。

当然，这种批评不无道理，也具有一定的代表性，谁都不应该在社会运动中当逃兵，因为"你不关心政治，但是政治关心你"。人在社会之中，是无法逃避政治的。理论上，每个人都应该关心社会，这不只是知识分子的事。两年前孙志刚事件给我的最大触动是：一个人的幸福，仅靠个人奋斗是不够的。如果没有社会在政治、经济、文化、法律等方面的整体性推进，个人的幸福是可疑的。所以我说，要每个人都来奋斗，将每个人脚底的钢丝结成网，抑制风险。

但是，我们不能停留于一味指责他们。我们要学会乐观地观察事物，必要的时候，不妨进行一些"积极性误解"。所谓"积极性误解"，不是浅薄的乐观，不是阿Q式的社会关怀，而是从人的行为的客观效果上谈一个社会的进步。面对中国的没落，胡适曾经引用易卜生的话说："有时候我觉得这个世界就好像大海上翻船，最要紧的是救出我自己。"这种自救看起来很自私，但是，有时恰恰是这种只顾自救的小私的"跳蚤"，长出了天下大公的龙种。

按以赛亚·伯林的区分，自由分两种：一种是消极自由，另一种是积极自由。关于这一点，几天前我和何教授有过交流，何教授说消极自由是"不说"的自由，积极自由是"说不"的自由。这个归纳很好。进一步讲，无论是积极自由，还是消极自由，不但不矛盾，而且可以互为基础，互相促进。一个社会，如果每个人都能争取到货真价实的消极自由，那么真正的自由也将是水到渠成的事。所以问题不在于人们是否自私，而在于自私得是不是彻底，从世界中将自己打捞上来，别人侵犯你的权利时，是不是有底气为自己撑腰。事实上，任何公正的契约，无论是国家之间、个人之间，都是在充分自利的情况下进行的。

前不久我参加中欧文化高峰论坛，有不少中国学者到会，和他们一桌吃饭时，我就有些不适应，因为我听到的是千篇一律的悲观话，而且他们互相附和。法国作家于连·格林讲："一切悲伤皆可疑。"在我看来，这些教授的悲观也十分可疑，一方面我们要反观自己的内心，是不是在积极地做事情；另一方面，要明白对于一个社会来说，悲观是个圈套——我们每个人都是社会环境的一部分，你多一份悲观，这个社会就多一份悲观。从这个角度上讲，心怀希望也是一种责任。

当然，我不是一个盲目乐观的人，我愿意通过理性的分析看到事物积极的一面。我要说的是，今天的中国，比二十世纪八十年代有一个大进步，而且这种进步是脚踏实地的进步，是不停留在理想主义或浪漫主义层面的进步。当然，这也是在二十世纪八十年代意识形态解构基础上的进步。我之所以说这是一种脚踏实地的进步，是因为我坚信自由价值优先于民主价值。自由是个体权利，民主是群体权利，没有个体的自由，就不会有真正的群体的民主。另外，我们看到，西方国家大选时，常常有百分之二三十的选民放弃投票的机会，而对于自由，却没有一个人公开或主动放弃，除非他神经不正常，是受虐狂。

所以，我把二十世纪九十年代以后的中国社会的特征概括为"背对主义，面向自由"。有人讲，那你这是不是自由主义者？我说我不是可能有人不信。我看到网上喜欢我文章的朋友在博客上将我归类为"自由主义者"。我想说的是，在李敖跑到北京大学宣布放下自由主义之前，我早就放下了。这个道理我在一年多以前已经在网上和一些自由主义者讲过。事情的起因是这样的：我在关天茶舍认识了成都的王怡先生，王先生很有才情，做事也很坚决。有一天，他在茶舍发帖子表态要做一个自由主义者，我就此回了篇帖子，指出：要自由，不要主义。理由是，自由一旦变成主义，思想的鸟笼就编好了。我们不应该将自己归类于某种主义，而是将不同的主义以知识的方式归类于人，在不断地证伪中解放自己。如果我们笃定信奉某种主义，难免会变成主义的律师，时时为它做无罪辩护。于是观念的主人变成观念的仆人，背离求知与改造社会的初衷。所以我说，人要为追求真理而献身，而不是为真理献身。追求真理的主体仍是我们自己，我们应该为我们自己的理想、事业、行为献身，而不是一个真理的教条。后来的讨论中王怡说"要争夺青年"，我的观点是这样夺来夺去其实也是对青年的不尊重，最好的办法是让青年自己做主，无人可以争夺。让每个人都属于自己，再谈其他的才有意义。我们这代人要做的，其实最重要的就是抢回我们自己。

如卡尔·波普尔所讲：我们是通过知识寻找解放，而不是通过某种主义寻求解放。在世界思想史上，有两个人影响了我，一个是英国的卡尔·波普尔，另一个是中国的胡适，我认为他们是真正懂得自由与时势的人，是真正识时务的俊杰。

今天演讲的题目是"识时务者为俊杰"，有些朋友可能不理解。这句话我们在电视或小说里经常能看到，被用得十分狼狈。在电视里，当我们听到这句话时，所看到的画面通常都是一个叛徒在给刚被抓到的地下党做思想工作，所以我现在给你们讲"识时务者为俊杰"，躲在门外偷听的人可能以为我在用钢丝床哄骗你们这些"地下党"投降。

然而，事实上呢，"识时务者为俊杰"这个成语典故最早是用在诸葛亮身上的。据《三国志·蜀志·诸葛亮传》记载，刘备当年满世界找能人志士，和他一起去打天下，流落到荆州，后来被蔡氏兄弟追杀，飞跃檀溪，逃到襄阳的水镜庄。水镜庄里有个著名隐士司马徽，人称"好好先生"，又叫"水镜先生"，意思是"心如明镜"，很会鉴赏人才。当时的诸葛亮、庞统、徐庶等人都曾经向他求学问道，研究东汉如何实现暴力转型。

刘备呢，求才心切，要求司马徽谈时务。司马徽很谦虚，就说："儒生俗士，岂识时务？识时务者在乎俊杰。此间自有伏龙、凤雏。"意思是说，我不过是个社科院的，哪懂什么时务，识时务者为俊杰，这里的俊杰有卧龙、凤雏两人。这里的卧龙是指诸葛亮，而凤雏是指庞统。后世以"识时务者为俊杰"来指那些认清形势、了解时代潮流者，才是杰出人物。孙中山后来讲"世界潮流，浩浩荡荡，顺之者昌，逆之者亡"，讲的也是识时务者为俊杰。

我讲现在的时务就是从一个封闭的社会走向开放的社会。有人讲，中国的传统很封闭，这点我并不完全同意。从骨子里讲，中国人是具有开放精神的。比如说中国的"天下主义"，事实上"民族国家"这个概念在中国落地也只是近代的事。前几天我无意中翻开《诗经》，发现"呦呦鹿鸣，食野之苹""我有嘉宾，鼓瑟吹笙"这两句诗很值得回味，在这里，自然与人，人与人，彼此都有开阔的心胸，都愿意互相接纳，所以我说这两句诗是一幅关于开放社会的壮丽的人文风景。

有人说老子是个自由派。但是，老子主张的是在一个封闭的社会里自由自在。"小国寡民"，这是典型的封闭社会。《道德经》第八十章这样写道："小国寡民。使有什伯之器而不用；使民重死而不远徙。虽有舟舆，无所乘之；虽有甲兵，无所陈之。使人复结绳而用之。甘其食，美其服，安其居，乐其俗，邻国相望，鸡犬之声相闻，民至老死，不相往来。"但这是一个真正意义上的封闭社会吗？老子讲人至老死不相往来，可是为什么会鸡犬相闻呢？既然鸡犬相闻，传播不就已经完成了吗？如果我们承认所有的开放都是通过传播来完成的，那么，老子能封闭社会吗？所以我说，走向开放是一种自然规律。我们现在搞封闭社会，搞"老死不相往来"，连古代的鸡狗都懒得听你的，要隔着历史向你抗议。

我相信中国的多元化与开放是大势所趋，所以当那些搞儒学的教授、研究员建议把儒教当作中国的国教时，我坚持每个人都有自己的传统，争自己的传统就是争国家的自由。关于开放的写作，今年《超级女声》决赛第二天，《南方都市报》和《新京报》同发了我执笔的社论《想唱就唱：一个开放的社会必将前途无量》《"超女"启示：一个开放的社会必将前途无量》，网上反响十分热烈。有人说重新找到了二十世纪九十年代《南方周末》"总有一种力量让我们泪流满面"时的激动、热忱与希望。香港地区与美国的媒体都立即谈到了这篇社论。然而，有意思的是，同一天，一篇很像是二十世纪八十年代"清除精神污染"式的文章悄悄在网上流传，说《超级女声》是中国"颜色革命"的前奏，有些网民猜测这是有人授意探风的，但是，没有人响应它写第二篇文章。这说明中国人都很明白，都想清楚了，不想再为无谓的意识形态之争背黑锅了。要生活，是中国最大的政治。

我在上面分析了中国当下的时势。改革开放不到三十年的时间，伴随着全球化、网络化、跨国传播的发展及中国社会内部的产权革命，中国正在从一个封闭的社会走向开放的社会，这种前进虽然有时显得冗长缓慢，却是脚踏实地，步步为营，不可能逆转的。现在，全球化、经济一体化、网络化、国际法、全球治理等关涉到开放社会的重要理念也正在被中国人接受。因此，我希望大家对中国的改造要有信心，即使将来出现某种意想不到的挫折，也将是前进中的挫折。从封闭社会走向开放社会是人类历史发展的大脉络。

现在我讲第二部分——"评"论。

首先做一个区分。我在前面"时"论部分讲的要"识时务"，是个眼力问题，现在在"评"论部分要讲的是立场，是个脚力问题。

我从1995年开始写作时事评论，曾经在报纸上开过几个专栏，但是整体上做得不好，不是我脚力不好，而是报纸脚力不好，不但不能引领中国进步，反而拖中国进步的后腿。当时报社领导讲了句流芳千古的话："评论可以写，但不能有观点。"

当然，这样的评论比较难做。因为有没有观点不是我一个人说了算，还得取决于听众。蚊子在嗡嗡叫，谈不上要表达什么观点，鲁迅先生却说人家是在杀人之前搞演讲；一阵风吹过去，大概也没有表达什么观点，但是神经质的林黛玉却听到了风在哭诉。

我说中国媒体现在有进步，除了人心开放以外，还有一个原因是市场化。尽管现在还不充分，但是成果是显著的。比如说现在邀请我开专栏的几家报纸，不但有专栏评论，还有社论，彼此都在竞争。当然，这是朱学勤先生讲的看不见的手和看得见的脚并用的时代，大胆一点的编辑、记者往往会因此失去工作，这是我们这个时代的不幸。

都市类报纸有自己的社论是一个大进步，这个进步尤其体现在社论作者队伍的多元化。至今仍有朋友觉得不可思议，一些报纸的社论怎么会找到远在巴黎的你来写呢？当然，这首先要感谢的是互联网，感谢MSN，传播改变生活。

相较而言，此前党报的社论，可谓千篇一律，大部分是转发《人民日报》或新华社的社论，偶尔也有本报所谓"政治高人"写的。这些社论的传播，就是两句唐诗："忽如一夜春风来，千树万树梨花开。"这些梨花，不是以救济社会为特征，而是要统一思想。显然，这种上传下达、过手不过脑的传播方式不利于国家思想库的形成，不利于国家理性与人民理性的建设。

只有当我们站在这种历史情境之下，我们才能真正体悟到中国媒体今日的进步。而且，这种进步立竿见影。举例说《南方都市报》。该报评论部主任李文凯先生年轻有为，很有号召力。我在巴黎，文凯邀我写专栏时还附了一句话："《南方都市报》颇有些雄心大志，要刷新中国时评界的面貌，希望可以跟诸位共此征程。"

《南方都市报》的确是份让人眼热心动的报纸。孙志刚案见报当天，《南方都市报》配发的社论是孟波先生——《新京报》评论版现任主编执笔的《谁为一个公民的非正常死亡负责？》。

我在上面提到网络之于中国是"革命性的，也是史诗性的"，这在孙志刚案有所体现。事实上，2003年4月25日《被收容者孙志刚之死》一文当时并没有引起人们的关注，据说广州媒体也被立即告知"不得继续报道"。但是由《人民日报》主办的人民网在当天中午立刻以《谁为一个公民的非正常死亡负责？》为题转载了《南方都市报》的报道。没多久，我们在Google简体中文网站上就可以检索到四五万条与"孙志刚"相关的信息，一夜之间，眼泪洒遍互联网。

如果说评论是报纸的灵魂，那么社论就是要让这颗灵魂担起责任。我相信，真正有自我意识的媒体都应该有自己的社论，有纯洁的、仅属于这一张新闻纸、代表这张新闻纸的真实立场的社论，真正做到以时评干预社会，改良社会。

写时评或社论，是书斋里的孤独演讲，演说者与听众彼此都看不见。有人会问，这个书斋演说者究竟应该保有怎样的态度，应该坚持怎样的立场参与社会呢？

关于这一点，我在《二十世纪流血，二十一世纪流汗》一文中提到过，这也是我逢人便讲的三个独立。

第一，要独立于威权与商业，不能受权柄或钱财的指使作违心之言，甚至颠倒黑白；换句话说，如果我不能行使积极自由，但至少要坚守消极自由的底线。

第二，要独立于自己过去的荣辱，所谓人不能两次踏进同一条河流，世间万物都在变化，我们不能因为有人惩罚过你或对你有所奖赏就在文字上进行报复或网开一面，否则就有损于一个写作者的公正立场。在评论上报恩与复仇，是对自己的轻视，对文字的冒犯。

关于上面的独立，在1932年胡适和丁文江创办的《独立评论》发刊词上亦有所表述："我们都希望永远保持一点独立的精神。不依傍任何党派，不迷信任何成见，用负责任的言论来发表我们各人思考的结果：这是独立的精神。"其所谓"不迷信任何成见"和我说的"独立于自己过去的荣辱"有相通之处。我们既要防范来自他人或历史的成见，也要防范来自自己的成见。

第三，要独立于民众，做到虽千万人，吾说矣。一个参与时代的书写者，应该忠实于自己的经历、学识与良心，而不是"泯然众人"。事实上，每个人活得都不够纯粹，能够真正代表自己已是上天最丰厚的奖赏，我们何必贪心，代表一切？人——这脆弱的会思想的芦苇，有时更应该像大海一样坚定，不要因为陆地上人多而否定自己的汪洋海水。我讲人人都是思想家，人人都有自己的思想国，但媚众和专制一样，都会破坏一个人在精神上安身立命，在思想上立国。它可能不会夺走你的匹夫之勇，但会夺走你的独立精神。

以前我只讲这三点独立，独立很重要。如圣西门在《一个日内瓦居民给当代人的信》里所说，考察人类理性发展史，人类理性的所有杰作，几乎都要归功于那些独立思考同时又受到迫害的人。这句话的意思是，独立思考是艰难的，但却是最重要的，是它真正推动了人类的进步。

借今天的机会，我想再补充一点，即第四点，要学会自由交流。这就是我说的"在独立中思想，在思想中合群"。

不久前，我和法国人类进步基金会主席卡蓝默先生聊天，不约而同地谈到了衡量人类进步有两个关键词：一是自由，二是合作。我前面讲的三个独立，可以归类为自由，而自由交流，我更想将它纳入合作的范畴。

我把时评当作启蒙运动的延续。我十分赞同哈贝马斯关于启蒙的立场——既反对历史虚无主义对传统的否定，又不放过对现代性的各种弊病的批判。现代性是一项未完成，需要不断完善、不断更新的事业。甚至如贝克所讲，现代性才刚开始。但是我认为启蒙需要重新定义。

康德说，启蒙就是人类摆脱自己加之于自己的不成熟状态。所谓不成熟状态就是：我们在需要大胆运用自己理性的领域时却接受别人的权威。康德举了未成熟状态的例子：有本书能代替我理解，有位牧师能代替我拥有良知，有位医生能代替我选择食谱。这几个例子，不幸预言了此后启蒙运动何以陷入困境，即启蒙者大包大揽，争当牧师与医生。具体到中国，事实上，"五四"以来中国历史的分野，在胡适从《新青年》阵营出走时就已经注定了。胡适的主张是："争你自己的自由就是争国家的自由。争你自己的权利就是争国家的权利。因为自由平等的国家不是一群奴才建造得起来的。"然而，陈独秀认为真理在握，认为每个人跟着他争自由才能有自由，这种思维不论主观上多么进步，但是在客观上只会制造一批批的奴才。

为什么启蒙运动误入歧途呢？我想从"光"这个概念上做一些挖掘。

启蒙，在法语中是 Lumière，英文是 Enlightenment，都是"光明"的意思。启蒙，不停留于指出黑暗，关键是要有光。谈到光的作用，我们不妨分析一下"匡衡凿壁"这个典故。

西汉时期有个经学家，名叫匡衡，他很好学，但是呢，家里很穷，没钱买蜡烛。邻居家夜里点蜡烛，但是烛光却照不进来。匡衡于是在墙壁上凿了一个洞，让烛光照射进来，借着那点微弱的烛光读书、做笔记。

这里值得研究的是，这些光有什么意义？显然，匡衡挖了一个小孔并不是要看那根蜡烛，而是利用这些光来看别的东西。假如匡衡凿壁只是为了偷看邻居家的烛光，就不会传为佳话，匡衡大概也不会有什么作为，他在历史上将不过是个籍籍无名的"窥光癖"。

我之所以解构这个故事，是想说明老百姓需要光明，但只是拿它当工具用，借助光明来理解世界，而不是奉作神灵，把自己一辈子都浪费在墙上的那个破洞里面。他们要用这些光去照书本上的字，照亮他们的前程，而不是去信仰与膜拜。

然而，我们不乐见的是，中外历史上许多启蒙者都是以高于人间的姿态，俯视世界。他们自信真理在握，略作思考便可以为尘世开出包治百病的偏方。就像在黑夜里打手电筒，他们不是谦卑地把光打到远处，照亮道路、田野与山峦，让你自己判断该往哪儿走，而是对着你的眼睛照射，告诉你这就是你需要的一切光明。那一刻，除了他们手电筒里射出的光亮外，你什么也看不见。这种现象，我称之为"在光明中失明"，那些被启蒙者此时不过是口喊"光明万岁"的木偶。它甚至不如我们在黑暗中伸手不见五指，至少你知道黑暗是存在的。

所以我主张，启蒙最重要的是自由交流，启蒙的真正实现，就在于每个人都有公开地、平等地运用自己理性的自由。

以上我说的几点，应该是一个书写者参与时代命运时所应该具有的品质。中国的进步需要中国人的人格独立，同样需要在人格独立的基础上自由交流，我把它视为一种思想上同时也是行动上的合作。我们的目的，就是要建设一个人道的、人本的、宽容的、进步的、每个人都可以自由思想的中国。如布莱瑟·帕斯卡所说，我们的全部尊严就在于思想。

日报七年，我的文字心灵
——给朋友的信

上帝热爱人类，让有理想的人分散在四方。

《日报七年》是我在2002年出国前后陆续寄给几位媒体朋友的信，解释我所以离开工作了七年的报社。事后我知道，朋友们多是流着泪读完的。由于这是旧年的心迹，一直不愿公开。然而，朋友们的话也时常让我动摇，因为这封信"让有理想的人不孤单"。

借此文，我想对过去或将来的朋友们说，无论我们怎样天各一方，忙于生计或苦闷于这个时代的"笼恩"，相信在每个人心底，都有一种可以被唤起的力量，它蓬勃向上，必将超越人际的一切无奈与磨难，引领我们走向幸福与自由。

——题记

荷尔德林说，人，诗意地栖居。对我来说，这种哲学只能写在书上。生命中有不可承受之轻，也有不可承受之重。总是向往着诗意栖居，而内心却无法逃避生活与人生或轻或重的逼迫。

自南开读书始，留学是梦，但一直未能成行。浅显的道理是，贫穷妨碍成长，读过我《祖母坟》一文的人会明白，我为家境担负和即将担负多少责任。毕业后直接分到日报，几年辛苦，告别了拮据的生活，关于这一点，我一直感恩在心。

1995年毕业，我放弃了法律。选择报纸是我文字工作的开始，我想我的一生注定要交付给文字。我相信，我的文字里有纯洁的力量。在这方面，我对自己是极度苛刻，但它同样是真诚的，我不想作妄言、言之无物，也不会说什么阳奉阴违的话。在报社的新闻策划案中，我提出"每一个字都可读"的要求并非头脑发热，因为我从不认为报纸新闻与评论只有一天的生命。站在时间的维度，新闻记者其实就是史官，他必须对他的文字负责。应该说，首篇文章《我们走遍大地山川》寄托了我所有的新闻激情：

所有的新闻，都是人的新闻，所有的事件，都是人的事件，我们追求真实与亲历，洗尽铅华与浮华，让每一个字都可读。我们记录的每条新闻，都透着一个时代特有的悲喜与从容、傲慢与偏见。我们也将记录下您对生活的无比热爱以及每一颗与您一样平凡而高贵、直面挫折的勇敢的心。

我相信我的文字心灵。1998年我曾在网上发了些帖子，得到了一些朋友的呵护；写在报上的评论，许多被境内外媒体转载；发表在《南风窗》上的《一个村庄里的中国》，引来纽约媒体的采访。虽然我的评论专栏因抗议北京学校当局驱逐学者而被叫停并处以罚款,那是因为我高估了秩序人员的心理承受能力。与此同时,这一切也逼迫我攀缘更高的智慧,而不停留于"广泛涉猎"或不满——作文泄愤浇灌块垒的年少轻狂已与我无关。

这些年,我读了些书,研究了些杂志,看了些电影,也思考了些问题。对于我来说,求知、写作以及朋友间的共同成长胜于献身金钱与权谋。书到用时方恨少。有时看看《财经》杂志上的评论员文章,我就难免会责备自己是块镀铜的石头。并不是因为现在经济是显学就去凑热闹,谁也不能否认,整个社会史,其实也是部经济史。谁也不能像圣埃克絮佩里笔底的小王子一样,只在自己的星球上种一朵花,打扫完火山口后便可以到处旅行而无须任何交换。直到现在,我常后悔南开读史时,辅修法律而无经济。于"媒体政治"而言,法律时常停留于技术层面,而经济却是贯穿始终,似乎更接近本质,可以让人受益终身的。譬如说老虎为什么快被杀光了,透过经济学,我清楚这不过是"共有地悲剧"的上演,思考这类问题就不能只停留于人文的悲怆、对猎手的道义谴责上。同样的道理,近西学可以为我提供一个全新的视角,一种解决问题的方法与思路,它不是局限于某个专业。

"有思想的人都很寂寞,幸好还有好书可读。"有书可读是件欣慰的事。我常记萨特写在《词语》里的那句话,也是我面对签证官讲得最熟练的一句话:J'ai commencé ma vie comme je la finirai sans doute: au milieu des livres(我在书中结束我的生命,也将在书中开始我的生命)。

有人说我恃才傲物,其实就像凡·高描述的那样,人们走过旷野，只看见远处的浓烟，却忽略了那下面是熊熊烈火。我相信很多时候我这样被人误读了。我渴望做约翰·克利斯朵夫，同时也会是那位追赶克利斯朵夫宁愿死在庄稼地里的老头。在心底我是无比谦虚甚至虔诚的，对智慧更怀敬仰之心。这也是我所以一度陶醉于读经济，后悔这些年所涉人文知识离科学太远的缘故。几年来，在读书方面，我已经趋于理性，更想找到解决问题的方法。这一点既是受胡适的影响，也来自唐德刚对胡适的批评。唐德刚强调了经济对于人文研究的重要性。在这个启发下，我书架上除了《读书》外，还有全部的《经济学家茶座》。前者已经偏于知识分子的自我陶醉，而不是解决问题，所以我更倾心于后者。坐在南开大学的主席台的地板上听张五常开讲座，既是学习，更是一种态度。

以上是我之所以想出国学习的最根本动机，而不是移民、过日子、到外国旗下宣誓。有了这个想法，我才会坚决得有些残忍，抛舍家园。这些年来，我从不畏惧吃苦，我的信念是，只要我能自由写作，一切痛苦都将在未来得到补偿。

事实上，今年上半年，我一直在犹豫"是出国还是下乡？"中国的这次大搬迁（城市化），有许多东西可以记录，通过细致的田野调查必然会写出见证时代、安慰我心的作品。但我最后还是选择了出国，期望心智上更成熟些。而且，近几年新左派与自由主义之争我没少关注，但更有意思的是我发现新左派如甘阳、汪晖等大多数是留学归来的，大谈自由主义的却都是本土博士。"汪晖们"在异国他乡到底读到了什么，他们的学术是不是真诚的，的确是我想知道的。我相信眼睛比耳朵更接近真理。至于下乡，将来回来也可以做，而且只会做得更好。

我相信2002年是我在新闻与政治上较成熟的一年。关于陆学艺先生的采访最后拿到《南风窗》上刊发实在是迫不得已，细分中国改革历程与进程，对阶层分析绝对是顺应时势的，是积极的，稿件本身也是理性的。风雨兼程、去日苦多，我对本报拒发此稿是理解的。随后我给了《南风窗》的秦朔先生和《经济观察报》的朋友，结果两处都同意刊发，而且秦朔同意分两次发一万字。只是在其后的稿件刊发中，我要求秦朔在文底注明我仍在为报社工作，当时报社有不少人说我跳槽到了《南风窗》。但有一点是可以肯定的，秦朔对我有知遇之恩。

我说我在"媒体政治"上成熟起来，也让我在做新闻时快乐起来了。关于这一点，我在《在新闻上经营一座城市》一文中有详细的描述。人是只容易被文化改变的动物，对于我来说更是如此。

工作的这几年，我在家看了许多电影，它们陆陆续续楔进了我日渐宽容与理性的思想空间，成为将来回顾我心路历程不可或缺的一页。我曾对穆斯林有很大的偏见，但在无意中看了些伊朗电影后便改变了看法，比如《何处是我朋友的家》《小鞋子》《芝麻开门》《水缸》《樱桃的滋味》《黑板》，等等。你很难想象在世界那么荒凉的地方竟然有人拍出如此干净的电影。它直指心灵、或舒或疾的震撼可以让好莱坞的大片以及欧洲所谓的艺术影片的导演们无地自容。每种文化都会有或这或那的缺点，但它同样也会有闪光的一面。又比如说，当我看了王小帅的《十七岁的单车》后，我就不会在重看意大利的写实主义影片《偷自行车的人》时骂中国导演没有良心。中国已经过了用肠胃蠕动代替大脑思考的时代了。有这些理由，对未来的中国，我满怀信心。

就像我在《在新闻上经营一座城市》中所表述的,《天使爱美丽》影响了我的新闻判断。导演让－皮埃尔·热内(Jean-Pierre Jeunet)有很好的解释。皮埃尔在谈到为什么拍摄这部片子时说:"有一天,我回忆起我以往的作品,感觉到它们不是过于黑暗,就是充斥过多的暴力,我今年已经四十六岁了,却没有拍过一部善良的电影,我对自己很失望,所以我想在我的职业生涯里,能有一部真正给观众带来快乐和感动的电影,能令他们在电影院里为这部电影欢声大笑,能让他们感觉这个世界还有梦想和希望存在。"它给我的启示是,除了维护社会正义与新闻正义,揭批丑恶,新闻也应该把云层上的阳光给读者,把苦难外的温暖给读者,把困顿中的希望给读者。

我的震动同样来自年初某期《南风窗》杂志,它做了一个"新新中国"的专题,其中包括"新法制""新公民""新乡土""新视野""新政治",将一个需要改良的中国做得淋漓尽致,它不仅做到了"总有一种激动让我泪流满面",也做到了"总有一种希望让我泪流满面"。

我不得不检讨,在我忧心忡忡写稿编报的七年岁月里,有个金贵的东西被我忽略了。

今年5月份,我接到电话,说该去签证了,此前因为工作,我已经错过了四五次入学机会,这时我还在犹豫。直到6月份得知签证通过,我已出奇平静。所有的秩序都要打破了,想着过去的七年和将来的无尽岁月,想着怀孕的妻子和父辈的责任,颇有点太史公当年"肠一日而九回,居则忽忽若有所亡,出则不知其所如往"的味道。

我部里有个记者,终于在等到我拿了签证的消息后投奔《南方周末》去了。我相信近一年来我们的相处是诚恳的。我很珍惜我们之间的友谊,在做新闻上我给了他许多无私的帮助,我也为他等待我几个月而深感内疚。他是一个很好的记者,他也是为数不多听从我的劝告继续读书并能在我家借书读的人。在我带过的记者与编辑中,大概只有他真正明白我握着一份报纸或杂志时的激动,明白我所说的"深度"及"好杂志视野辽阔"的深刻含义。所以当我在《财经》杂志上看到《农税赋之变将怎样影响农民的命运?》的巨幅扬场照片时,会想起给他打电话,让他分享某张图片"大风起兮云飞扬"的气魄,与他讨论"黄宗羲定律",讲新闻正义与爱心的区别。我相信我的知识是新的,是经过深思熟虑的。他的愿望是与我一起做一份政经杂志或"大新闻",平素我们说得最多的是"共同成长",但现在他只有选择离开。在他希望我留下来的日子里,我只能对他说,眼下在《南方周末》做是个机会,《南方周末》也需要转型,它必须找到改良社会的方法,而不能停留在批评上。就像近期《一位副省长的政绩观》的稿子一样,相信许多读者都看厌了,大家都知道是怎么回事,谁还愿读下去?它就不如拿《中国为什么没有出第二个陈景润?》或《市长民意调查》做头条更好些。

其实,眼下《南方周末》走下坡路是正常的,一方面中国政府渐渐走向理性务实,同时中国人更需要的也是理性,而不只是愤怒,更不需要龙应台所说的"都愤怒起来"。有时愤怒的报章无非是给读者痛苦的伤口上撒盐,理性的传媒更应知道如何包扎伤口。媒体必须担当启蒙的道义,而启蒙说到底是"要有光"。

8月28日,我们告别了,他离开了工作了二十个月的这家报社。临行前我们都显得很平静,我送他到了电梯口,然后独自坐在办公室里,我感到了前所未有的自责、荒凉、空空荡荡。大概是十来分钟后,电话铃响了。电话那边是他哽咽的声音,他站在楼底哭泣。"熊老师,我就是想给你打电话。我围着大楼转了几圈,但实在是忍不住了,"他竟至号啕,"半个月后回来为你饯行……"

两条汉子,内心如雨。我一生经历过许多泪水,但我永远不会忘记这一天,我以无助而自责的目光送走了一位刻骨铭心的朋友,他带着炽热的新闻理想,也带着痛彻内腑的忧伤离开了这栋大楼。在我即将赴法留学的这段荒凉日子里,那是一炷可以医治我幻灭的寂寞的心香。

岁月如飞刀,刀刀催人老。近两年来,我渐渐开始我的人生转型,并终于选择了出走。对于将来探求智慧之旅,我无法寄托太多的奢望,但有一点是可以肯定的:我永远无法容忍自己的闲适与堕落,三十岁后,我仍将是个勤苦向上的人,我坚持一生只做一件事。

自工作以后,时过境迁,心态平和,我已不似少年时,李敖的书自然看得很少了,但他早年的那首预言诗却依旧暖怀:

因为我从来是那样／所以你以为我永远是那样／可是这一回你错了／我改变得令你难以想象。

坏的终能变得好／弱的总会变得壮／谁能想到丑陋的一个蛹／却会变成翩翩的蝴蝶模样?

像一朵入夜的荷花／像一只归巢的宿鸟／或像一个隐居的老哲人／我消逝了我所有的锋芒与光亮。

漆黑的隧道终会凿穿／千仞的高冈必被爬上／当百花凋谢的日子／我将归来开放！

虽然我常失机缘，但我的成长与自我转型也是金不换的。我相信，我工作七年间的隐忍与成长，远远大于我的大学以及身处乡村的流金岁月。我同样相信，未来我若有所为，也是和这几年的经历有关。

2002 年 8 月 31 日深夜

附记：七年来与近一两月来，经历了太多风雨与波折，今天我把这篇已陈旧了的文章献给那些曾经和我一起走过与聊过的朋友们，我想说，无论我曾经在哪片土地上洒下泪水，我都是带着阳光离开的。在三十岁之前，我宽容了一切，也宽容了我自己，宽容了各色土地及深播其中生生不息的生命与力量。

2002 年 10 月 31 日于大西洋边

又记：世事与心灵，沧海桑田。我在文中叙述的张五常先生，今已"藏之名山"，因为逃税失踪近两年。我的那位媒体挚友数月前因"《南方周末》被收容"而辗转投身于另一家政经杂志。我就读于巴黎大学，兼做《南风窗》杂志驻欧洲记者，并继续以孝悌之名，维持乡下赤贫父母兄弟的生计。让我对留学犹豫不决的农民调查终因出国暂时放弃，国内已有《中国农民调查》，亦可欣慰。

除了思想与儿女,我们没有什么可以留在世间。今天,春暖花开,是个幸福的日子,我的女儿已经满周岁。隔着电话听她喊爸爸,一声声清脆的童声,响彻于万里之外的中国。

2004 年初于巴黎米拉博桥畔

把一生当作自己的远大前程
——给朋友的信

尊敬的 M 兄：

谢谢你的长信，我读了好几遍，却苦于没能抽出整块并且宁静的时间来回复。虽然立即让 J 兄转达了谢意，但是几天来我心里一直惴惴不安。最近一直在忙一本思想史的译稿，由于作者催得十分紧，近一个星期我一直在没日没夜地补译注释。好在今天上午一切终于忙完，发给了作者，算是松了一口气。

几年前，我曾经写过一文，记述自己若干年来的心路历程，题记为"上帝热爱人类，让有理想的人分散在四方"。所以，当我读到你数千字的长信时，心中充满了感恩之情，直至现在，仍无法平静。我之所以心怀感恩，不只是因为你的夸赞与鼓励，更是因为在 J 兄的帮助下，我们这些有理想的人、这些在这个糟糕或伟大的时代同路的人、这些曾经孤军奋战的人能够无处不相逢，让人生这原本平凡而孤寂的旅程，顷刻间变得如此赏心悦目、光彩照人。

人生苦短，想做的事情太多，而能做的事情少之又少。上次我和J兄说，我能给自己最好的箴言，莫过于"爱我一生一事"。这"一生"，自然是我自己的"一生"，人应该为自己生活；这"一事"，对于我来说，就是献身于思想与文字。我从不讳言，对于文字我有着宗教一般的虔诚。唯有自由思想，才能让我们可以不依仗或畏惧权势。我相信我的文字及文字里所承载的思想是我所有力量与希望的源泉，是我现在也将是最后的安身之所。

谢谢兄在来信中着重谈到了"幸福与自由"，这是我所有文章里的灵魂字眼。我知道你是读懂了我的每一个字的人。

关于"什么是幸福"，美国心理学家马斯洛曾经有过极其完美的阐述。和他一样，我相信，幸福只是我们在追求自我实现时的一个副产品。自由也是一样。那些以自由为人生终极目的的人是不会真正拥有自由的，因为他们时常为自由所奴役。相反，我认为人生才是自由的目的。换言之，我们是要"自由的人生"，而不是"人生的自由"。因此，对于帕特里克·亨利所说的"不自由，毋宁死"，我是不能完全赞成的。因为人生先于自由，必将远远超过自由这个价值。所以，我时常提点自己"不自由，仍可活"，提点自己不要过于在意人生的境遇和条件，苦闷于一个时代的"笼恩"。十几年来，我从乡村到城市，从城市到西洋，日日辛勤于生计与思想。我相信，人的一生，绝大部分机会都是我们自己给自己的。可叹许多人，从来不曾给自己这样宝贵的机会，只顾人云亦云，唉声叹气，全然忘记自己积极行事的意义，忘了自己是环境的一部分，忘了中国正在一点一滴地进步。所以在这里我愿意重复我时常说的两句话："你多一份悲观，环境就多一份悲观""你默许自己一份自由，中国就前进一步"。

我们该用一种什么样的态度来对待周遭的一切？对于个体的人，自然要坚持人道主义底线。如多恩诗云："没有人是一座孤岛，我们都是大陆的一部分。"然而，对于社会关系、契约等元素，采取一种"工具主义"的原则却是极为重要的。如你所知，人与动物的一个根本区别就在于人会制造和使用工具。换句话说，任何人际关系、社会契约，都是人类所制造的工具的一部分。然而，为什么有许多人会陷于工具之中，最后完全迷失了自己呢？为什么他们会把工具当成了自己生活的全部呢？譬如说，有些人为了谋得一个职位，抛弃自己生命里最真实需要的东西；有些人会因为在社会中无以生存，而最终走上自杀或自暴自弃的道路。然而，假如一个农民买了一把锄头回家，当他发现这把锄头并不如其所愿，不但不能锄草，反而砸肿了自己的脚背，在他备受挫折之时，他会不会因为这把锄头而否定自己人生的意义呢？如果不是这样，为什么同样是面对工具，会有那么多人陷于社会关系、契约之中，最终否定自己的价值与人生呢？因此我说，人可以制造和使用工具，也可以更换工具，这是我们可以拥有积极人生的一个大前提。

如果说当下的我还有些超脱，我倒是倾向于认为这是因为我有另一个自己，他独坐云端，观照着我的过去、现在和未来，时刻提点我不要因为和其他孩子抢粮食或炫耀抢来很多粮食而浪费自己的时间。所以我说，即使在今天，当人们慨叹上帝已死、世道崩溃，并且纷纷自况"万念俱灰"时，我却看到时间没有崩溃，并相信生命是靠得住的。我们仍然可以因为拥有自己的这一份独一无二的时间而拥有神明。事实上，这也是我在文字之外能够获取无穷力量的另一个源泉。当然，我这里讲的神明，并不是中国人讲的"举头三尺有神明"；而我之所谓"放弃"也并不是那些躲在深山老林里的智者们所说的"舍得"，那不是我想要的生活。生命的本质是时间，生命的意义在于创造，我珍爱时间不过是想借此获得更多机会去创造罢了。同样，遁世的观念是于世无补的，更不值得赞美，这个世界并不会因为有人简单地放弃自己的权利而变得美好。若没有《论政治不服从的义务》，梭罗的瓦尔登湖及其湖畔木屋也会顿失光彩。

我常在想，生活于我们这个时代的人是何其幸运！今日中国上下，承千百年来之沉郁与坎坷，正在积极转型。这是一个充满危机的时代，一个充满希望的时代，一个大有可为的时代。很庆幸我们的社会承认了作为个体的人的欲望，并且着手在此基础上重建一种关乎人而非神鬼的传统。我们因此有了许多机会满足自己的欲望，或者说实现自己的理想。每个人都有一个自己的思想国，既拥有关乎自己的全部主权，又能够开放心灵的边界。如你所知，只有个体的欲望被承认，他才有被尊重的可能，因为"有尊严地活着"同样是我们的欲望的一部分。没有真实的个体的欲望，我们也不可能订立持之有效的真实的契约。

在欧洲读书、写作的这几年，同样是我的心灵与思想得以提升的重要的几年。我对自己充满了感恩之情，是我给了自己机会，走出原来生活的磕绊，开始一心一意做自己最重要的事。我相信，一个民族要想获得持久的创造力与生命力，就要不断地有人从旧有的生活方式与仪式之中解放自己。如人所忧，人生可能毫无意义，但是，倘使我们可以自由选择自己的人生，它一定意义非凡。所以我希望，我们每个人，所有持平凡而高贵之心灵者，要积极地做自己想做和能做的事——把一生当作事业来做，把一生当作自己真正的远大前程。

然而，我并不认为，自我实现需要有一种与现实或过去决裂的姿态。我的心平常而宁静，是因为我有一个信念，二十一世纪将是一个和解的世纪。

……………

与此同时，我们也知道，一个人，既要守住自己心灵的边界，同时又要有开放的思想。以独立为唯一目的而不谈合作的人类是没有前途的。众所周知，任何生命必然拥有一个开放的系统，任何拒绝食物的人、自我封闭的国家都会失去自己的活力，走向衰亡。即使是受到人们赞美的瓦尔登湖边的梭罗，也要回到社会与人交往。

如果我们愿意以更宏大的眼光来回顾历史，不难发现：无论是个性解放，还是民族独立，我们都可以把它视作个人或者群体对自由与独立的争取。但是，仅仅争取自由、独立是不够的，因为独立与自由都不是我们人生的目的。古往今来，人们争取迁徙自由，但迁徙自由并非我们人生的目的。我们之所以要争取这个自由，是为了更好地成就我们自己，更好地交往，借此获得一种持久的创造、有保障的幸福。

自由不是孤立主义，它应该在平等基础上走向一种合作或者和解。正因为如此，我们看到象征孤立主义的柏林墙的倒掉，看到二十世纪战火连天的欧洲与东亚国家，在国家纷纷独立自由后，重新回到了谈判桌上，谋求共同的利益和共生的繁荣。从世界大政治来说，如果说二十世纪我们着重解决主权自由问题，那么二十一世纪则要着重解决主权合作（让渡）问题，使世界获得可期的成长。全球化、欧洲国家边界开放、全球治理等观念的流行，无一不在昭示：从个体而言，人唯有自由，才可能激发潜能、有所创造；从群体而言，唯有走向合作与和解，人类才可能真正拥有一个美好的未来。

……　……

感谢这些与我盛开在同一时代的花朵，感谢所有与我共此征程的时代同路人，之于你们，我将始终如一地，心怀温情与敬意。

后　记

第一版后记　相信我们的国家，比我们想象的自由

　　就在我准备为本书写一个后记的时候，正好接到FT中文网总编辑张力奋兄的约稿。2010年即将过去，力奋兄希望我能就过去的千年写一点总结性的文字，尤其需要谈谈《重新发现社会》一书出版后的一些感想。

　　回想整个2010年，我关注和谈论最多的自然是"重新发现社会"几个字。实话实说，尽管我知道这本书很重要，因为它切中了时代的要害，但在出版后引起这么大的反响，却是我没有想到的。不过，仔细想想也不意外。

　　开始这本书的写作，已经是五年前的事了。当时我刚从法国回来，还在《南风窗》杂志社工作，写了一篇关于倡言推进中国社会建设的长文，标题就是《中国，重新发现社会》。后来越琢磨越觉得这个议题非常重要，便想着将它拓展为一本书，以便将国家与社会等关系做一次较为系统的梳理。在我看来，社会瓜果凋零，国家概念混乱，既是今日中国之乱象，也是当下许多悲剧与扰乱的根源。

　　其后几年间，无论是完成《南风窗》的约稿，还是其他媒

体的专栏写作，我都努力朝着一本书的体例写。这是一次很好的协调。有写书的计划，写作时你必须掌握全局，而写专栏的好处是它会逼迫你随时关注这个社会，使文字始终保持时代的热度。这也算是我的一种尝试吧。我常说自己是"坐得住书斋，下得了田野"，写专栏也算是我下田野的一种方式，可以让我不至于因为沉入书斋而远离现实。

2009年初，当书稿完成，我先后把它给了两家出版社，但都没有出成。

第一家出版社在国内有很好的口碑，有位编辑曾经找我约过书稿。但是，当我将书稿用邮件发过去时，很快收到的答复是"我需要你最好的那部书稿"。我想这位编辑是想要我手上正在写的关于中国乡村百年沉浮的书稿吧，我曾经和她谈起过，她很感兴趣。而眼下这本书算是被婉言谢绝了。不过再后来，我听梁文道兄说该出版社的总编辑在找我。总之，事情就这样阴差阳错了。

接下来是另一家出版社的朋友需要我的书稿，我立即发给了他。看完后他和手下的编辑都非常高兴，觉得书的质量很好。谁知辛辛苦苦几个月，待快要下厂时，编辑的一个念头让出版再一次泡了汤。编辑认为这部书稿实在是太好了，为了尽可能减少错字，他特别找了社里的一个老校对多校一遍，以求尽责。谁知道这位老校对只看了前两章就崩溃了："怎么能这样写'反右'呢？这在二十世纪八十年代就已经有定论了！"后面的事情就是很典型的"中国故事"了。他跑到出版社的社长那里告了状，并直接导致本次出版突然"死亡"。一个不思进取的老校对"力挽狂澜"，几个满怀赤诚的年轻人前功尽弃，面对如此荒诞的场面，我真是连一点叹息的热情都没有。

我只能安慰编辑，我不介意，我为此感到很抱歉，同时希望他也不要气馁。对于我个人而言，书稿因此延后出版，也谈不上多大损失。我习惯积极地理解那些散落于生活中的种种挫折，只当是又多了一些时间，可以继续打磨书稿。这种积极的态度，同样体现在我一定是给书稿做加法而不是做减法。我的做事逻辑是，越是逆境在给你做减法时，越要想着给自己做加法；越是在悲观的环境里，越要保持乐观；越是有消极行为影响你，越要积极生活。如果别人给你做减法，你自己也给自己做减法，这何异于给自己已然不幸的命运落井下石？

而且，我也有这方面的教训。几年前《思想国》书稿从上海转到广西，再转到甘肃，为了让书能够顺利出版，我一路给书做减法，在甘肃条形码都下来了，照旧泡了汤。最后回到北京出了，算是跑完东南西北。因为《错过胡适一百年》一文未收进去，我一直耿耿于怀，觉得自己没有尽力，既对不起读者，也对不起自己。

所以，在其后的两个月里，我在书中又增加了一些我认为非常有价值的内容。我不能因为一个老校对的反对、一家出版社老总的担心而否定书稿的价值，放弃自己的追求。紧接着是新星出版社的副总编辑刘雁女士找到我，询问"乡村"书稿的进度，在知道我手头还有《重新发现社会》书稿时，她开始责怪我为什么没有第一时间给她。关于这一点，除了阴差阳错，我实在没法解释。刘雁是我多年的朋友，她不仅是我思考与写作的见证人，也是重要支持者；而她能从旧体制里解放出来，多少也有我的一点功劳。

很快，书出来了，几乎未动一字。再后来的事，许多读者都知道了，该书在2010年1月份上市后，立即销售一空，年内加印七次，并且陆续获评2010年深圳读书月"十大好书奖"、《新周刊》年度图书奖、国家图书馆文津图书奖以及新浪"中国好书榜"十大好书奖等。

尽管生活中难免有些不如意的事情，但这一年的确是我丰收的一年。从各路媒体到大学，从党校到政府官员，许多读者都表示了对书中观点的认同。我听说不少读者将这本书当成礼物送人。沿海某省的一位副省长，跑了四家书店买到这本书，而且为此特别写了一本书准备出版。我有机会提前看到了书稿，印象最深的是作者的自序，大意是说：中国要有社会理想，更要有社会批评；而没有社会批评，中国就不可能实现其社会理想。

过去的一年，我感触最多的还是大家在推动中国社会成长方面的默契。这一年，旧的秩序继续被一点点瓦解，新的事物继续孕育与诞生，社会以其特有的节奏继续缓慢生长，网络科技继续重构人们的观念与生活。这一年中国的脉搏，不是统计报表上的GDP指数，也不是体育盛典上的礼花与焰火，而是互联网上数以亿计的转帖、一百四十字的微博。这一年，人们不忘默契与坚守，继续期待"围观成就社会，默契改变中国"。事实上，由于中国方向已明，这种默契多年来一直存在。这也是我对未来乐观的原因之一。

我在书里谈到希望找到中国的底线与共识，一年来大家对《重新发现社会》的重视也是这种共识或者底线的一部分吧。无论是评委们为该书投的赞成票，还是普通读者的夸赞或者多买几本送人，这里面都含着他们对未来美好社会的无限期许。说实话，有时候一想到中国社会在历史上所遭遇的无穷挫折，看到封面上"重新发现社会"几个字，我甚至会热泪盈眶。一是走出封闭的年代，我们终于可以重新发现社会了；二是为什么中国的社会一次次被摧毁，一次次需要重新出发？

每有悲剧发生，许多人都在说，啊，我们需要一个真相。其实中国现在最不缺的就是真相。这么多年，这么多的悲剧，这么多的暴力，这么多的说不清与道不明，已经支撑起一个足够大的真相了。这个真相就是中国社会没有真正站起来，就是中国人活得还缺少尊严，就是中国的改革还需要一个整体性推进。

网上跪求公正的照片，每次都看得我心碎。今天，我们希望中国人"从此站起来了"，这个"此"字，既包括空间，也包括时间，既包括我们的每一寸土地上的人民，也包括我们所栖身的现在，即所有人都应该从现在开始，从这片土地上站起来。而非当年一人站立，亿万匍匐。我们这代人的所有努力，就是要让每个人都活得有尊严，让社会不为权力跪求，只为权利昂扬。

回想这些年因为在出版方面遭受的挫折以及2010年社会各界对《重新发现社会》的认同，我尤其想说的是，尽管这个国家还有很多不尽如人意之处，有很多的不自由，但我们还是可以在逆境中怀抱希望，还是可以多做许多事情，而且对于人生而言，这种逆境未尝不是一种机遇，前提是你愿意解救自己，愿意有所作为。所以，在《新周刊》的获奖感言中，我特别强调"相信我们的国家，比我们想象的自由"。

读过我文字的人，常常不解我为什么会有不可救药的乐观。我想还有一个重要原因就是我每天都在积极做事，实在没有时间忧虑。就在几天前，有位熟知我的朋友在网上和我说："你总是能找到乐观的理由。说实话，读你的文章有时也受鼓舞，一旦面对现实就重新陷入绝望。"我笑着对她说："你这是把绝望当休息。"我之所以这么说，是因为这位朋友一直在积极地做事情，只是隔段时间就会和我这样叹气。平常，我总是听到有人说绝望啊绝望，其实没有多少人是真绝望。很多时候，绝望只是一种修辞，甚至和幽默一样，只为给沉闷的人生透一口气。

我想我还是一个勤奋的人。我的一天通常是这样度过的：早上六七点起床，忙碌一天，到了深夜，虽已筋疲力尽，却又不舍得睡，总觉得这一躺下，美好的一天就终结了。

也怪我天生睡眠少，如果哪天能够连睡六七个小时，便算是睡得非常豪华了。可就是这样，每天还是有做不完的事。正如此刻，万籁俱寂，凌晨四点，继续昨晚没有写完的后记。

每天有做不完的事，还因为我的脑子里总有层出不穷的创意与灵感，而我不可能将这思考与写作的任务交给他人分担。我承认，这是我的烦恼。

然而这一切又是那么正常，足以令我感恩。我无法让别人代替我思考与写作，正如我无法让别人代替我做爱一样。我们来到这个世界上，经历并感受万千生活，有些事情只能各干各的，只能亲力亲为，享受或者承担，这样才符合人的自由本性。有趣的是，人人都知道享受并捍卫自己做爱的权利，不愿让别人给自己戴绿帽子，却又慷慨地将自己思考的权利拱手让给他人，一讲道理就会给自己戴上几顶"某某教导我们""某某说过"的红帽子。

言归正传,谈谈为什么会有这本书。最近两年,由于将主要精力花在了写中国乡村的书稿上面,一事一议的时事评论已经写得很少了。只是不希望原先用心写出的文字,淹没于时光长河,我一直想按照一定的线索,将至今仍有价值的内容整理出来,奉献给读者。而这本书的主要线索,就是生活自由与思想自由以及个体如何超拔于一个不尽如人意的时代之上,收复我们与生俱来的身心自由,盘活我们已经拥有的自由。相较十六世纪法国早期民主主义思想家拉波埃西抨击的"自愿奴役"而言,在一个正经受着新旧交替的国家,我看到更多的则是一种"习惯奴役",即这种不自由的状态并非人们自愿,而在于适应与沿袭,得过且过。至于如何走出这种日常的甚至为许多人所不自知的奴役状态,既有赖于个人的勇气,也关系到个人对时代与自由的理解以及时代本身的演变。

之所以有此补充,也和《重新发现社会》的一点缺憾有关,该书着力厘清社会与国家的关系,而对个人自由涉及较少。事实上,相较关注国家与社会如何功能正常地运行,我更关心的是人的状态,这也是我至今对文学保留着兴趣的原因。更准确地说,我思维的乐趣与激情,更在于对具体的人的命运的关注,对理性与心灵的关注,对人类普遍的不自由状态的关注,而非直接切入国家与社会等宏大叙事。但这并不突兀,既符合"个体先于社会,社会先于国家"的逻辑,看来也更有希望。胡适先生说得好,为个人争自由,就是为国家争自由,真正自由平等的国家,不是一群奴才建立起来的。

不自由的状态,并不局限于政治层面,它涉及方方面面。

为了追求自由，有人甘愿将自己关在屋子里不出门，甚至躲进地下室里生活，这的确是一个悖论。

诗人兰波说，生活在他处。同样，很多人都认为自由在他处。他们想方设法将自己从一个空间运到另一个空间，包括改变身份。这不由得让我想起安东尼奥尼的电影《职业：记者》（又名《旅客》）。大卫·洛克是伦敦一家电视台的记者，奉命在北非采访。此时，他正面临一场人生危机，无趣的生活让他厌倦了自己的家庭，熟悉的周遭，甚至包括他熟悉的记者这个行当，他要挣脱牢笼。就在这时，他发现有个与他长得很像的人突发心脏病死在了旅馆里。一念之间，他和这个死去的人交换了身份。他让大卫·洛克死去，并以军火商罗伯森的身份继续生活。然而，即使是改变了身份，他也没有因此获得自由。反而不得不纠缠于新旧两种身份之间，面临双重追捕——既面临妻子的寻找，又面临当地政府的追杀。直到后来他仓皇地死在一家小旅馆里。

这是一部有关自由与不断逃离的影片。身份让我们不自由，名字让我们不自由，制度让我们不自由……但真正让我们不自由的，是我们迷失的内心，是我们只知道协调自己与周遭的关系，而忘了更要让自己的人生走向高地，走上世界的屋顶，尤其要走上肖申克监狱的屋顶。

我在《自由在高处》一书想要着重表达的正是以下诸信念：相信没有人能剥夺你的自由，相信"You the freedom"（你即你自由）；相信时代在变，相信中国正在朝着一个自由而开阔的道路上走，没有谁能改变这个大趋势。与此同时，相信人类会有一个好的前途，毕竟，人不只是爱自己，还爱自救，没有谁不希望过上美好的生活。这既是一切共识的基础，也是我信心之来源。

我常在想，自由并不复杂。美好之世界，美好之人生，不外乎各人顺其性情做好分内之事。而我之积极做事，也不过是"做一天和尚，撞一天钟"的尽责与从容而已。我一直认为"做一天和尚，撞一天钟"是一句非常有禅机、非常朴素庄严的话，即：勤勉于当下，努力于今朝，修行于日常。只是不知道为什么，在民间话语里，它竟然被曲解为"得过且过、敷衍了事"了。

人生是一个过程。环顾四周，有那么多人在关心这个社会，为何还要悲观绝望？只管尽心尽力做吧。所谓"菩萨畏因，众生畏果"，我们每天都在改造这因，自然也会收获那果。而今我们所不乐见的种种恶果，多不在你我罪错，而在于上几代人甚至更远已经种下恶因。即使在有生之年看不到一个可以期许的美好社会，但今日能种下善因，我们即已修得善果。我只求因而不求果，故而终日欢乐。即使世事无常，我也要在无常中得人生之大圆满。悲观绝望于事无补，如有朋友感慨，这个社会充满了不耐烦，有些人是连个绿灯都没有等就绝望，实在不应该。

就在昨晚，借着2011年《新京报》的元旦社论，我同样表达了自己心存希望、积极做事的态度。萧伯纳说："我希望世界在我去世的时候，要比我出生的时候好。"虽说每一代都有每一代的当务之急，但我们所有的努力，不都是为了获得这样一份心安吗？2010年的最后一天，作家史铁生离开了我们。这位"诚心诚意的漂泊者"，一个"职业生病，业余写作"的人，带着他关于生命的追问，走向另一段旅程。他是那么坚强，那么自由，以至于在他离去的时候我们竟然没有理由悲伤。对于所有认真生活的人，爱惜生命的人，致力于丰富人心、改良社会的人，我们只有诚挚的相惜与敬意。

早安，2011年。虽然今天天寒地冻，阳光依旧照窗台。美好年华，送往迎来，每一天都在灰飞烟灭，每一天也都在革故鼎新。过去的一年，将到的一年，我们所有的努力，都只为自己更自由与幸福，为社会更开放与开阔，为中国离未来更近一点。

回到本书的出版，和以前一样，仍需要感谢许多时代同路人。在这里，尤其感谢新星出版社，感谢新浪网、新周刊、中央电视台、新京报、南方报业等媒体朋友以及南开大学文学院诸多师友所给予的鼓励与帮助。这个名单的确很长，我只在心里默默记下了我的感恩。除此之外，我还要表达一个特别的心愿，即希望我可爱的孩子将来能够读懂我写在这本书里的自由与自救，希望我们的下一代有比我们更多的自由，并懂得珍惜与盘活。

"原谅我这一生不羁放纵爱自由"，静静的新年早晨，想起Beyond的《海阔天空》，想起"天空海阔你与我，谁没在变"，想就这样一直写下去，自由自在。最后，还是要听自己的劝，"勤劳的人要节制勤劳"。为了更遥远的未来与自由，先写到这儿吧，有缘再会。

2011年元旦

增订版后记　小心，你想要的时代一定会到来

打开电脑，开始写后记，又到了和读者说再见的时候。

看过第一版的读者或许已经发现，新版删除了胡适先生的《易卜生主义》一文。考虑到该文所占篇幅较长，最后还是听从了编辑的意见。有心的朋友，可以在网上找到它。

胡适当年不辞辛苦，写下这一长文，表面上看是谈易卜生所在的时代，实则是谈当年的中国。胡适强调针砭时弊的重要性，认为易卜生主义的根本方法就是指出社会当中的罪恶。

"人生的大病根在于不肯睁开眼睛来看世间的真实现状。明明是男盗女娼的社会，我们偏说是圣贤礼义之邦；明明是赃官污吏的政治，我们偏要歌功颂德；明明是不可救药的大病，我们偏说一点病都没有！却不知道：若要病好，须先认有病；若要政治好，须先认现今的政治实在不好；若要改良社会，须先知道现今的社会实在是男盗女娼的社会！易卜生的长处，只在他肯说老实话，只在他能把社会种种腐败龌龊的实在情形写出来叫大家仔细看。他并不是爱说社会的坏处，他只是不得不说。"因为"我无论作什么诗，编什么戏，我的目的只要我自己精神上的舒

服清净。因为我们对于社会的罪恶，都脱不了干系"。

我早先在书中附录了这篇文章，是因为它切中时代的命脉，至今尚未过时。而从既有社会中发育出健全的个人主义和有担当精神的个人，依旧是这个百病缠身的时代之解药。

我个人自然也是以针砭时弊为自己的写作责任。当然，我并不认为这是写作者的全部责任。他还应该有其他责任，包括发现社会与人生中的美，一些不为时代黑暗所吞噬的，甚至可以说是亘古常新的美。我之所以强调这一点，是因为我平常的写作生活中经常遇到一种不宽容的气氛，比如说当我谈到中国传统或现实中某个好的方面时，立刻会有人批评说，怎么可能有好的东西呢？你有什么企图吧？他们认为，既然生活在一个糟糕的环境，那么一切都是糟糕的；既然反对一个时代，那么你只有反对这个时代的一切才够纯粹。

这样的观点，或多或少都有些极端主义。贫瘠的山谷能够发现攻玉之石，荷花能够出污泥而不染，按说也是历史之常态。我们不能因为地上的贫穷而否定地下的宝藏，不能因为要正视池塘里的污泥浊水而对满塘荷花视而不见。同样，我们也不能因为社会上流行男盗女娼，就去指责一个人保留处子之身是不符合时代要求的。我不想说这是一种"黑暗强迫症"，但是不是可以说过于极端了呢？

自由派只有站在自由的底线之上，才可能有所作为。我看到有些人，心地大概也是好的，只是他们造不了县太爷的反，就去抢老百姓的，说就因为你家里还有口吃的，不够绝望，导致我们兵力不足，否则县太爷早死定了。诸君，就算我同情这些人，可这些做法和《水浒传》里的卢俊义上山、法国大革命时期的"你不要自由,我强迫你自由"有什么区别?

我不知道是天性使然,还是后天所得,我希望自己即使是在最困厄的年代里也要保持内心的明亮与自由。为什么要与黑暗同沉?回想当年读到鹿桥《未央歌》时的感动,即使是在战火纷飞的年代里,那群师生的内心仍然存有一片净土。保有内心之美,不为时代之黑暗所裹挟,不只是一种审美要求,也需要一种审美能力。没有谁不希望这个时代有一个彻底的改观,但在此之前,我只能作如是观——有几个人的内心净土,就会有几个人的美好社会。如果你连这几个人都遇不上,那就守卫好你自己,就当为人类守灵了。

我自忖并不闭目塞听。我看到今日中国仍走在过去的梦里,而不是将来的梦里。没有健全的社会与个人,没有宽容、自由且负责任的社会,我很难相信未来有多美好。美好社会必须是致力于制度性的改造,而不是针对个体的残酷。它需要的不只是自由体系,也不只是责任体系,而是两者兼而有之的自由—责任体系。自由保全个体,责任保全社会。不无遗憾的是,今天的中国,我看到国家与个人都在争自由,只求权力/权利越大越好,却都不想担负责任。而一旦问责,又是制度岿然不动,个体被彻底碾碎。

我看到在这个国家,每个人都在愤世嫉俗,每个人都在同流合污。我也时常为此心灰意冷,一言不发。好在我还没有彻底丧失信心。近几年,我明显感到社会氛围中有越来越多的压抑。然而,仍有一个明亮的声音对我说,中国不会回到过去,而且至少有四个不可逆转的因素:一是私有产权的确立;二是互联网的发展;三是中国的世界化趋势;四是公民意识的形成。

轻舟已过万重山，后路仍有山万重。理解这个时代的复杂性，我并不急于求成。不管眼下有多少制度性的压力，在观念上，这已经是一个在追求"各行其是、各成其美"的社会。人变了，社会变了，时代也就变了。

英文有句话叫"Be careful what you wish for, because you just might get it"（小心许愿，它可能成真）。这句话有点像中国成语中的叶公好龙，但不全是。环顾世界上其他国家的各种转型，这些年我时常提醒自己的是，对于中国可能发生的转变，我们这一代人是否做好了充分的准备？

还是那句话：菩萨畏因，众生畏果。为了一个善果累累而非恶果累累的未来，我们为善因做了哪些事情？我们在这片土地上种下了多少粒自由与宽恕的种子？我们是否有南非图图大主教、曼德拉、萨克斯那样非凡的能力，让新建立起来的国家不重新倒在一片废墟里？而这一切，也是我在此次再版时增加"历史与心灵"一辑的重要原因吧。

小心，你想要的时代一定会到来。

2014年11月20日完稿于天津宜家停车场

十周年版后记　人是深情的芦苇

最近，小区里的石榴终于开花了。前年冬天，由于气温突然降至零下二十摄氏度，很多石榴被活活冻死。两年后的今天，路过这些有幸熬过严冬、死里逃生的精灵，我是多想拥抱它们！

而就在几天前的一个晚上，我下楼散步，遇到一位经常在院子里喂野猫的老人。据她回忆，前年小区里有近一半的猫被冻死了。

"我亲自埋过几只，再加上偶尔还有野狗成群结队在半夜钻进小区，也咬死过一些猫。有小卖部的摄像头拍到了。"说完，这位老人又补充道——"现在不用节育了……"她指的是前几年网上有关野猫泛滥、破坏生态平衡的声讨。

唉，我在心底不由得叹息一声。这世间的很多残酷，常常是不动声色地在所谓细水长流的生活里上演。难怪有一天我提着袋猫粮一路上只遇到一只猫。看着它孤单落魄的样子，我一边为它投喂粮食一边背诵起苏东坡的"谁见幽人独往来，缥缈孤鸿影"。当然，想到这世上有东西需要自己的照料，那一刻我同样是感到幸福的。关于这一点，奥斯卡获奖短片《宵禁》（Curfew）有近乎完美的解释。

又或许有一天，就像葡萄牙诗人费尔南多·佩索阿所感叹的——我发现自己并不存在。然而，无论时间的河流冲走什么，还剩下什么，我都要感谢生活中偶尔出现的惊喜以及被需要。我们不辞辛苦争取到的种种自由，常常也是在被需要的时候才会变得格外有意义。而人之所以痛苦，又何尝不是因为那些无法安放的热情呢？

像过去一样，静悄悄地，每天我都在记录自己的思考。不同的是，站在帕斯卡的河边，我看到人不只是一根会思考的芦苇，更是一根深情的芦苇。而且，不是我思考故我在，而是我深情故我在。差不多也是这个原因，借本次增订《自由在高处》之机缘，我特别收录了一些比较感性的文字。

几年前旅英，我在朋友圈里写了近二十万字的随想录，仅自己可见，一条淹没一条。虽然书名早都想好了，却没时间去整理。以后大概也没时间整理了吧。由此忍不住想，我们络绎不绝地来到这个世界上，最后又都带着多少鲜为人知的心事离开。

然而我并不为此感到悲伤或沮丧。一个人若是只为或只因别人知道而存在，那么他就不算真正存在。正如地球上的人类之存在并不仰仗于遥远的外星生物是否知道。

不过在本书付梓之际，我还是要特别感谢岳麓书社和曹煜编辑所做的努力，是他们最终促成了本书十周年纪念版之问世。没有谁可以预料将来。我只能说十年了，过去的有些事情可以看得更清楚一些。

卡夫卡说过人不是从下往上生长，而是从里向外生长。相信对于作家与艺术家尤其如此。这些人或许比其他人在精神上更能深切而且强烈地感受到人世的艰辛。一个理想状态是，借着那些可被感知与描述的痛苦，他们获得超越，继而能够忍受更大的痛苦。而这也正是陀思妥耶夫斯基所谓"我怕我配不上自己所受的苦难"之深意。

我固然希望能够像陀氏一样对得起自己所遭受的苦难。夜深人静，回想过往的蹉跎岁月，我同样希望在年富力强的时候，以此忧郁赤诚的灵魂，能够配得上自己已经拥有的自由。

作者谨识
2022 年 6 月 10 日

你是你的沧海一粟，你是你万千可能之一种。

关于作者

熊培云，1973年生于江西永修，毕业于南开大学、巴黎大学，主修历史学、法学、传播学与文学。曾任《南风窗》驻欧洲记者，《新京报》首席评论员。东京大学、牛津大学访问学者，"理想国译丛"联合主编。现执教于南开大学。

主要作品

《一个村庄里的中国》
《慈悲与玫瑰》
《寻美记》
《我是即将来到的日子》
《西风东土》
《追故乡的人》
《这个社会会好吗》
《自由在高处》
《重新发现社会》
《思想国》

我们来自虚空,却又身处无穷。

图书在版编目(CIP)数据

自由在高处/熊培云著. —长沙:岳麓书社,2022.7

ISBN 978-7-5538-1587-9

Ⅰ.①自… Ⅱ.①熊… Ⅲ.①人生哲学—通俗读物 Ⅳ.①B821-49

中国版本图书馆 CIP 数据核字(2021)第 234687 号

ZIYOU ZAI GAOCHU
自由在高处

著　　者：熊培云
责任编辑：蒋　浩
责任校对：舒　舍
封面设计：利　锐

岳麓书社出版
地址：湖南省长沙市爱民路 47 号
邮编：410006

版次：2022 年 7 月第 1 版
印次：2022 年 7 月第 1 次印刷
开本：855mm×1180mm　1/32
印张：14.5
字数：313 千字
书号：ISBN 978-7-5538-1587-9
定价：78.00 元

承印：三河市天润建兴印务有限公司

如有质量问题,请致电质量监督电话：010-59096394
团购电话：010-59320018